普通高等教育创新型人才培养规划教材

模具设计与制造项目化教程

主　编　张永春

副主编　张石银　蒋月静

北京航空航天大学出版社

内 容 简 介

本书以培养学生实际应用能力为主线,以项目为导向,引入模具设计与制造的典型案例项目,将相关理论知识融入实际项目。全书分为冷冲压模具设计、塑料模具设计和模具制造 3 个模块,共包含 7 个项目;以具有代表性的冲裁模设计和注射模设计为主,兼有模具制造的装配,突出实践性、实用性和针对性。附录中附有冲裁模和注射模拆装实验指导书,为学生动手实践提供方便。

本书是高等院校应用型本科(含专升本、中职升本、高中升本)机械类专业教材,亦可作为从事模具设计、制造的工程技术人员的参考书。

图书在版编目(CIP)数据

模具设计与制造项目化教程 / 张永春主编. -- 北京：北京航空航天大学出版社,2018.3

ISBN 978 - 7 - 5124 - 2517 - 0

Ⅰ. ①模⋯ Ⅱ. ①张⋯ Ⅲ. ①模具－设计－教材②模具－制造－教材 Ⅳ. ①TG76

中国版本图书馆 CIP 数据核字(2017)第 325998 号

模具设计与制造项目化教程

主　编　张永春

副主编　张石银　蒋月静

责任编辑　王　实　胡玉娟

*

北京航空航天大学出版社出版发行

北京市海淀区学院路 37 号(邮编 100191)　http://www.buaapress.com.cn

发行部电话:(010)82317024　传真:(010)82328026

读者信箱:goodtextbook@126.com　邮购电话:(010)82316936

北京建宏印刷有限公司印装　各地书店经销

*

开本:787×1 092　1/16　印张:14　字数:367 千字

2018 年 3 月第 1 版　2025 年 1 月第 3 次印刷　印数:2 501～3 000 册

ISBN 978 - 7 - 5124 - 2517 - 0　定价:48.00 元

前　言

　　为了使高等学校机械类专业的学生在专业课程学习的基础上，了解并掌握模具设计、制造的基本知识和技能，编者在多年从事教学和生产实践的基础上，以教育部《关于引导部分地方普通本科高校向应用型转变的指导意见》文件精神为指导思想，根据高等学校应用型本科人才培养的要求，结合当前模具技术在企业中的应用情况，参考了大量有关模具设计与制造方面的书籍和技术资料，并与企业的专业人士进行了广泛深入的合作与交流，编写了本书。

　　本书的内容主要由冷冲模和塑料模两大类模具组成。冷冲模介绍冲裁、弯曲、拉深 3 种类型模具，并以冲裁模为主；塑料模介绍热塑性和热固性两大类典型的塑料注射模和压缩模，以注射模为主。

　　本书的结构为模块→项目→任务。全书分为 3 个模块，共包含 7 个项目，35 个任务。其中，任务分为任务实施和知识链接，任务实施中所引用的公式和图表的序号均指任务的知识链接中的相关内容。

　　本书针对应用型本科机械类专业学生的特点，以培养学生实际应用能力为主线，以项目为导向，引入典型模具项目，将相关理论知识融入实际项目中，以冷冲模和塑料模的设计为主，兼有模具制造；突出实践性、实用性和针对性，淡化学科体系的完整性，注重学生应用能力的培养和专业综合水平的提升。附录中附有冷冲模和塑料模拆装实验指导书，为学生动手实践提供方便。

　　本书由大连海洋大学应用技术学院张永春任主编，瓦房店轴承集团张石银、大连海洋大学应用技术学院蒋月静任副主编，大连海洋大学应用技术学院谢英杰、冯进成、荣治明参编。其中，绪论由张永春编写，模块一的项目一由冯进成、荣治明编写，模块一的项目二、三由谢英杰编写，模块二的项目一由张永春、蒋月静编写，模块二的项目二由冯进成编写,模块三由张永春、张石银编写,附录由荣治明编写。全书由张永春负责统稿和定稿。

编者在编写本书的过程中参阅了相关文献,同时也得到了瓦房店轴承集团、盘起工业(瓦房店)有限公司等企业的大力支持,在此一并表示感谢。

由于编者水平有限,书中难免有不当和错误之处,恳请广大读者批评指正。

编　者

2018 年 3 月

配套资料(视频)

本书所有视频均可通过 UC 浏览器扫描二维码免费下载,读者也可以通过以下网址下载:https://pan.baidu.com/s/1jJRu41g。若有与视频下载或本书相关的其他问题,请咨询北京航空航天大学出版社理工图书分社,电话:(010)82317037,邮箱:goodtextbook@126.com。视频版权归本书作者所有,侵权必究。

目　录

绪　论

0.1　模具及模具工业在工业生产中的地位

模具是利用其特定形状去成型具有一定形状和尺寸的制品的工具,是工业生产中使用的重要工艺装备。在现代工业生产中,模具作为一种高附加值和技术密集型产品,由于具有加工效率高、互换性好、质量好、节约能源和原材料等一系列优点,是其他新产品制造方式所不能比拟的,因而得到了广泛应用。模具技术水平的高低也已成为衡量一个国家制造水平的重要标志之一。

模具工业有"不衰亡工业"之称,是工业发展的基础。随着机械、汽车、电子、航空航天、建筑和轻工等行业的发展,由模具成型的产品需求量越来越大,质量要求也越来越高,这就对相应的模具技术水平提出了更高的标准和要求。因此,模具设计水平的高低、模具制造能力的强弱以及模具质量的优劣,都直接影响着许多新产品的开发和老产品的更新换代,影响着各种产品质量的改善、经济效益的增长以及整体工业水平的提高。

目前,在汽车、电子、通信和日用品等行业中,有 80% 左右的产品是需要由模具来加工成型的。美国工业界认为"模具工业是美国工业的基石",日本称"模具是进入富裕社会的原动力",在欧美其他一些发达国家则把模具工业称为"磁力工业"。工业发达国家,其模具工业年产值早已超过机床行业的年产值。近几年,世界模具市场总体上供不应求,市场需求量已超过千亿美元,我国模具产业总产值则保持了 15% 的年增长率。由此可见,模具工业在各国国民经济中的重要地位。

据有关资料统计,在国内外模具工业中,冲压模占模具总量的 40% 左右,塑料模近年来发展迅速,也占到模具总量的近 40%,压铸模占模具总量的 10%~15%,粉末冶金模、陶瓷模等其他各类模具占模具总量的 10% 左右。

0.2　模具技术的发展趋势

随着模具生产产品种类的不断增多、质量要求越来越高,对模具的设计水平、制造水平以及选材等方面均提出了越来越高的要求。下面仅就模具的设计、制造和模具的选材等方面,简单介绍一下模具技术的发展趋势。

1. 模具 CAD/CAE/CAM 技术的广泛应用

模具 CAD/CAE/CAM 技术是模具技术发展的一次革命。它可以使工程技术人员借助于计算机对产品性能、模具结构、成型工艺、数控加工及生产管理进行设计和优化。将模具 CAD、CAE 和 CAM 有机结合在一起,实现集成化、智能化、网络化和标准化,让用户在统一的环境中实现协同作业,充分发挥各自的优势和功效,实现信息的综合管理与共享,从而支持模具设计、制造、装配、检验、测试及生产管理的全过程,达到高质量、高效率、低成本的目标,以适应用户对产品个性化的追求。

经过了近 20 年的发展,模具 CAD/CAE/CAM 技术取得了一定的成效。今后在一定时期内,模具 CAD/CAE/CAM 技术将在模具设计、制造过程中进一步完善,得到更深入、更广泛的应用。

2. 模具制造技术的高效、快速化

随着模具制造技术的发展,先进的模具加工技术、加工设备不断出现,模具制造手段越来越丰富,水平越来越高。

快速原型制造(RPM)技术是综合运用计算机辅助设计技术、数控技术、激光成型技术和新材料技术的一种全新制造技术,采用分层增材制造的新概念取代了传统的去材或变形法加工,是当代最具有代表性的制造技术之一。利用快速成型技术不需任何工装,可快速自动完成复杂工件的制造。采用此法制造模具,从模具的概念设计到制造完成,仅为传统制造方法所需时间的 1/3 和成本的 1/4,减少了产品开发风险,缩短了研制周期,降低了制造成本。

在模具的开发过程中,引入一种先进的产品开发设计方法,从已有的产品着手,避开烦琐的原型设计阶段,这就是逆向工程技术。它是用一定的测量手段对模具实体或模型进行测量,获得表面的空间数据,然后根据所测量的数据通过三维几何建模的方法重构模具的 CAD 模型,再输送到 CAM 系统进行数控编程,最后完成模具的加工制造。采用逆向工程技术,大大缩短了模具的设计制造周期,优化了模具研发制造过程,提高了模具设计质量,增强了模具企业快速应变市场的能力。

近年来,高速铣削加工技术在模具加工中得到进一步应用,其主轴转速已达 15 000～100 000 r/min,进给速度高达 80 m/min,空运行速度可达 100 m/min;在加工精度方面,加工精度已由 10 μm 提高到 5 μm,精密级加工中心则从 3～5 μm 提高到 1～1.5 μm。高速切削加工具有加工效率高、工件温升小、热变形小和加工过程平稳等优点。目前,高速铣削加工已向更高的集成化、敏捷化和智能化方向发展。

3. 模具的精密化、复杂化和大型化

随着模具生产产品应用领域的不断扩大,大型的甚至超大型的、微型的、复杂的和精密的产品,其生产用的模具也需要相应地向大型化、复杂化和精密化方向发展。这类模具从设计到制造难度较大,需要先进的设计制造技术。除此之外,对相应的成型设备也提出了很高的要求。

4. 模具的智能化

目前,在塑料模具和压铸模具行业,已经出现了模具型腔的压力、温度、流量和冷却过程的智能控制的模具。模具加工装备的智能化也正在迅速推进模具的智能化制造。

5. 优质模具材料的研发和先进热处理技术的应用

在模具的设计和制造过程中,模具材料的选取关系到模具的制造工艺、模具的使用寿命、被加工件的质量以及制造成本等重要问题。国内外模具材料的研究工作者在分析模具的工作条件、失效形式和如何提高模具使用寿命等问题的基础上进行了大量的研究工作,并已开发出了许多具有良好使用性能和加工性能、热处理变形小、导热性优异的新型模具材料,如预硬钢、马氏体时效钢和耐腐蚀钢等。

模具热处理是模具制造过程中很重要的一道工序,是模具材料能否发挥其最佳性能的关键。模具热处理的发展方向是采用真空热处理,模具表面处理则在进一步研究传统的渗碳、渗氮和渗铬等表面处理方法的基础上,发展了工艺先进的气相沉积、等离子喷涂等表面处理技术。

6. 提高模具标准化水平

模具标准化水平的高低标志着模具工业的发展水平。模具标准化是实现模具专业化生产的前提,也是提高劳动生产率,缩短模具制造周期,提高模具质量,降低成本的一个重要条件。当前发达国家的模具标准件使用覆盖率已达到80%左右,我国模具标准件使用覆盖率则达到40%左右。为推动模具工业快速发展,模具标准化程度必将会进一步提高。

0.3 模具的分类

在各种材料加工工业中广泛使用着各种模具,按成型的对象和方式来分,模具大致可分为三类:① 金属板料成型模具,如冷冲压模具;② 金属体积成型模具,如压铸模、锻造模、粉末冶金模等;③ 非金属材料成型模具,如塑料模具、玻璃模具、陶瓷模具等。其中,冷冲压模具和塑料模具应用最广,约占模具总量的80%。本书就针对这两种类型的模具加以介绍。

1. 冷冲压模具的分类

冷冲压模具(又称冷冲模)是指在冷冲压加工过程中,将材料(金属或非金属)加工成冲件(或零件)的一种工艺装备,是实现冷冲压加工必不可少的工艺装备。

冷冲模的分类方法很多,常用的有以下几种:

① 按工序性质分类,可分为冲裁模、弯曲模、拉深模和成型模等。

② 按模具工序组合程度分类,可分为单工序模、级进模(又称连续模)和复合模。

③ 按模具的导向性质分类,可分为无导向模(又称开式模)、有导向的导板模和有导向的导柱模。

2. 塑料成型模具的分类

不同的塑料成型方法使用原理和结构各不相同的塑料成型模具。按照塑料制件成型方法的不同,可将塑料成型模具分为以下几类。

(1)注射成型模具

注射成型模具简称注射模,又称注塑模。注射模为塑料注射成型所用的模具。注射成型是将塑料原料先加入到注射机的料筒内,经过加热熔融成粘流态,在注射机螺杆或柱塞的推动下,经喷嘴注入模具型腔,塑料在模具型腔内硬化定型。注射模主要用于热塑性塑料的成型,但近年来也有越来越多的热固性塑料采用该方法成型。注射成型在塑料成型生产中占有很大比重,塑料模具约半数以上为注射模。

(2)压缩成型模具

压缩成型模具简称压缩模、压模,又称压制模。压缩模为塑料压缩成型所采用的模具。压缩成型是将塑料原料直接加在敞开的模具型腔内,再将模具闭合,在加热和压力作用下,塑料呈流动状态并充满型腔,然后由于化学或物理变化使塑料固化(或硬化)定型。压缩模多用于热固性塑料的成型,也有少部分用来成型热塑性塑料。另外,还有不加热的冷压成型模具,用于成型聚四氟乙烯坯件等。

(3)压注成型模具

压注成型模具又称传递成型模具,简称压注模、传递模。压注模是压注成型所采用的模具。压注成型是将塑料原料加入到预热的加料室,使其受热熔融,在压柱或柱塞压力作用下,塑化熔融的塑料经模具浇注系统被压入闭合的型腔,塑料在型腔内继续受热受压而固化成型。

压注模多用于热固性塑料的成型。

（4）挤出成型模具

挤出成型模具又称挤出成型机头或模头。挤出成型模具是挤出成型所采用的模具。挤出成型是将挤出的处于粘流态的塑料在高温高压下，通过具有特定截面形状的机头口模，然后在较低温度下定型，以生产具有一定截面形状的连续型材。几乎所有的热塑性塑料和部分热固性塑料均可采用挤出成型。

（5）中空吹塑成型模具

中空吹塑成型模具是中空制品吹塑成型所采用的模具。中空吹塑成型是将挤出或注射出的处于半熔融态的管状型坯，趁热置于闭合的模具型腔内，向型坯内部通入压缩空气，使其膨胀并紧帖于模具型腔壁上，经冷却定型后就成了具有一定形状和尺寸精度的中空制品。热塑性塑料一般都能进行中空吹塑，但满足中空吹塑成型要求的并不多，目前应用得最广的是聚乙烯和热塑性聚酯。

（6）真空和压缩空气成型模具

真空和压缩空气成型模具均为一单独的阴模或阳模。真空成型和压缩空气成型有许多地方是相同的。

真空成型是将预先制成的塑料片材周边紧压在模具周边上，在两者之间形成封闭的空腔，加热使塑料软化，然后在空腔内抽真空，使塑料片材紧贴到模具型腔表面，冷却定型即可得到塑料制品。

压缩空气成型也是将预先制成的塑料片材周边紧压在模具周边上，在两者之间形成封闭的空腔，加热使塑料软化，然后在空腔内充入压缩空气，使塑料片材紧贴到模具型腔表面，冷却定型即可得到塑料制品。

除了上述介绍的几种常用的塑料模具外，还有泡沫塑料成型模具、玻璃纤维增强塑料低压成型模具等。

思考与训练

1. 模具及模具工业在工业生产中起什么作用？
2. 简介模具发展的趋势。
3. 模具如何分类？

模块一　冷冲压模具设计

项目一　冲裁模设计

● **项目描述**

冲裁如图 1-1 所示链条的链板,材料为 45Mn2,厚度 $t=2$ mm ,大批量生产,试确定冲裁工艺方案并设计冲裁模。

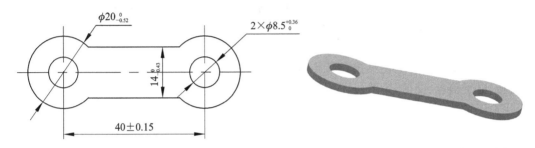

图 1-1　链条的链板

任务一　冲裁件的工艺性分析

任务实施

1. 冲裁件材料

冲裁件所用材料为 45Mn2,属于中碳调质钢,强度、耐磨性和淬透性均较高,调质后具有良好的综合力学性能,其冲裁加工性较好。

2. 冲裁件结构

从链板的零件图可知,该零件结构相对简单,左右对称,仅有落料、冲孔两个工序特征,零件的外形轮廓采用圆角光滑连接,因此适合于冲裁。

3. 冲裁件尺寸精度

冲裁件有两个 $\phi 8.5$ 的孔,孔与边缘之间的距离也满足要求,最小距离为 5.75 mm,工件的尺寸公差为 IT14 级,尺寸精度较低,普通冲裁完全能满足要求。

外形尺寸:$\phi 20_{-0.52}^{0}$,$14_{-0.43}^{0}$。

内形尺寸:$\phi 8.5_{0}^{+0.36}$。

孔中心距:40 ± 0.15。

根据以上分析,该零件的工艺性较好,适合冲裁加工。

冷冲压加工

知识链接

一、冷冲压的概念及特点

机械制造中的塑性加工方法主要有锻造和冲压两类。冲压属于板料成形,是利用模具在压力机作用下,使金属板料产生分离或变形,以获得一定形状和尺寸的零件(以下统称工件)的加工方法。由于板料冲压在常温下进行,故也常称为冷冲压。在冷冲压加工中,将材料(金属或非金属)加工成冲压件的工艺装备称为冷冲压模具。在冲压件的生产中,合理的冲压成型工艺、先进的模具、高效的冲压设备是必不可少的三要素。

冷冲压与其他机械加工方法相比,在技术和经济方面有如下特点:

① 冲压加工的生产效率高,且操作方便,对工人的要求也不高,易于实现机械化与自动化。普通压力机每分钟可生产几十件零件,高速压力机每分钟可生产几百件甚至上千件零件。所以它是一种高效率的加工方法。

② 冲压件的尺寸精度由模具来保证,所以质量稳定、互换性好。

③ 冲压可加工出尺寸范围较大、形状较复杂的零件,小到仪表零件,大到汽车覆盖件,还可获得其他加工方法难以制造的壁薄、重量轻、刚性好、表面质量高、形状复杂的零件。

④ 冲压加工一般不需要加热毛坯,也不像切削加工那样,大量切削金属,所以它不但节能,而且节约金属,冲压件的成本较低。

由于冲压工艺具有上述突出的特点,因此在国民经济各个领域广泛应用。例如,航空航天、机械、电子信息、交通、兵器、日用电器及轻工等产业都有冲压加工。不但在工业生产中广泛采用冲压工艺,而且可以说每个人每天都直接与冲压产品发生联系。

冲压可制造钟表及仪器的小零件,也可制造汽车、拖拉机的大型覆盖件。冲压材料可使用黑色金属、有色金属以及某些非金属材料。

但是,冲压加工所使用的模具多为专用工具,有时一个复杂的零件需要多副模具才能加工成型,且模具的制造精度高、技术要求高、成本高。所以,只有在冲压件生产批量较大的情况下,冲压加工的优点才能充分体现,从而获得较好的经济效益。此外,冲压还存在一些缺点,主要是在冲压加工时产生的噪声和振动。这些问题并不完全是冲压工艺及模具本身带来的,而主要是由于传统的冲压设备落后造成的。随着科学技术的进步,这些问题一定会得到解决。

二、常用冲压材料

1. 材料的种类

常用冲压材料一般可分为三大类:黑色金属材料、有色金属材料和非金属材料。

(1) 黑色金属

黑色金属主要有普通碳素结构钢、优质碳素结构钢、合金结构钢、碳素工具钢、不锈钢、电工硅钢等。优质碳素结构钢钢板主要用于成形复杂的弯曲件和拉深件。

对冷轧钢板,按轧制精度(钢板厚度精度)可分为 A 级和 B 级:A 级——较高精度;B 级——普通精度。

对厚度 4 mm 以下的冷轧薄钢板,根据 GB/T 13237—1991 规定:表面质量可分为 I(高级的精整表面)、II(较高级的精整表面)、III(普通的精整表面)三组。按拉深级别又分为 Z(最深拉深级)、S(深拉深级)、P(普通拉深级)三级。

(2) 有色金属

有色金属包括有纯铜、黄铜、青铜和铝等。常用的有色金属主要有黄铜板(带)和铝板等。

(3) 非金属材料

非金属材料主要有纸板、胶木板、橡胶板、塑料板、纤维板和云母等。

2. 材料的规格

冲压用材料大部分是各种规格的板料、带料、条料和块料。

板料的尺寸较大,用于大型零件的冲压。主要规格有 500 mm×1 500 mm,900 mm×1 800 mm,1 000 mm×2 000 mm 等。

条料是根据冲压件的需要,由板料剪裁而成,用于中、小型零件的冲压。

带料(又称卷料)有各种不同的宽度和长度,成卷状供应的主要是薄料,适用于大批量生产的自动送料。

块料一般用于单件小批生产和价值昂贵的有色金属的冲压,并广泛用于冷挤压。

关于材料的牌号、规格和性能,可查阅有关设计资料和标准。表 1-1 列出了常用冷冲压材料的机械性能,从表中数据,可以近似判断材料的冲压性能。

表 1-1　冷冲压常用材料的机械性能

材料名称	牌　号	材料状态	力学性能			
			抗剪强度 τ/MPa	抗拉强度 σ_b/MPa	屈服点 σ_S/MPa	伸长率 δ/%
普通碳素钢	Q195	未经退火	255～314	315～390	195	28～33
	Q235		303～372	375～460	235	26～31
	Q275		392～490	490～610	275	15～20
碳素结构钢	08F	已退火	230～310	275～380	180	27～30
	08		260～360	215～410	200	27
	10F		220～340	275～410	190	27
	10		260～340	295～430	210	26
	15		270～380	335～470	230	25
	20		280～400	355～500	250	24
	35		400～520	490～635	320	19
	45		440～560	530～685	360	15
	50		440～580	540～715	380	13
不锈钢	1Cr13	已退火	320～380	440～470	120	20
	1Cr18Ni9Ti	经热处理	460～520	560～640	200	40
铝	1060,1050A,1200	已退火	80	70～110	50～80	20～28
		冷作硬化	100	130～140	—	3～4
硬铝	2A12	已退火	105～125	150～220	—	12～14
		淬硬并经自然时效	280～310	400～435	368	10～13
		淬硬后冷作硬化	280～320	400～465	340	8～10
纯铜	T1,T2,T3	软	160	210	70	29～48
		硬	240	300	—	25～40
黄铜	H62	软	260	294～300		3
		半硬	300	343～460	200	20
		硬	420	≥12	—	10
	H68	软	240	294～300	100	40
		半硬	280	340～441	—	25
		硬	400	392～400	250	13

三、冲裁工艺

冲裁是利用模具使板料沿着一定的轮廓形状产生分离的一种冲压工序。冲裁工序的种类很多,常用的有切断、落料、冲孔、切口、剖切、修边等。但一般来说冲裁主要是指落料和冲孔。若使材料沿封闭曲线相互分离,封闭曲线以内的部分作为冲裁件时,称为落料;而封闭曲线以外的部分作为冲裁件时,称为冲孔。例如冲制平面垫圈,冲其外形的工序称为落料,冲其内孔的工序称为冲孔。

冲裁是冲压工序中最基本的工序之一,其应用非常广泛,它既可直接冲制成品零件,又可为其他成型工序制备坯料。

根据变形机理不同,冲裁可分为普通冲裁和精密冲裁。这里主要介绍普通冲裁。

冲裁所使用的模具称为冲裁模,如落料模、冲孔模、切边模和冲切模等。

1. 冲裁过程分析

图1-2所示为普通冲裁示意图,凸模1与凹模2具有与冲裁件轮廓相同的锋利刃口且相互之间保持均匀合适的间隙。冲裁时,板料3置于凹模上方,当凸模随压力机滑块向下运动时,冲穿板料进入凹模,使冲裁件与板料分离,从而完成冲裁工作。从凸模接触板料到板料相互分离是在瞬间完成的。冲裁变形过程大致可分为三个变形阶段。

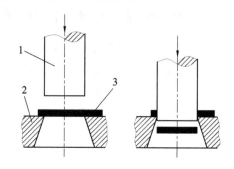

1—凸模;2—凹模;3—板料

图1-2 普通冲裁示意图

（1）弹性变形阶段

如图1-3(a)所示,当凸模接触板料并下压时,在凸、凹模压力作用下,板料开始产生弹性压缩、拉伸和弯曲等复杂变形。这时,凸模略微挤入板料上部,板料下部也略微挤入凹模洞口,并在凸、凹模刃口接触处形成很小的圆角。同时板料稍有穹弯,材料越硬,凸、凹模刃口间隙越大,穹弯越严重。随着凸模的下压刃口附近板料所受的应力逐渐增大,直至到达弹性极限,弹性变形阶段结束。

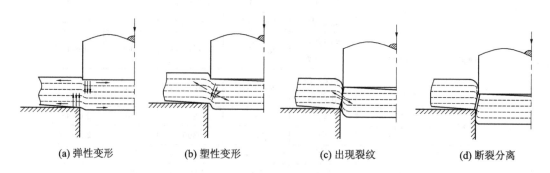

(a) 弹性变形　　　(b) 塑性变形　　　(c) 出现裂纹　　　(d) 断裂分离

图1-3 冲裁变形过程

（2）塑性变形阶段

当凸模继续下压,使板料变形区的应力达到塑性变形条件时,开始进入塑性变形阶段,如图1-3(b)所示。这时,凸模挤入板料和板料挤入凹模的深度逐渐增大,产生塑性剪切变形,形成光亮的剪切断面。随着凸模的下降,塑性变形程度增加,变形区材料硬化程度加剧,变形抗力不断上升,冲裁力也相应增大,直到刃口附近的应力达到抗拉强度时,塑性变形阶段结束。由于凸、凹模间隙的存在,此阶段中冲裁变形区还伴随着弯曲和拉伸变形,且间隙越大,弯曲和拉伸变形也越大。

(3)断裂分离阶段

当板料内的应力达到抗拉强度后,凸模再向下压时,则在板料上与凸模、凹模刃口接触的部位先后形成裂纹,如图1-3(c)所示。裂纹的起点一般在距刃口很近的侧面,且一般先在凹模刃口附近的侧面产生,然后才在凸模刃口附近的侧面产生。随着凸模的继续下行,已产生的上、下裂纹将沿最大剪应力方向不断向板料内部扩展,当上、下裂纹重合时,板料被剪断分离,如图1-3(d)所示。随后,凸模将分离的材料推入凹模洞口,至此,冲裁变形过程结束。

2. 冲裁件的工艺性

冲裁件的工艺性是指冲裁件对冲裁工艺的适应性,即冲裁加工的难易程度。良好的冲裁工艺性是指在满足冲裁件使用要求的前提下,能以最简单、最经济的冲裁方式加工出来。因此,在编制冲压工艺规程和设计模具之前,应对冲裁件的形状、尺寸和精度等方面进行分析。从工艺角度分析冲裁件设计得是否合理,是否符合冲裁的工艺要求。

(1)冲裁件的结构工艺性

① 冲裁件的形状应力求简单、规则,有利于材料的合理利用,以便节约材料,减少工序数目,提高模具寿命,降低冲裁件成本。

② 冲裁件的内、外形转角处要尽量避免尖角,应以圆弧过渡,以便于模具加工,减少热处理开裂,减少冲裁时尖角处的崩刃和过快磨损。冲裁件的最小圆角半径可参照表1-2选取。

表1-2 冲裁件最小圆角半径

工 序	圆弧角度 A	最小圆角半径/mm			
		黄铜、铝	低碳钢	合金钢	备 注
落料	$\alpha \geqslant 90°$	$0.18t$	$0.25t$	$0.35t$	$\geqslant 0.25$
	$\alpha < 90°$	$0.35t$	$0.50t$	$0.70t$	$\geqslant 0.50$
冲孔	$\alpha \leqslant 90°$	$0.20t$	$0.30t$	$0.45t$	$\geqslant 0.30$
	$\alpha < 90°$	$0.40t$	$0.60t$	$0.90t$	$\geqslant 0.60$

注:t 为料厚。

③ 尽量避免冲裁件上过于窄长的凸出悬臂和凹槽,否则会降低模具寿命和冲裁件质量,如图1-4所示。一般情况下,悬臂和凹槽的宽度 $B \geqslant 1.5t$(t 为料厚,当料厚 $t < 1$ mm 时,按 $t = 1$ mm 时计算);当冲裁件材料为黄铜、铝、低碳钢时,$B \geqslant 1.5t$;当冲裁件材料为高碳钢时,$B \geqslant 2t$。悬臂和凹槽的深度 $L \leqslant 5B$。

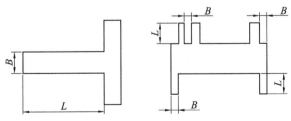

图1-4 冲裁件的悬臂与凹槽

④ 冲孔时,因受凸模强度的限制,孔的尺寸不应太小。冲孔的最小尺寸取决于材料凸模强度和模具结构等。

⑤ 冲裁件的孔与孔之间、孔与边缘之间的距离,受模具强度和冲裁件质量的制约,其值不应过小,一般要求 $c \geqslant (1 \sim 1.5)t$,$c' \geqslant (1.5 \sim 2)t$,如图 $1-5$(a)所示。在弯曲件或拉深件上冲孔时,为避免冲孔时凸模受水平推力而折断,孔边与直壁之间应保持一定的距离,一般要求 $L \geqslant R + 0.5t$,如图 $1-5$(b)所示。

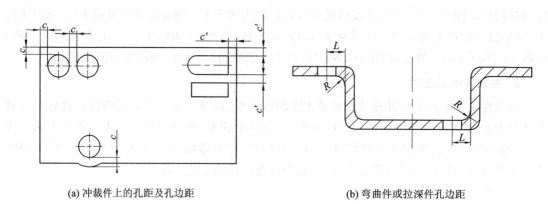

(a) 冲裁件上的孔距及孔边距　　　　　　(b) 弯曲件或拉深件孔边距

图 1 - 5　冲压件上的孔距及孔边距

（2）冲裁件的精度和断面质量

1）冲裁件的精度

冲裁件的经济公差等级不高于 IT11 级,一般要求落料件公差等级最好低于 IT10 级,冲孔件最好低于 IT9 级。此外,冲裁件的尺寸公差标注及基准的选择应尽可能与模具设计基准一致,以减小误差。

2）冲裁件的断面质量

冲裁件的断面粗糙度及毛刺高度与材料塑性、材料厚度、冲裁间隙、刃口锋利程度、冲裁模结构及凸、凹模工作部分表面粗糙度等因素有关。用普通冲裁方式冲裁厚度为 2 mm 以下的金属板料时,其断面粗糙度 Ra 一般可达到 $12.5 \sim 3.2 \ \mu m$,毛刺的允许高度见表 $1-3$。

表 1 - 3　普通冲裁毛刺的允许高度

mm

料厚 t	$\leqslant 0.3$	$> 0.3 \sim 0.5$	$> 0.5 \sim 1.0$	$> 1.0 \sim 1.5$	$> 1.5 \sim 2$
试模时	$\leqslant 0.015$	$\leqslant 0.02$	$\leqslant 0.03$	$\leqslant 0.04$	$\leqslant 0.05$
生产时	$\leqslant 0.05$	$\leqslant 0.08$	$\leqslant 0.10$	$\leqslant 0.13$	$\leqslant 0.15$

3. 冲裁件的质量

（1）冲裁件的质量

冲裁件的质量是指冲裁件的断面质量、尺寸精度和形状误差。冲裁件的断面应尽可能垂直、光滑、毛刺小;尺寸精度应保证在图纸规定的公差范围以内;冲裁件外形应符合图纸要求,表面应尽可能平直。

1）冲裁件的断面质量

冲裁件断面呈明显的四个特征区,即塌角带、光亮带、断裂带和毛刺,如图 $1-6$ 所示。

① 塌角带 a　该区域的形成主要是当凸模刃口刚压入板料时,刃口附近的材料产生弯曲

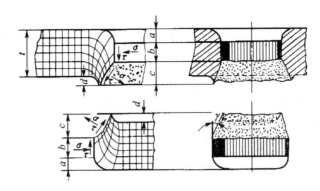

图 1-6 冲裁件的断面质量

和伸长变形,材料被带进模具间隙的结果。

② 光亮带 b 该区域发生在塑性变形阶段,当刃口切入金属板料后,板料与模具侧面挤压而形成的光亮垂直的断面。正常情况约占全断面的 $1/2\sim1/3$。

③ 断裂带 c 该区域是在断裂阶段形成的,是由于刃口处产生的微裂纹在拉应力的作用下不断扩展而形成的撕裂面,其断面粗糙,具有金属本色,且带有斜度。因断裂带都是向材料内倾斜,所以对一般应用的冲裁件并不影响其使用性。

④ 毛刺 d 毛刺的形成是由于在塑性变形阶段后期,凸模和凹模的刃口切入被加工的板料一定深度时,刃口正面材料被压缩,微裂纹的起点不会在刃尖处发生,而是在刃口侧面距刃尖不远的地方发生。普通冲裁中毛刺是不可避免的,但间隙合适时,毛刺的高度较小,易去除。毛刺影响冲裁件的外观和使用性能,因此希望毛刺越小越好。

2)冲裁件的尺寸精度

冲裁件的尺寸精度是指冲裁件的实际尺寸与公称尺寸之差。差值越小,精度就越高。该差值包括冲裁件相对于凸模或凹模尺寸的偏差和模具本身的制造偏差两方面。

3)冲裁件的形状误差

冲裁件的形状误差是指翘曲、扭曲和变形等缺陷。

(2)冲裁件质量的影响因素

冲裁件质量的影响因素主要有以下几个方面:

1)材料的性能对冲裁件质量的影响

对于塑性较好的材料,冲裁时裂纹出现得较迟,因而材料被剪切挤压的深度较大。所得到的断面光亮带所占比例大,断裂带较小,但圆角和毛刺也较大;而塑性差的材料,当剪切开始不久,材料便被拉裂,使断面光亮带所占比例小,断裂带较大,但圆角和毛刺都较小。

对于比较软的材料,弹性变形量较小,冲裁后的弹性恢复也较小,因而冲裁件的精度较高;硬的材料则相反。

2)冲裁间隙对冲裁件质量的影响

冲裁间隙是影响冲裁件断面质量的主要因素。当间隙合适时,上、下刃口处产生的剪切裂纹基本重合,这时光亮带约占板厚的 $1/2\sim1/3$,圆角、毛刺和断裂带斜角均较小,断面质量较好,如图 1-7(a)所示。

当间隙过小时,上、下裂纹延伸后互不重合。两裂纹之间的材料,随着冲裁的进行将被第二次剪切,在断面上形成第二光亮带,该光亮带中部有残留的断裂带。小间隙会使应力状态中的拉应力成分减小,挤压作用增大,使材料塑性得到充分发挥,裂纹的产生受到抑制而推迟。

所以,断面光亮带宽度增加,圆角、毛刺、斜度、翘曲和穿弯等弊病都有所减小,断面质量较好,但断面的质量也有缺陷,如中部的夹层等。毛刺比合理间隙时高一些,但易去除,如图 1-7(b)所示。

当间隙过大时,上、下裂纹也不重合。因变形材料应力状态中的拉应力成分增大,材料的弯曲和拉伸也增大,材料容易产生微裂纹,使塑性变形较早结束。所以,断面光亮带减小,毛面、圆角带增大,毛刺和斜度较大,穿弯、翘曲现象显著,冲裁件质量下降。并且拉裂产生的斜度增大,断面质量不理想,如图 1-7(c)所示。

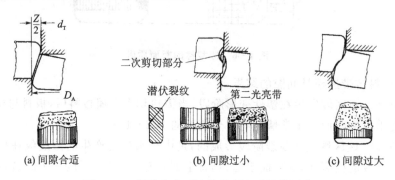

(a) 间隙合适　　　　　　(b) 间隙过小　　　　　　(c) 间隙过大

图 1-7　间隙大小对冲裁件断面质量的影响

另外,当模具间隙不均匀时,在凸、凹模之间可能同时存在着间隙合适、间隙过小和间隙过大几种情况,因此会出现在冲裁件断面上同时分布着上述各种情况的断面。

冲裁间隙对冲裁件尺寸精度有很大影响。图 1-8(a)(b)分别表示冲孔模和落料模的凸、凹模间隙 Z 对冲裁件尺寸精度(δ 为冲裁件相对于模具的尺寸偏差)影响的一般规律。

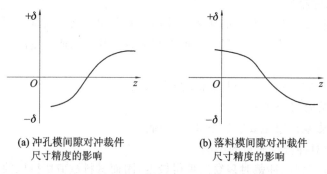

(a) 冲孔模间隙对冲裁件　　　　　　(b) 落料模间隙对冲裁件
尺寸精度的影响　　　　　　　　　尺寸精度的影响

图 1-8　间隙对冲裁件尺寸精度的影响

3) 模具刃口状态、结构及制造精度对冲裁件质量的影响

模具刃口状态对冲裁件的断面质量也有较大影响。当模具刃口磨钝后,挤压作用增大,则冲裁件圆角和光亮带增大。对于钝的刃口,即使间隙选择合理,在冲裁件上将产生较大的毛刺。实践表明:凹模磨钝时,冲孔件的孔口下端产生明显毛刺,如图 1-9(a)所示;凸模磨钝时,在落料件上端产生明显毛刺,如图 1-9(b)所示;当凸、凹模刃口均磨钝时,则会在冲裁件上端和孔口下端都产生毛刺,如图 1-9(c)所示。

4) 冲裁模的制造精度(主要是凸、凹模的制造精度)

冲裁模的制造精度对冲裁件尺寸精度有直接的影响,冲裁模的制造精度越高,冲裁件的精度越高。

此外,采用压料板和顶板等结构形式的模具,合理选择搭边,注意润滑等也可提高冲裁件

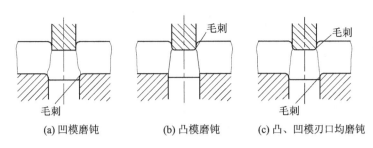

(a) 凹模磨钝　　　　　(b) 凸模磨钝　　　　(c) 凸、凹模刃口均磨钝

图 1-9　凸、凹模刃口磨钝后毛刺的形成

质量。

4．冲裁间隙及影响

（1）冲裁间隙

冲裁间隙是指冲裁模的凸、凹模刃口横向尺寸之差。双面间隙用 Z 表示，单面间隙用 $Z/2$ 表示。其值可为正，也可为负。如无特殊说明，冲裁间隙都是指双面间隙。如图 1-10 所示，即

$$Z = D_A - d_T \qquad (1-1)$$

式中：D_A 为凹模刃口尺寸；d_T 为凸模刃口尺寸。

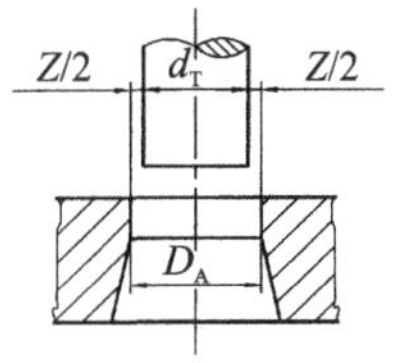

（2）冲裁间隙的影响

图 1-10　冲裁间隙

冲裁间隙对冲裁过程有着很大的影响。在前述中已经分析了间隙对冲裁件质量起着决定性作用。除此以外，间隙对冲压力和模具寿命也有着较大的影响。

1）间隙对冲压力的影响

间隙很小时，因材料的挤压和摩擦作用增强，冲裁力必然较大。随着间隙的增大，材料所受的拉应力增大，容易断裂分离，因此冲裁力减小。但试验表明，当单面间隙介于材料厚度的 5%～20% 范围内时，冲裁力降低不多，不超过 5%～10%。因此，在正常情况下，间隙对冲裁力的影响不很大。

间隙对卸料力、顶件力、推件力的影响比较显著。由于间隙的增大，使冲裁件的光亮带变窄，材料弹性回复使落料件尺寸小于凹模尺寸，冲孔件尺寸大于凸模尺寸，因而使卸料力、推件力或顶件力随之减小。一般当单面间隙增大到材料厚度的 15%～25% 时，卸料力几乎降为零。

2）间隙对模具寿命的影响

模具寿命通常是用模具失效前所冲得的合格冲裁件数量来表示。冲裁模的失效形式一般有磨损、变形、崩刃和凹模胀裂。间隙大小主要对模具的磨损及凹模的胀裂产生较大影响。在冲裁过程中，由于材料的弯曲变形，材料对模具的反作用力主要集中在凸、凹模刃口部分。如果间隙小，则垂直冲裁力和侧向挤压力将增大，摩擦力也增大，同时光亮带变宽，摩擦距离增长，摩擦发热严重，所以小间隙将使凸、凹模刃口磨损加剧，甚至使模具与材料之间产生动结现象，严重的还会产生崩刃。另外，小间隙因落料件堵塞在凹模洞口的胀力也大，容易产生凹模胀裂；小间隙还易产生小凸模折断，凸、凹模相互啃刃等异常现象。

凸、凹模磨损后，其刃口处形成圆角，冲裁件上就会出现不正常的毛刺，且因刃口尺寸发生变化，冲裁件的尺寸精度也降低，模具寿命减小。因此，为了减少模具的磨损，延长模具使用寿命，在保证冲裁件质量的前提下，应适当选用较大的间隙值。若采用小间隙，就必须提高模具

硬度和精度,减小模具表面粗糙度值,提供良好润滑,以减小磨损。

任务二　冲裁工艺方案的确定

任务实施

该冲裁件包括落料、冲孔两个基本工序,可以有以下三种冲压工艺方案:

方案一:先落料,后冲孔。采用单工序模生产。

方案二:落料—冲孔复合冲压。采用复合模生产。

方案三:冲孔—落料级进冲压,采用级进模生产。

方案一模具结构简单,生产效率可以满足中小批量生产要求,但是需要两道工序,两副模具,制造成本较高,且落料后再冲孔需要二次定位,误差相对较大。方案二只需要一副模具,冲压件形位精度和尺寸精度易保证,且生产效率较高,保证工件的平整要求,工件最小壁厚5.75 mm,大于凸凹模最小壁厚要求。方案三模具结构复杂,体积较大,适合于加工复杂、多工序冲压件,生产效率高,操作方便。

综合上述分析,该工件采用方案二进行冲裁较优。

知识链接

一、冷冲压的基本工序

生产中为满足冲压零件形状、尺寸、精度、批量大小和原材料性能的要求,冲压加工的方法是多种多样的。根据材料的变形特点及工厂现行的习惯,冲压的基本工序可分为分离工序与成型工序两大类。

分离工序是使冲压件与板料沿要求的轮廓线相互分离并获得一定断面质量和尺寸精度的冲压加工方法。

成型工序是使冲压毛坯在不被破坏的条件下发生塑性变形,以获得所要求的工件形状、尺寸和精度的冲压加工方法。

主要冲压工序的分类及相应模具简图见表1-4。

成型工序

整型工序

表1-4　主要冲压工序的分类及相应的模具

类 别	工序名称		工序简图	工序特征	模具简图
分离工序	切断		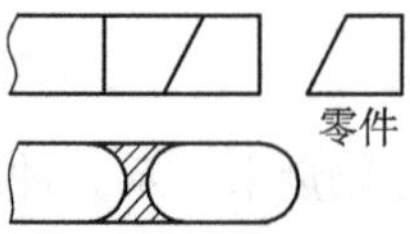 零件	用剪刀或模具切断板料,切断线不是封闭的	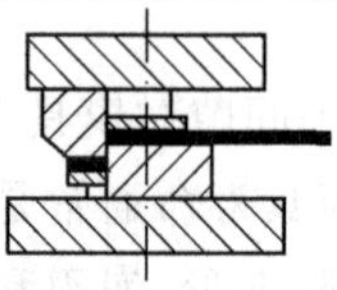
	冲裁	落料	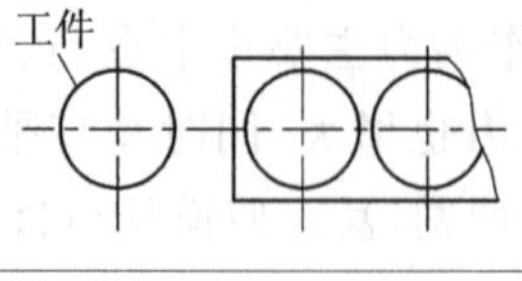 工件	用模具沿封闭线冲切板料,冲下的部分为工件	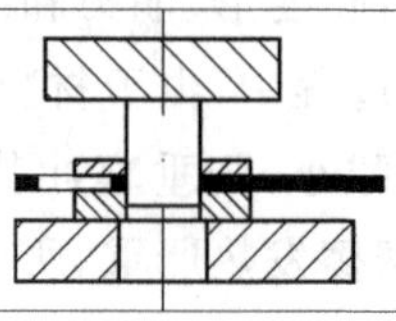
		冲孔	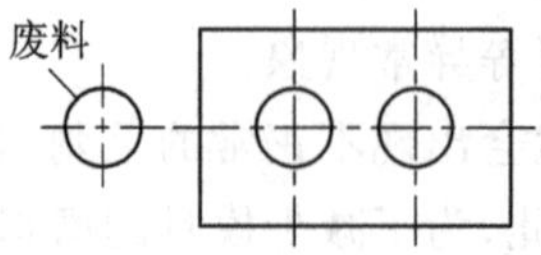 废料	用模具沿封闭线冲切板料,冲下的部分为废料	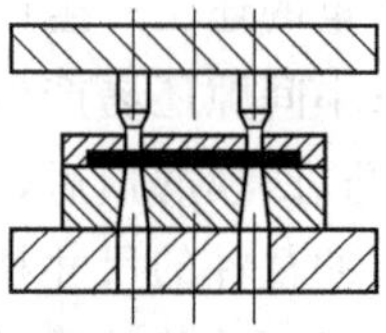

类 别	工序名称		工序简图	工序特征	模具简图
分离工序	切口			用模具将板料局部切开而不完全分离,切口部分材料发生弯曲	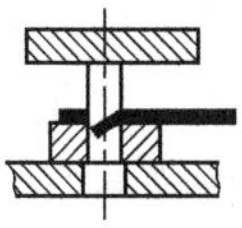
	切边			用模具将工件多余的材料冲切下来	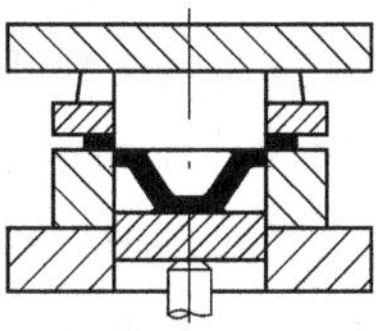
成型工序	弯曲			用模具将板料弯成一定角度或一定形状	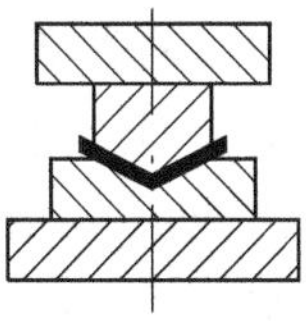
	拉深			用模具将板料制成开口空心件	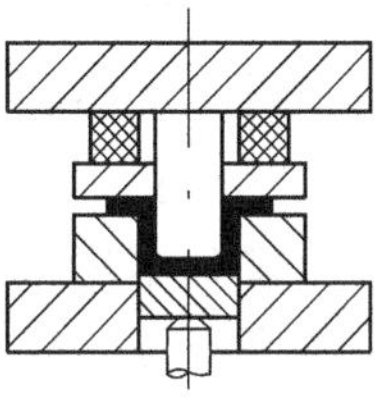
	成型	起伏（压筋）	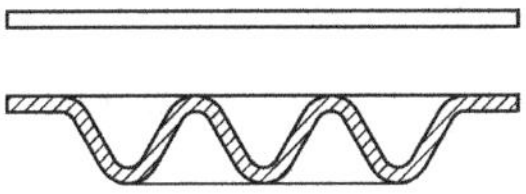	用模具将板料局部拉深成凸起和凹进形状	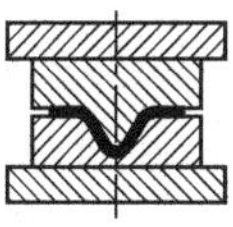
		翻边		用模具将板料上的孔或外缘翻成直壁	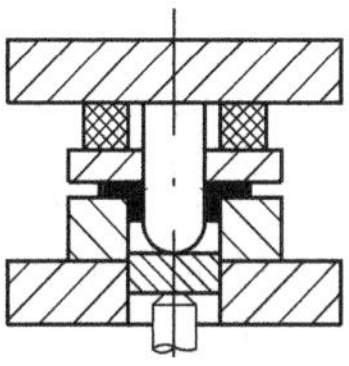
	缩口			用模具对空心件口部施加由外向内的径向压力,使局部直径缩小	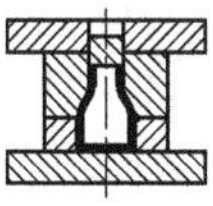
	胀形			用模具对空心件施加向外的径向力,使局部直径扩张	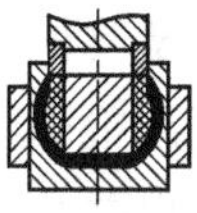
	整形			将工件不平的表面压平;将原先弯曲或拉深件压成正确形状	同拉深模具

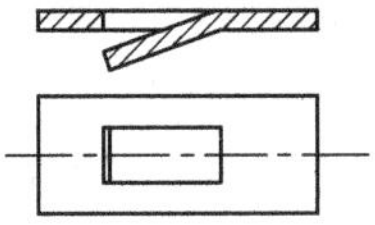

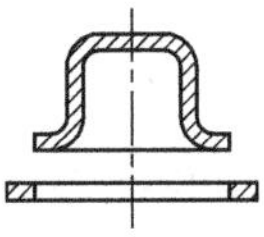

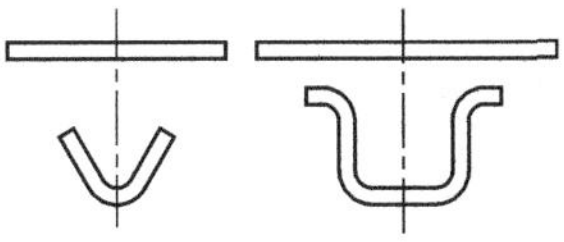

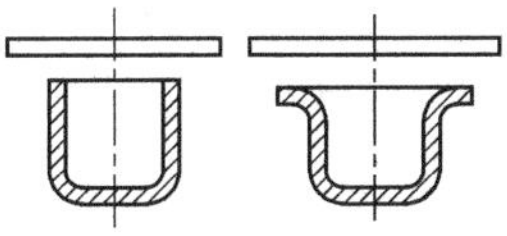

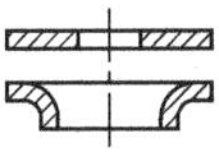

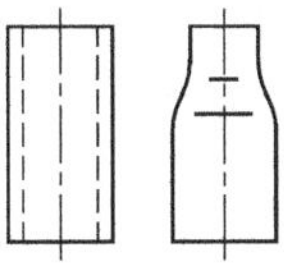

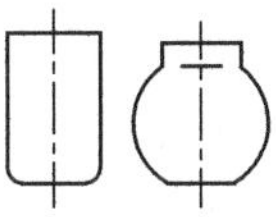

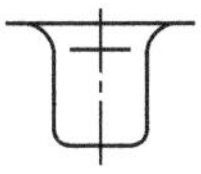

二、冲裁模的类型

冲裁模的结构类型很多,一般可按下列不同特征分类:

① 按工序性质分类,可分为落料模、冲孔模、切断模、切口模、切边模和剖切模等。

② 按工序组合程度分类,可分为单工序模、级进模和复合模等。

③ 按模具导向方式分类,可分为无导向的开式模、有导向的导板模和导柱模等。

④ 按模具专业化程度分类,可分为通用模、专用模、自动模、组合模和简易模等。

⑤ 按模具工作零件所用材料分类,可分为钢质冲裁模、硬质合金冲裁模、锌基合金冲裁模、橡胶冲裁模和钢带冲裁模等。

⑥ 按模具结构尺寸分类,可分为大型冲裁模和中小型冲裁模等。

三、冲裁模的结构组成

冲裁模的类型虽然很多,但任何一副冲裁模都是由上模(动模)和下模(定模)两个部分组成的。上模通过模柄或上模座固定在压力机的滑块上,可随滑块做上、下往复运动,是冲裁模的活动部分;下模通过下模座固定在压力机工作台或垫板上,是冲裁模的固定部分。

通常可将冲裁模分成以下几个组成部分:

(1) 工作零件

工作零件是直接使坯料产生分离或塑性变形的零件,是冲裁模中最重要的零件,有凸模、凹模、凸凹模等。如图1-11所示的冲孔凸模17、凸凹模18和落料凹模7。

(2) 定位零件

定位零件是确定坯料或工序件在冲裁模中正确位置的零件,有挡料销、导料销、侧刃和导正销等。如图1-11所示的挡料销22、导料销6。

(3) 压料、卸料与出件零件

压料、卸料与出件零件是将箍在凸模上或卡在凹模内的废料或冲裁件卸下、推出或顶出,以保证冲压工作能继续进行,有卸料板、卸料螺钉、橡胶、弹簧、打杆和推件块等。如图1-11所示的打杆15、卸料板19、推件块8和橡胶5等。

(4) 导向零件

导向零件是确定上、下模的相对位置并保证运动导向精度的零件,有导板、导柱和导套等。如图1-11所示的导柱3、导套10。

(5) 支承零件

支承零件是将上述各类零件固定在上、下模上以及将上、下模连接在压力机上的零件,有凹模固定板、凸模固定板、垫板、上模座、下模座和模柄等。如图1-11所示的上模座13、下模座1、凸凹模固定板4、凸模固定板9、垫板11和模柄14。

(6) 紧固及其他零件

紧固及其他零件有螺钉、销钉等。如图1-11所示的螺钉16、21,销钉12、20。

上述冲裁模零件,一般把工作零件、定位零件及卸料零件统称为工艺零件(即直接参与完成工艺过程并与板料或冲裁件直接发生作用的零件),而把导向零件、支承零件及紧固零件等称为结构零件(即将工艺零件固定联接起来构成模具整体,是对冲裁模完成工艺过程起保证和完善作用的零件)。

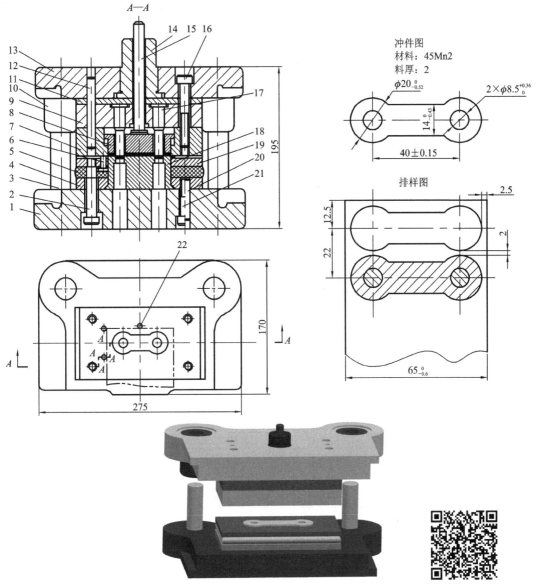

1—下模座;2—卸料螺钉;3—导柱;4—凸凹模固定板;5—橡胶;6—导料销;7—落料凹模;
8—推件块 9—凸模固定板;10—导套;11—垫板;12、20—销钉;13—上模座;14—模柄;
15—打杆;16、21—螺钉;17—冲孔凸模;18—凸凹模;19—卸料板;22—挡料销

图 1-11 落料冲孔复合模

任务三 模具总体结构方案的确定

任务实施

1. 模具类型的选择

根据工件的冲裁工艺方案,采用倒装式复合冲裁模。

2. 定位方式的选择

根据工件的结构特点和生产规模,材料规格采用条料,用导料板控制条料送进方向,无侧压装置,控制条料的送进步距采用固定挡料销定距。

3. 卸料与出件方式的选择

落料产生的废料采用弹性卸料装置完成卸料,冲孔废料则直接从凸凹模内孔推下。在动模部分设置与打杆相连的推件块,将落入落料凹模孔内的工件推出。

4. 导向方式的选择

链条的链板结构简单,可采用一个方向送料,选择后侧导柱模架导向的方式,该导向方式导向平稳、准确。

知识链接

冲裁模典型结构

1. 单工序模

单工序冲裁模又称简单冲裁模,是指在压力机的一次行程内只完成一种冲裁工序的模具。

（1）开式简单冲裁模

图 1-12 所示为冲裁圆形零件的无导向的开式落料模,工作零件为凸模 2 和凹模 5,定位零件为导料板 4 和定位板 7,卸料零件为卸料板 3,其余为支承和固定零件。上、下模之间无直接导向关系。工作时,条料沿导料板 4 送至定位板 7 定位后进行冲裁,从条料上分离下来的冲裁件靠凸模直接从凹模洞口依次推下,箍在凸模上的废料由固定卸料板 3 刮下来。照此循环,完成落料工作。

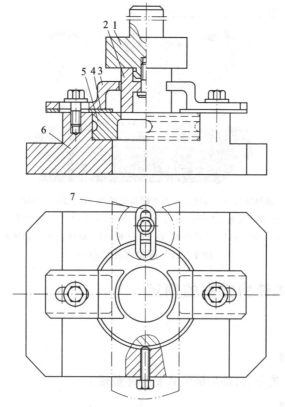

1—模柄;2—凸模;3—卸料板;4—导料板;5—凹模;6—下模座;7—定位板

图 1-12 无导向落料模

该模具具有一定的通用性,通过更换凸模和凹模,调整导料板、定位板和卸料板位置,便可冲裁不同尺寸的零件。另外,改变定位零件和卸料零件的结构,还可以用于冲孔,即成为冲孔模。

无导向落料模的特点是结构简单,制造容易,可用边角料冲裁,有利于降低冲裁件成本。但凸模的运动是靠压力机滑块导向的,不易保证凸、凹模间隙的均匀,冲裁件精度不高,同时模具安装调整麻烦,模具寿命和生产率较低,操作也不够安全。这种落料模只适用于冲裁精度要求不高、形状简单和生产批量小的冲裁件。

（2）导柱式简单冲裁模

图 1-13 所示为导柱式固定卸料落料模,凸模 3 和凹模 9 是工作零件,固定挡料销 8 与导料板(与固定卸料板 1 做成了一整体)是定位零件,导柱 5、导套 7 为导向零件,固定卸料板 1 只起卸料作用。这种冲裁模的上、下模正确位置是利用导柱和导套的导向来保证的,且凸模在进行冲裁之前,导柱已经进入导套,从而保证了在冲裁过程中凸、凹模之间间隙的均匀性。该模具用固定挡料销和导料板对条料定位,冲裁件由凸模逐次从凹模孔中推下并经压力机工作台孔漏入料箱。

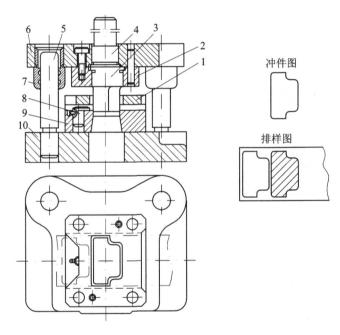

冲件图

排样图

1—固定卸料板;2—凸模固定板;3—凸模;4—模柄;5—导柱;
6—上模座;7—导套;8—钩形固定挡料销;9—凹模;10—下模座

图 1-13　导柱式固定卸料落料模

2. 复合模

复合模是指在压力机的一次行程中,在模具的同一个工位上同时完成两道或两道以上不同冲裁工序的冲裁模。复合模是一种多工序冲裁模,它在结构上的主要特征是有一个或几个有双重作用的工作零件——凸凹模,如在落料冲孔复合模中有一个既能作落料凸模又能作冲孔凹模的凸凹模。

根据凸凹模在模具中的装配位置不同,分为正装式复合模和倒装式复合模两种。凸凹模装在上模的称为正装式复合模,凸凹模装在下模的称为倒装式复合模。

（1）正装式复合模

图 1-14 所示为正装式落料冲孔复合模，凸凹模 6 装在上模，落料凹模 8 和冲孔凸模 11 装在下模。工作时，条料由导料销 13 和挡料销 12 定位，上模下压，凸凹模外形与落料凹模进行落料，落下的冲裁件卡在凹模内，同时冲孔凸模与凸凹模内孔进行冲孔，冲孔废料卡在凸凹模孔内。卡在凹模内的冲件由顶件装置顶出。顶件装置由带肩顶杆 10、顶件块 9 及装在下模座底下的弹顶器（与下模座的螺纹孔联接，图中未画出）组成，当上模上行时，原来在冲裁时被压缩的弹性元件恢复弹性力，通过顶杆和顶件块把卡在凹模中的冲裁件顶出凹模面。该顶件装置因弹顶器装在模具底下，弹性元件的高度不受模具空间的限制，顶件力大小容易调节，可获得较大的顶件力。卡在凹模内的冲孔废料由推件装置推出。推件装置由打杆 1、推板 3 和推杆 4 组成，当上模行至上止点时，压力机滑块内的打料杆通过打杆、推板和推杆把废料推出。每冲裁一次，冲孔废料被推出一次，凸凹模孔内不积存废料，因而胀力小，凸凹模不易破裂。但冲孔废料落在下模工作面上，清除废料较麻烦（尤其是孔较多时）。条料的边料由弹性卸料装置卸下。由于采用固定挡料销和导料销，故需在卸料板上钻出让位孔。

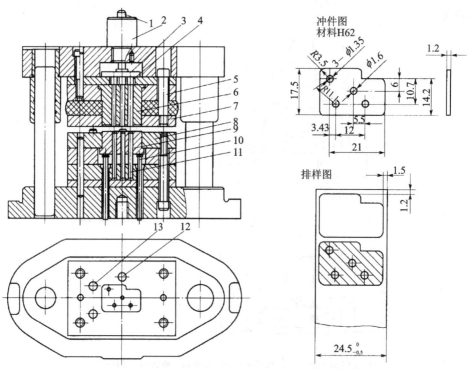

1—打杆；2—模柄；3—推板；4—推杆；5—卸料螺钉；6—凸凹模；7—卸料板；8—落料凹模；
9—顶件块；10—带肩顶杆；11—冲孔凸模；12—挡料销；13—导料销

图 1-14　正装式复合模

从上述工作过程可以看出，正装式复合模工作时，板料是在压紧的状态下分离，故冲出冲裁件平直度较高，但由于弹性顶件和弹性卸料装置的作用，分离后的冲裁件容易被嵌入边料中影响操作，从而影响了生产率。

（2）倒装式复合模

图 1-11 所示为倒装式复合模。该模具的凸凹模 18 装在下模，落料凹模 7 和冲孔凸模 17 装在上模。倒装式复合模一般采用刚性推件装置，冲裁件不是处于被压状态下分离，因而冲裁

件的平直度不高。同时由于冲孔废料直接从凸凹模内孔推下,当采用直刃壁凹模洞口时,凸凹模内孔中会聚积废料,凸凹模壁厚较小时可能引起胀裂,因而这种复合模结构适用于冲裁材料较硬或厚度大于 0.3 mm,且孔边距较大的冲裁件。如果在上模设置弹性元件,即可用来冲制材料较软或料厚小于 0.3 mm、平直度要求较高的冲裁件。

从正装式和倒装式复合模结构分析中可以看出,两者各有优缺点。正装式复合模较适用冲制材料较软或料厚较薄、平直度要求较高的冲裁件,还可以冲制孔边距较小的冲件。而倒装式复合模结构简单(省去了顶出装置),便于操作,并为机械化出件提供了条件,故应用非常广泛。

3. 级进模

级进模又称连续模,是指在压力机的一次行程中,依次在同一模具的不同工位上同时完成多道工序的冲裁模。由于用级进模冲压时,冲裁件是依次在几个不同工位上逐步成型的,因此要保证冲裁件的尺寸及内、外形相对位置精度,模具结构上必须解决条料或带料的准确送进与定距问题。

图 1-15 所示为用挡料销和导正销定位的冲孔落料级进模。上、下模通过导板(兼卸料板)导向,冲孔凸模 3 与落料凸模 4 之间的中心距等于送料距离 s(步距),条料由固定挡料销 8 粗定位,由装在落料凸模上的两个导正销 5 精确定位。为了保证首件冲裁时的正确定距,采用了始用挡料销 9。工作时,先用手按住始用挡料销对条料进行初始定位,冲孔凸模在条料上冲出两孔,然后松开始用挡料销,将条料送至固定挡料销进行粗定位,上模下行时导正销 5 先行导入条料上已冲出的孔进行精确定位,继而同时进行落料和冲孔。以后各次冲裁时都由固定挡料销 8 控制进距作粗定位,每次行程即可冲下一个冲裁件并同时冲出两个内孔。

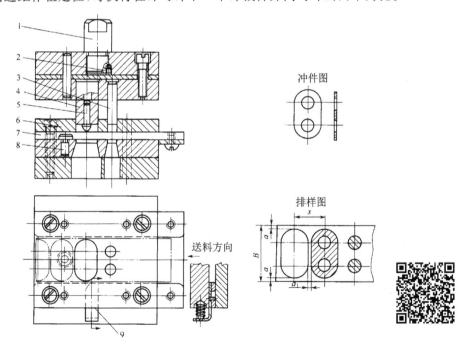

1—模柄;2—止转螺钉;3—冲孔凸模;4—落料凸模;5—导正销;6—导板;7—导料板;8—固定挡料销;9—始用挡料销

图 1-15 挡料销和导正销定位的级进模

图 1-16 示为具有自动挡料装置的级进模。自动挡料装置由挡料杆 3、冲搭边凸模 1 和凹

模 2 组成。开始工作时,冲孔和落料的两次送进分别由两个始用挡料销定位,第三次及其以后的送料均由自动挡料装置定位。由于挡料杆始终不离开凹模的上平面,所以送料时都能用挡料杆挡住条料搭边,在冲孔、落料的同时,凸模 1 和凹模 2 也把搭边冲出一个缺口,使条料可以继续送进一个步距,从而起到自动挡料的作用。另外,该模具还设有由侧压块 4 和侧压簧片 5 组成的侧压装置,可将条料始终压向对面的导料板上,使条料送进方向更加准确。

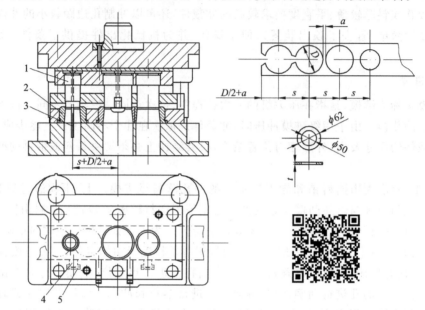

1—冲搭边凸模;2—冲搭边凹模;3—挡料杆;4—侧压块;5—侧压簧片

图 1-16　具有自动挡料装置的级进模

任务四　排样设计与计算

任务实施

1. 排　样

本模具采用导料销导料、挡料销定位、手工往复送料的方式即可满足各尺寸的精度要求,所以采用无侧压装置的有废料排样。

由于零件尺寸小,形状近似长方形,因此采用直排,如图 1-17 所示。

2. 确定搭边值

查表 1-6 得

(1) 两工件间搭边 $a_1 = 2$ mm;

(2) 工件边缘搭边 $a = 2.5$ mm;

(3) 根据排样图可知,步距为

$s = L + a_1 = 22$ mm;

(4) 条料宽度为

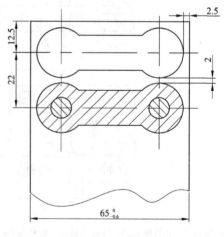

图 1-17　排样图

$B = (D + 2a)_{-\delta}^{0} = (60 + 2 \times 2.5)_{-0.6}^{0} = 65$ mm (查表 1-7,$\delta = 0.6$)。

3．材料利用率

一个步距内材料利用率按式(1-2)计算为

$$\eta = A/Bs \times 100\% = \frac{902.44}{66 \times 22} \times 100\% = 51.6\%$$

知识链接

排　样

排样是指冲裁件在条料、带料或板料上的布置方法。排样是否合理,将直接影响到材料利用率、冲裁件质量、生产效率、冲裁模结构与寿命等。因此,排样是冲压工艺中一项重要的、技术性很强的工作。

1．排样方法

根据材料的利用情况,排样方法可分为有废料排样、少废料排样和无废料排样三种。

(1) 有废料排样

如图1-18(a)所示,沿冲裁件的全部外形冲裁,在冲裁件周边都留有搭边(a、a_1)。有废料排样时,冲裁件尺寸完全由冲裁模保证,因此冲裁件质量好,模具寿命高,但材料利用率低,常用于冲裁形状较复杂、尺寸精度要求较高的冲裁件。

(2) 少废料排样

如图1-18(b)所示,沿冲裁件的部分外形切断或冲裁,而在冲裁件之间或冲裁件与条料边缘之间留有搭边。这种排样方法因受剪裁条料质量和定位误差的影响,其冲裁件质量稍差,同时边缘毛刺易被凸模带入间隙,也影响冲裁模寿命,但材料利用率较高,冲裁模结构简单,一般用于形状较规则、某些尺寸精度要求不高的冲裁件。

(3) 无废料排样

如图1-18(c)(d)所示,沿直线或曲线切断条料而获得冲裁件,无任何搭边废料。无废料排样的冲裁件质量和模具寿命更差一些,但材料利用率最高,且当步距为两倍冲裁件宽度时,如图1-18(c)所示,一次切断能获得两个冲裁件,有利于提高生产效率,可用于形状规则对称、尺寸精度不高或贵重金属材料的冲裁件。

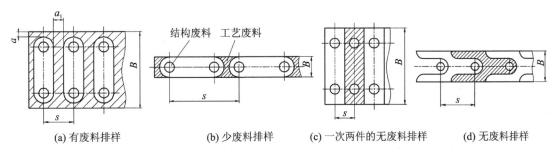

(a) 有废料排样　　　　(b) 少废料排样　　　　(c) 一次两件的无废料排样　　　　(d) 无废料排样

图1-18　排样方法

上述3种排样方法,根据冲裁件在条料上的不同排列形式,又可分为直排、斜排、直对排、斜对排、混合排、多排及冲裁搭边等7种,见表1-5。

在实际确定排样时,通常可先根据冲裁的形状和尺寸列出几种可能的排样方案(形状复杂的冲裁件可以用纸片剪成3~5个样件,再用样件摆出各种不同的排样方案),然后再综合考虑冲裁件的精度、批量、经济性、模具结构与寿命、生产率、操作与安全、原材料供应等各方面因素，最后决定出最合理的排样方法。

表 1-5　排样形式分类

排样方式	有废料排样		少、无废料排样	
	简　图	应　用	简　图	应　用
直排	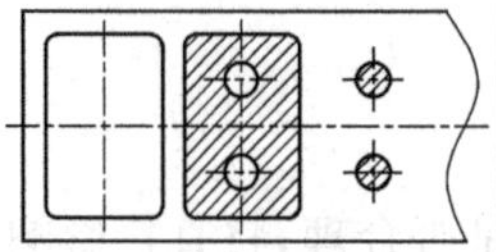	用于简单集合形状（方形、矩形、圆形）的冲裁件	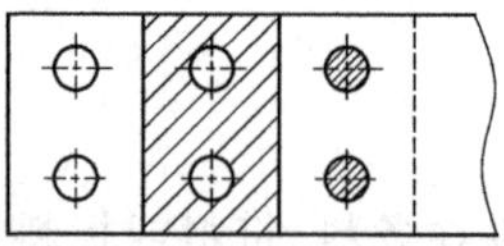	用于矩形或方形冲裁件
斜排	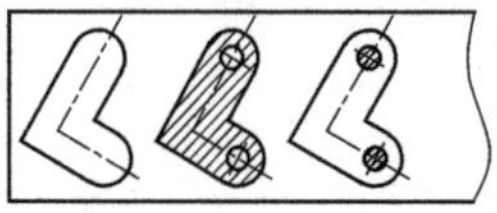	用于 T 形、L 形、S 形、十字形、椭圆形冲裁件	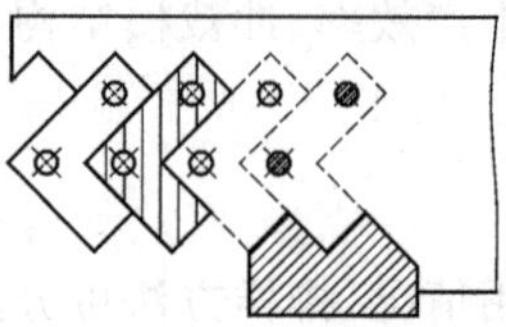	用于 L 形或其他形状的冲裁件，在外形上允许有不大的缺陷
直对排	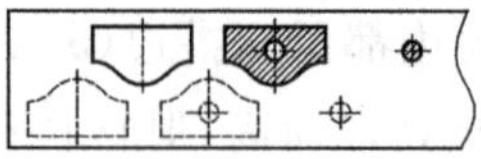	用于 T 形、Ⅱ 形、山形、梯形、三角形、半圆形的冲裁件	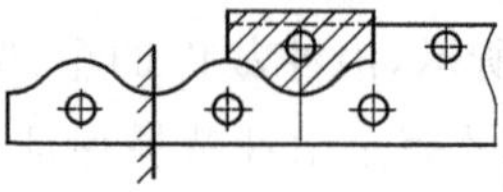	用于 T 形冲裁件、山形、Ⅱ 形、梯形、三角形冲裁件，在外形上允许有不大的缺陷
斜对排	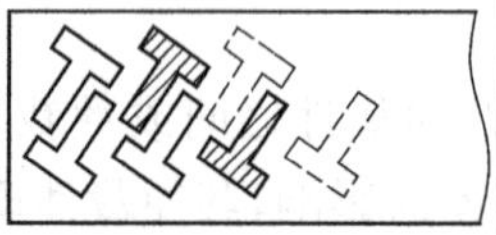	用于材料利用率比直对排时高的情况	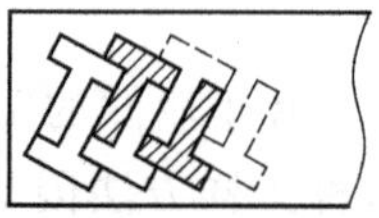	多用于 T 形冲裁件
混合排	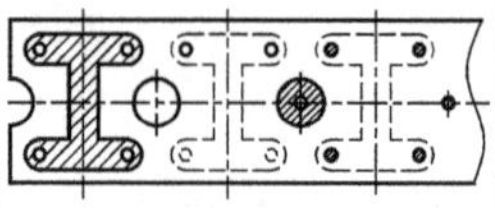	用于材料及厚度都相同的冲裁件	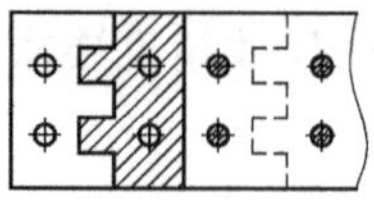	用于两个外形互相嵌入的不同冲裁件（铰链等）
多排	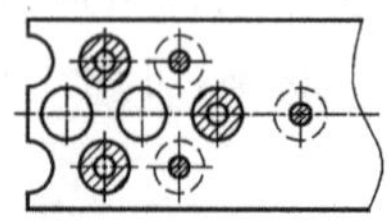	用于大批量生产中尺寸不大的圆形、六角形、方形、矩形冲裁件	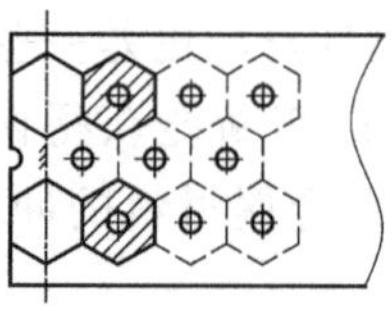	用于大批量生产中尺寸不大的方形、矩形及六角形冲裁件
冲裁搭边	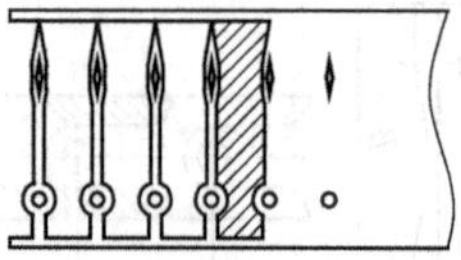	用于大批量生产中小而窄的冲裁件（表针及类似冲裁件）或带料的连续拉深	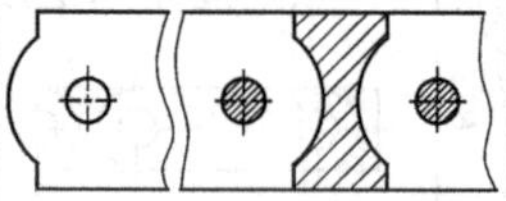	用于以宽度均匀的条料或带料冲制长形件

2. 材料的利用率

合理利用材料，提高材料的利用率，是排样设计主要考虑的因素之一。

冲裁件的实际面积与所用板料面积的百分比称为材料利用率，它是衡量材料合理利用的一项重要经济指标。

如图 1-18 所示，一个步距内的材料利用率 η 为

$$\eta = A/Bs \times 100\% \qquad (1-2)$$

式中：A 为一个步距内冲裁件的实际面积，mm^2；B 为条料宽度，mm；s 为步距（冲裁时条料在模具上每次送进的距离，其值为两个对应冲裁件间相互对应的间距），mm。

一张板料(或条料、带料)上总的材料利用率 η_0 为

$$\eta_0 = nA_1/BL \times 100\% \tag{1-3}$$

式中：n 为一张板料(或条料、带料)上冲裁件的总数目；A_1 为一个冲裁件的实际面积，mm^2；L 为板料(或条料、带料)的长度，mm；B 为板料(或条料、带料)的宽度，mm。

3. 搭边与条料宽度的确定

(1) 搭　边

搭边是指排样时冲裁件之间以及冲裁件与条料边缘之间留下的工艺废料。搭边虽然是废料，但在冲裁工艺中却有很大的作用：补偿定位误差和送料误差，保证冲裁出合格的零件；增加条料刚度，方便条料送进，提高生产效率；避免冲裁时条料边缘的毛刺被拉入模具间隙，提高模具寿命。

搭边值的大小要合理。搭边值过大时，材料利用率低；搭边值过小时，达不到在冲裁工艺中的作用。在实际确定搭边值时，主要考虑以下因素：

① 材料的力学性能。软材料、脆材料的搭边值取大一些；硬材料的搭边值可取小一些。

② 冲裁件的形状与尺寸。冲裁件的形状复杂或尺寸较大时，搭边值取大些。

③ 材料的厚度。厚材料的搭边值要取大些。

④ 送料及挡料方式。用手工送料，且有侧压装置的搭边值可以小些，用侧刃定距可以比用挡料销定距的搭边值小一些。

⑤ 卸料方式。弹性卸料比刚性卸料的搭边值要小一些。

搭边值一般由经验确定，表 1-6 为搭边值的经验数据表之一，供设计时参考。

表 1-6　最小搭边值

mm

材料厚度 l	圆件及 $r>2t$ 的圆角		矩形件边长 $l<50$		矩形件边长 $l>50$ 或圆角 $r<2t$	
	工件间 a_1	侧面 a	工件间 a_1	侧面 a	工件间 a_1	侧面 a
0.25 以下	1.8	2.0	2.2	2.5	2.8	3.0
0.25~0.5	1.2	1.5	1.8	2.0	2.2	2.5
0.5~0.8	1.0	1.2	1.5	1.8	1.8	2.0
0.8~1.2	0.8	1.0	1.2	1.5	1.5	1.8
1.2~1.5	1.0	1.2	1.5	1.8	1.8	2.0
1.6~2.0	1.2	1.5	1.8	2.0	2.0	2.2
2.0~2.5	1.5	1.8	2.0	2.2	2.2	2.5
2.5~3.0	1.8	2.2	2.2	2.5	2.5	2.8
3.0~3.6	2.2	2.5	2.5	2.8	2.8	3.2
3.5~4.0	2.5	2.8	2.8	3.2	3.2	3.5
4.5~5.0	3.0	3.5	3.5	4.0	4.0	4.5
5.0~12	0.6t	0.7t	0.7t	0.8t	0.8t	0.9t

注：表中所列搭边值适用于低碳钢，对于其他材料，应将表中数值乘以下系数：中等硬度钢 0.9；软黄铜、纯铜 1.2；硬钢 0.8；铝 1.3~1.4；硬铝 1~1.2；硬黄铜 1~1.1；非金属 1.5~2。

（2）条料宽度与导料板间距

在排样方式与搭边值确定之后，就可以确定条料的宽度，进而可以确定导料板间距。条料的宽度要保证冲裁时冲裁件周边有足够的搭边值，导料板间距应使条料能在冲裁时顺利地在导料板之间送进，并与条料之间有一定的间隙。因此条料宽度与导料板间距与冲裁模的送料定位方式有关，应根据不同结构分别进行计算。

① 用导料板导向且有侧压装置时，见图 1-19(a)。在这种情况下，条料是在侧压装置作用下紧靠导料板的一侧送进的，故按下列公式计算：

条料宽度

$$B_{-\Delta}^{\ 0} = (D+2a)_{-\Delta}^{\ 0} \tag{1-4}$$

导料板间距离

$$B_0 = B + Z_1 = D + 2a + Z_1 \tag{1-5}$$

式中：D 为条料宽度方向的基本尺寸；a 为侧搭边值，可参考表 1-6；Δ 为条料宽度偏差，见表 1-7；Z_1 为导料板与条料之间的间隙，其值见表 1-8。

表 1-7　条料宽度偏差 Δ

mm

条料宽度 B	材料厚度 t				
	～0.5	0.5～1	1～2	2～3	2～5
～20	0.05	0.08	0.10		
20～30	0.08	0.10	0.15		
30～50	0.10	0.15	0.20		
～50		0.4	0.5	0.7	0.9
50～100		0.5	0.6	0.8	1.0
100～150		0.6	0.7	0.9	1.1
150～220		0.7	0.8	1.0	1.2
200～300		0.8	0.9	1.1	1.3

表 1-8　导料板与条料之间的间隙 Z_1

mm

材料厚度 t	无侧压装置			有侧压装置	
	条料宽度 B			条料宽度 B	
	≤100	100～200	200～300	≤100	＞100
≈1	0.5	0.5	1	5	8
1～5	0.5	1	1	5	8

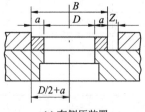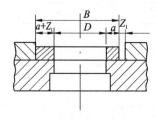

(a) 有侧压装置　　　　　　　　(b) 无侧压装置

图 1-19　条料宽度的确定

此种情况也适合于用导料销导向的冲裁模,这时条料是由人工靠紧导料销一侧送进的。

② 用导料板导向且无侧压装置时,见图 1-19(b)。无侧压装置时,应考虑在送料过程中因条料在导料板之间摆动而使侧面搭边值减小的情况,为了补偿侧面搭边的减小,条料宽度应增加一个条料可能的摆动量(其值为条料与导料板之间的间隙 Z_1),故按下列公式计算:

条料宽度

$$B_{-\Delta}^{0} = (D + 2a + Z_1)_{-\Delta}^{0} \tag{1-6}$$

导料板间距离

$$B_0 = B + Z_1 = D + 2a + 2Z_1 \tag{1-7}$$

4. 排样图

排样图是排样设计最终的表达形式,通常应绘制在冲压工艺规程的相应卡片上和冲裁模总装图的右上角。排样图的内容应反映出排样方法、冲裁件的冲裁方式、用侧刃定距时侧刃的形状与位置及材料利用率等。

绘制排样图时应注意以下几点:

① 排样图上应标注条料宽度 $B_{-\Delta}^{0}$、条料长度 L、板料厚度 t、端距 l、步距 s、冲裁件间搭边 a_1 和侧搭边 a 值、侧刃定距时侧刃的位置及截面尺寸等,如图 1-20 所示。

② 用剖面线表示出冲裁工位上的工序件形状(即凸模或凹模的截面形状),以便能从排样图上看出是单工序冲裁(见图 1-20(a))、复合冲裁 (见图 1-20(b))还是级进冲裁(见图 1-20(c))。

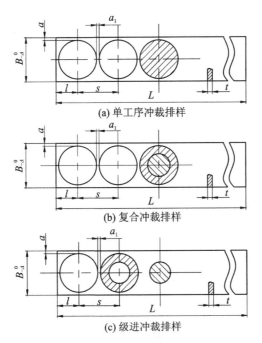

(a) 单工序冲裁排样

(b) 复合冲裁排样

(c) 级进冲裁排样

图 1-20　排样图画法

③ 采用斜排时,应注明倾斜角度的大小。必要时,还可用双点划线画出送料时定位元件的位置。对有纤维方向要求的排样图,应用箭头表示条料的纹路方向。

任务五　冲压力与压力中心的计算

任务实施

1. 冲压力计算

（1）落料力

L 为冲裁件周边长度，经计算长度为 146.08 mm，板料厚度 t 为 2 mm，σ_b 查表取 885 MPa，落料力计算如下：

$$F_1 = Lt\sigma_b = 146.08 \times 2 \times 885 \times 10^{-3} = 258.56 \text{ kN}$$

（2）冲孔力

L 为冲裁件周边长度，经计算长度为 53.41 mm，板料厚度 t 为 2 mm，σ_b 查表取 885 MPa，冲孔力计算如下：

$$F_c = Lt\sigma_b = 53.41 \times 2 \times 885 \times 10^{-3} = 94.54 \text{ kN}$$

（3）卸料力

查表 $K_x = 0.05$，则卸料力为

$$F_x = K_x F = K_x(F_1 + F_c) = 0.05 \times (258.56 + 94.54) = 17.66 \text{ kN}$$

（4）推件力

查表 $k_T = 0.05$，则推件力为

$$F_T = nK_T F_1 = 0.05 \times 258.56 = 12.93 \text{ kN}$$

（5）总冲压力

$$F_\Sigma = F_1 + F_c + F_x + F_T = 258.56 + 94.54 + 17.66 + 12.93 = 383.69 \text{ kN} \approx 384 \text{ kN}$$

应选取的压力机公称压力 $P_0 \geqslant (1.1 \sim 1.3)$，$F_\Sigma = (1.1 \sim 1.3) \times 384 = 422.4 \sim 499.2$ kN。

2. 压力中心的确定

如图 1-1 所示，工件成对称结构，压力中心为工件的几何中心。

知识链接

冲压力及压力中心的计算

1. 冲压力的计算

在冲裁过程中，冲压力是指冲裁力、卸料力、推件力和顶件力的总称。冲压力是选择压力机、设计冲裁模和校核模具强度的重要依据。

（1）冲裁力

冲裁力是冲裁时凸模冲穿板料所需的压力。影响冲裁力的主要因素有材料的力学性能、厚度、冲裁件轮廓周长及冲裁间隙、刃口锋利程度与表面粗糙度等。综合考虑上述影响因素，平刃口模具的冲裁力可按下式计算：

$$F = KLt\tau_b \qquad (1-8)$$

式中：F 为冲裁力，N；L 为冲裁件周边长度，mm；t 为材料厚度，mm；τ_b 为材料抗剪强度，MPa；K 为修正系数，一般取 $K = 1.3$。

在一般情况下，材料的抗拉强度与抗剪强度的关系为 $\sigma_b \approx 1.3\tau_b$，故冲裁力也可按下式计算：

$$F = L\,t\sigma_b \tag{1-9}$$

式中：σ_b 为材料抗拉强度，MPa。

（2）卸料力、推件力与顶件力

从凸模上卸下箍着的材料所需要的力称为卸料力，用 F_x 表示；将卡在凹模内的料顺冲裁方向推出所需要的力称为推件力，用 F_T 表示；逆冲裁方向将料从凹模内顶出所需要的力称为顶件力，用 F_D 表示，如图 1-21 所示。其计算公式分别为

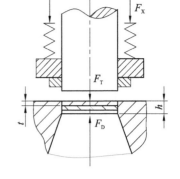

$$F_x = K_x F \tag{1-10}$$
$$F_T = n K_T F \tag{1-11}$$
$$F_D = K_D F \tag{1-12}$$

图 1-21　卸料力、推件力与顶件力

式中：K_x、K_T、K_D 分别为卸料力、推件力和顶件力系数，其值见表 1-9；F 为冲裁力，N；n 为同时卡在凹模孔内的冲裁件（或废料）数，$n = h/t$（h 为凹模孔口的直刃壁高度，t 为材料厚度）。

表 1-9　卸料力、推件力和顶料力系数

冲裁件材料		K_x	K_T	K_D
纯铜、黄铜		0.02～0.06	0.03～0.09	0.03～0.09
铝、铝合金		0.025	0.03～0.07	0.03～0.07
钢（料厚 t/mm）	≈0.1	0.065～0.075	0.1	0.14
	>0.1～0.5	0.045～0.055	0.063	0.08
	>0.5～2.5	0.04～0.05	0.055	0.06
	>2.5～6.5	0.03～0.04	0.045	0.05
	>6.5	0.02～0.03	0.025	0.03

（3）压力机公称压力的确定

对于冲裁工序，压力机的公称压力应大于或等于冲裁时总冲压力的 1.1～1.3 倍，即

$$F_压 \geqslant (1.1 \sim 1.3) F_\sum \tag{1-13}$$

式中：$F_压$ 为压力机的公称压力；$F_\sum$ 为冲裁时的总冲压力。

冲裁时，总冲压力为冲裁力和与冲裁力同时发生的卸料力、推件力或顶件力之和。模具结构不同，总冲压力所包含的力的成分有所不同，具体可分以下情况计算：

采用弹性卸料装置和下出料方式的冲裁模时

$$F_\sum = F + F_x + F_T \tag{1-14}$$

采用弹性卸料装置和上出料方式的冲裁模时

$$F_\sum = F + F_x + F_D \tag{1-15}$$

采用刚性卸料装置和下出料方式的冲裁模时

$$F_\sum = F + F_T \tag{1-16}$$

2. 压力中心的计算

冲压力合力的作用点称为压力中心。为了保证压力机和冲裁模正常平稳地工作，必须使冲裁模的压力中心与压力机滑块中心重合，对于带模柄的中小型冲裁模就是要使其压力中心与模柄轴心线重合。否则，冲裁过程中压力机滑块和冲裁模将会承受偏心载荷，使滑块导轨和

冲裁模导向部分产生不正常磨损,合理间隙得不到保证,刃口迅速磨损,从而降低冲裁件质量和模具寿命,甚至损坏模具。若因冲裁件的形状特殊,从模具结构方面考虑不宜使压力中心与模柄轴心线重合,也应注意尽量使压力中心不超出所选压力机模柄孔投影面积的范围。

压力中心的确定有解析法、作图法和悬挂法,这里主要介绍解析法。

(1) 单凸模冲裁时的压力中心

对于形状简单或对称的冲裁件,其压力中心位于冲裁件轮廓图形的几何中心。冲裁直线段时,其压力中心位于直线段的中点。冲裁圆弧段时,其压力中心的位置按下式计算(见图 1-22):

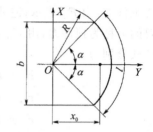

$$x_0 = R \frac{180 \times \sin \alpha}{\pi \alpha} = R \frac{b}{l} \tag{1-17}$$

图 1-22 圆弧线段的压力中心

对于形状复杂的冲裁件,可先将复杂图形的轮廓线划分为若干简单的直线段及圆弧段,分别计算其冲裁力(即为各段分力),由各分力之和可算出合力。然后任意选定直角坐标轴 X,Y,并算出各线段的压力中心至 X 轴和 Y 轴的距离。最后根据"合力对某轴之矩等于各分力对同轴力矩之和"的力学原理,即可求出压力中心坐标。

如图 1-23 所示,设图形轮廓各线段(包括直线段和圆弧段)的冲裁力为 F_1,F_2,F_3,…,F_n,相应各线段的长度为 L_1,L_2,L_3,…,L_n,各线段压力中心至坐标轴的距离分别为 x_1,x_2,x_3,…,x_n 和 y_1,y_2,y_3,…,y_n,则压力中心坐标计算公式为

$$x_0 = \frac{L_1 x_1 + L_2 x_2 + L_3 x_3 + \cdots + L_n x_n}{L_1 + L_2 + L_3 + \cdots + L_n} \tag{1-18}$$

$$y_0 = \frac{L_1 y_1 + L_2 y_2 + L_3 y_3 + \cdots + L_n y_n}{L_1 + L_2 + L_3 + \cdots + L_n} \tag{1-19}$$

(2) 多凸模冲裁时的压力中心

多凸模冲裁时压力中心的计算原理与单凸模冲裁时的计算原理基本相同,其具体计算步骤如下(见图 1-24):

① 选定坐标轴 X,Y。

② 按前述单凸模冲裁时压力中心计算方法计算出各单一图形的压力中心到坐标轴的距离 x_1,x_2,x_3,…,x_n 和 y_1,y_2,y_3,…,y_n。

③ 计算各单一图形轮廓的周长 L_1,L_2,L_3,…,L_n。

④ 将计算数据分别代入式(1-18)和式(1-19),即可求得压力中心坐标 (x_0,y_0)。

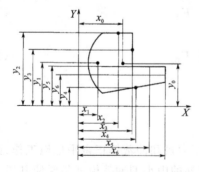

图 1-23 复杂形状件的压力中心

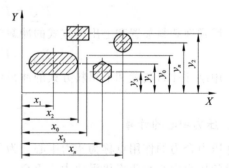

图 1-24 多凸模冲裁时的压力中心

任务六　冲裁模零部件设计、选用及计算

任务实施

1. 凸、凹模刃口尺寸计算

根据冲裁件的结构形状分析,凸、凹模采用配作加工。一般落料时以凹模为基准件,冲孔时以凸模为基准件,故先设计计算出落料凹模和冲孔凸模刃口尺寸及公差,并将计算值标注在设计图样上。落料凸模和冲孔凹模只在设计图样上标注其基本尺寸,保证凸、凹模间隙在最大、最小间隙范围之内。

(1) 落料凹模刃口尺寸

凹模磨损后增大的尺寸,按式(1-30)计算:

$$\phi 20_{-0.52}^{0}：A_{A1} = (20 - 0.5 \times 0.52)_{0}^{+\Delta/4} = 19.74_{0}^{+0.13} \text{ mm}$$

(查表1-19,取 $Z_{min} = 0.246$ mm, $Z_{max} = 0.360$ mm,查表1-17,取 $x = 0.5$)

$$14_{-0.43}^{0}：A_{A2} = (14 - 0.5 \times 0.43)_{0}^{+\Delta/4} = 13.79_{0}^{+0.11} \text{ mm}$$

(查表1-19,得 $Z_{min} = 0.246$ mm, $Z_{max} = 0.360$ mm,查表1-17,取 $x = 0.5$)

落料凸模刃口尺寸按凹模实际刃口尺寸配作,保证双面间隙值为 $0.246 \sim 0.360$ mm。

(2) 冲孔凸模刃口尺寸

冲孔凸模均为圆形,磨损后尺寸减小,可按式(1-34)计算:

$$\phi 8.5_{0}^{+0.36}：b_{T} = (8.5 + 0.5 \times 0.36)_{-0.09}^{0} = 8.68_{-0.09}^{0} \text{ mm}$$

(查表1-19,取 $Z_{min} = 0.246$ mm, $Z_{max} = 0.360$ mm)

冲孔凹模刃口尺寸按凸模实际刃口尺寸配作,保证双面间隙值为 $0.246 \sim 0.360$ mm。

(3) 中心距磨损后尺寸

当中心距磨损后尺寸不变时,可按式(1-35)计算:

$$40 \pm 0.15：c_{T} = [(40 - 0.15 + 0.5 \times 0.3) \pm 0.125 \times 0.3] \text{ mm} = (40 \pm 0.04) \text{ mm}$$

2. 工作零部件设计

(1) 落料凹模设计

凹模厚度的确定:

$$H = K_1 K_2 \sqrt[3]{0.1F} = (1 \times 1 \times \sqrt[3]{0.1 \times 258.56 \times 1\,000}) \text{ mm} = 29.57 \text{ mm}$$

冲裁力 $F = 258.56$ kN,凹模材料修正系数取 $K_1 = 1$,凹模刃口周边长度修正系数参考表1-14选取 $K_2 = 1$。

查表1-13,取凹模壁厚 $c = 34$ mm。

凹模长度的确定:

$$L = l + 2c = (60 + 2 \times 34) \text{ mm} = 128 \text{ mm}$$

(取凹模长度方向刃口型孔的最大距离 $l = 60$ mm)

凹模宽度的确定:

$$B = b + 2c = (20 + 2 \times 34) \text{ mm} = 88 \text{ mm}$$

(取凹模宽度方向刃口型孔的最大距离 $b = 20$ mm)

查标准JB/T 7643.1—2008,选取与计算值接近的凹模板轮廓尺寸为 $L \times B \times H = 125$ mm $\times 100$ mm $\times 28$ mm。

（2）冲孔凸模设计

凸模长度的确定：

$$L = h_1 + h_2 + h = (20 + 28 + 1) \text{ mm} = 49 \text{ mm}$$

式中：h_1 为凸模固定板厚度，mm；h_2 为凹模板厚度，mm；h 为附加长度，mm。

（3）凸凹模设计

凸凹模厚度的确定：

$$L = h_1 + h_2 + h_3 + h = (16 + 8 + 6 + 1) \text{ mm} = 31 \text{ mm}$$

式中：h_1 为凸凹模固定板厚度，mm；h_2 为橡胶厚度，mm；h_3 为卸料板厚度，mm；h 为附加长度，mm。

3. 模具结构零件设计

根据凹模零件尺寸，结合倒装式复合模结构特点，查标准 JB/T 7643.1—2008，确定模具其他结构零件，见表 1-10。

根据模具零件结构尺寸，查标准 GB/T 2855.1—2008，选取后侧导柱 160 mm×125 mm×(190～225)mm 标准模架一副。

表 1-10　模具其他结构零件

序　号	名　称	长×宽×厚/(mm×mm×mm)	材　料	数　量
1	上垫板	125×100×6	T8A	1
2	凸模固定板	125×100×20	45	1
3	卸料板	125×100×6	45	1
4	凸凹模固定板	125×100×16	45	1
5	导柱	25×160	GC$_r$15	2
6	导套	25×95×38	GC$_r$15	2

知识链接

冲裁模主要零部件的设计与选用

1. 工作零件

（1）凸　模

1）凸模的结构形式与固定方法

由于冲裁件的形状和尺寸不同，生产中使用的凸模结构形式很多：按结构类型分，有整体式（包括阶梯式和直通式）和镶拼式；按截面形状分，有圆形和非圆形；按刃口形状分，有平刃和斜刃等。但不管凸模的结构形状如何，其基本结构均由两部分组成：一是工作部分，用以成型冲裁件；二是安装部分，用来使凸模正确地固定在模座上。对刃口尺寸不大的小凸模，从增

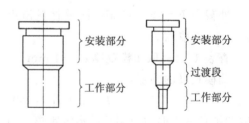

图 1-25　凸模的结构组成

加刚度等因素考虑，可在这两部分之间增加过渡段，如图 1-25 所示。

凸模的固定方法有台肩固定、铆接固定、粘结剂浇注固定、螺钉与销钉固定等。

下面分别介绍整体式圆形凸模和非圆形凸模的结构形式与固定方式。

① 整体式圆形凸模

为了保证强度、刚度及便于加工与装配,圆形凸模常做成圆滑过渡的阶梯形,前端直径为 d 的部分是具有锋利刃口的工作部分,中间直径为 D 的部分是安装部分,它与固定板按 H7/m6 或 H7/n6 配合,尾部台肩是为了保证卸料时凸模不致被拉出。圆形凸模已经标准化,图 1-26 所示为标准圆形凸模的三种结构形式及固定方法。其中图 1-26(a)用于较大直径的凸模,图 1-26(b)用于较小直径的凸模,它们都采用台肩式固定,图 1-26(c)是快换式小凸模,维修更换方便。标准凸模一般根据计算所得的刃口直径 d 和长度要求选用。

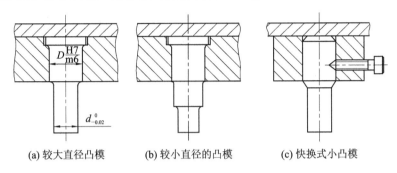

(a) 较大直径凸模   (b) 较小直径的凸模   (c) 快换式小凸模

图 1-26 标准圆形凸模的结构及固定

② 整体式非圆形凸模

非圆形凸模一般有阶梯式(见图 1-27(a)(b))和直通式(见图 1-27(c)(d)(e))。为了便于加工,阶梯式非圆形凸模的安装部分通常做成简单的圆形或方形,用台肩或铆接法固定在固定板上,安装部分为圆形时还应在固定端接缝处打入防转销。直通式非圆形凸模便于用线切割或成形铣、成形磨削加工,通常用铆接法或粘结剂浇注法固定在固定板上,尺寸较大的凸模也可直接通过螺钉和销钉固定。

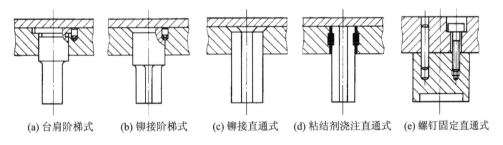

(a) 台肩阶梯式   (b) 铆接阶梯式   (c) 铆接直通式   (d) 粘结剂浇注直通式   (e) 螺钉固定直通式

图 1-27 非圆形凸模的结构及固定

采用铆接法固定凸模时,凸模与固定板安装孔仍按 H7/m6 或 H7/n6 配合,同时安装孔的上端沿周边要制成(1.5～2.5)×45°的斜角,作为铆窝。铆接时一般用手锤击打头部,因此凸模必须限定淬火长度,或将尾部回火,以便头部一端的材料保持较低硬度,图 1-28(a)(b)分别表示凸模铆接前、后的情形。凸模铆接后还要与固定板一起将铆端磨平。

用粘结剂浇注法固定凸模时,固定板上的安装孔尺寸应比凸模大,留有一定间隙以便填充粘结剂。同时,为了粘结牢靠,在凸模固定端或固定板相应的安装孔上应开设一定的槽形。用粘结剂浇注固定法的优点是安装部位的加工要求低,特别对多凸模冲裁时可以简化凸模固定板的加工工艺,便于在装配时保证凸模与凹模的正确配合。

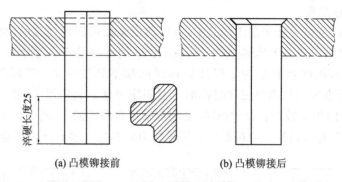

(a) 凸模铆接前   (b) 凸模铆接后

图 1 - 28   凸模的铆接固定

2) 凸模长度的计算

凸模的长度尺寸应根据模具的具体结构确定,同时要考虑凸模的修磨量及固定板与卸料板之间的安全距离等因素。当采用固定卸料时(见图 1 - 29),凸模长度可按下式计算

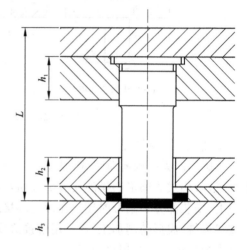

$$L = h_1 + h_2 + h_3 + h \qquad (1 - 20)$$

式中:L 为凸模长度,mm;h_1 为凸模固定板厚度,mm;h_2 为卸料板厚度,mm;h_3 为导料板厚度,mm;h 为附加长度,mm,它包括凸模的修磨量、凸模进入凹模的深度(0.5~1 mm)、凸模固定板与卸料板之间的安全距离(15~20 mm)等。

若选用标准凸模,按照上述方法算得凸模长度后,还应根据冲裁模标准中的凸模长度系列选取最接近的标准长度作为实际凸模的长度。

图 1 - 29   凸模长度的计算

3) 凸模的强度与刚度校核

一般情况下,凸模的强度和刚度是足够的,没有必要进行校核。但是当凸模的截面尺寸很小而冲裁的板料厚度较大,或根据结构需要确定的凸模特别细长时,则应进行承压能力和抗失稳弯曲能力的校核。校核的计算公式可参阅有关的模具设计手册。

(2) 凹   模

1) 凹模的结构形式与固定方法

凹模的结构形式也较多,按外形可分为圆形凹模和板形凹模;按结构分为整体式和镶拼式;按刃口形式也有平刃和斜刃。这里只介绍整体式平刃口凹模。

图 1 - 30(a)(b)所示为国家标准中的两种冲裁圆形凹模及其固定方法,这两种圆形凹模尺寸都不大,一般以 H7/m6 或 H7/r6 的配合关系压入凹模固定板,然后再通过螺钉、销钉将凹模固定板固定在模座上。这两种圆形凹模主要用于冲孔(孔径 $d = 1~28$ mm,料厚 $t <$ 2 mm),可根据使用要求及凹模的刃口尺寸从相应的标准中选取。

实际生产中,由于冲裁件的形状和尺寸千变万化,因而大量使用外形为矩形或圆形的凹模板,在其上面开设所需要的凹模孔口,用螺钉和销钉直接固定在模座上,如图 1 - 30(c)所示。凹模板轮廓尺寸已经标准化,它与标准固定板、垫板和模座等配套使用,设计时可根据计算所得的凹模轮廓尺寸选用。图 1 - 30(d)所示为快换式冲孔凹模及其固定方法。

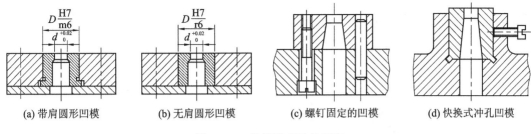

(a) 带肩圆形凹模　　(b) 无肩圆形凹模　　(c) 螺钉固定的凹模　　(d) 快换式冲孔凹模

图 1 - 30　凹模形式及其固定

凹模采用螺钉和销钉定位固定时,要保证螺孔间、螺孔与销孔间及螺孔或销孔与凹模刃口间的距离不能太近,否则会影响模具寿命。一般螺孔与销孔间、螺孔或销孔与凹模刃口间的距离取大于 2 倍孔径值,其最小许用值可参考表 1 - 11。

表 1 - 11　螺孔、销孔之间及至刃壁的最小距离

mm

简　图		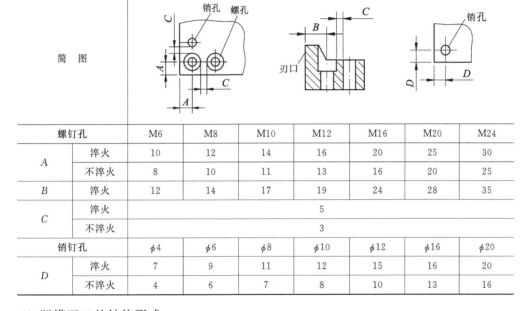						
螺钉孔		M6	M8	M10	M12	M16	M20	M24
A	淬火	10	12	14	16	20	25	30
	不淬火	8	10	11	13	16	20	25
B	淬火	12	14	17	19	24	28	35
C	淬火				5			
	不淬火				3			
销钉孔		$\phi 4$	$\phi 6$	$\phi 8$	$\phi 10$	$\phi 12$	$\phi 16$	$\phi 20$
D	淬火	7	9	11	12	15	16	20
	不淬火	4	6	7	8	10	13	16

2）凹模刃口的结构形式

冲裁凹模刃口形式有直筒形和锥形两种,选用时主要根据冲裁件的形状、厚度、尺寸精度以及模具的具体结构来决定。表 1 - 12 列出了冲裁凹模刃口的形式、主要参数、特点及应用,可供设计选用时参考。

表 1 - 12　冲裁凹模的刃口形式

刃口形式	序　号	简　图	特点及适用范围
直筒形刃口	1		1. 刃口为直通式,强度高,修磨后刃口尺寸不变。 2. 用于冲裁大型或精度要求较高的零件,模具装有反向顶出装置,不适于下漏料(或零件)的模具

刃口形式	序号	简 图	特点及适用范围
直筒形刃口	2	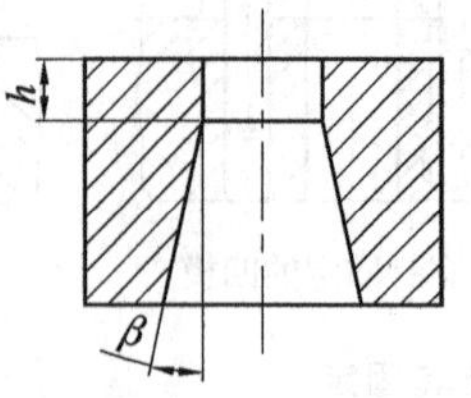	1. 刃口强度较高,修磨后刃口尺寸不变。 2. 凹模内易积聚废料或冲裁件,尤其间隙小时刃口直壁部分磨损较快。 3. 用于冲裁形状复杂精度要求较高的零件
	3	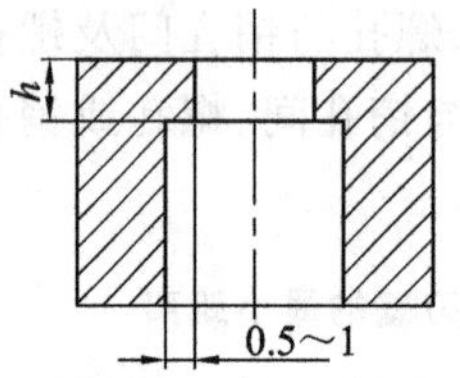	1. 特点同序号2,且刃口直壁下面的扩大部分可使凹模加工简单,但采用下漏料方式时刃口强度不如序号2的刃口强度高。 2. 用于冲裁形状复杂,精度要求较高的中小型零件,也可用于装有反向顶出装置的模具
	4	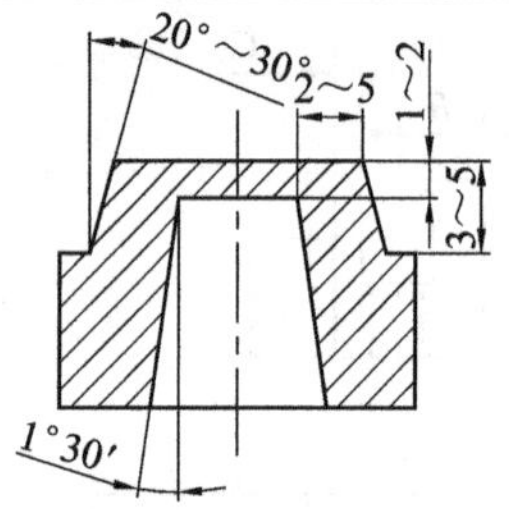	1. 凹模硬度较低(有时可不淬火),一般为40HRC左右,可用手锤敲击刃口外侧斜面以调整冲裁间隙。 2. 用于冲裁薄而软的金属或非金属零件
锥形刃口	5	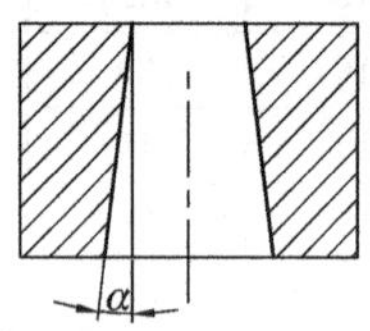	1. 刃口强度较差,修磨后刃口尺寸略有增大。 2. 凹模内不易积存废料或冲裁件,刃口内壁磨损较慢。 3. 用于冲裁形状简单,精度要求不高的零件
	6	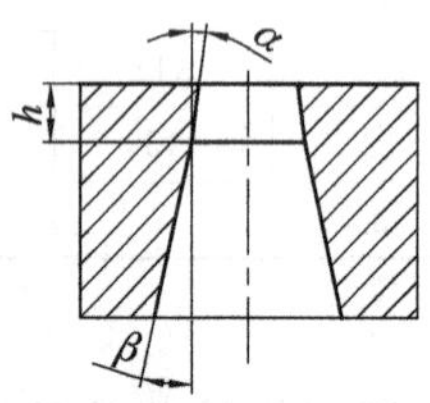	1. 特点同序号5。 2. 可用于冲裁形状较复杂的零件

	材料厚度 t/mm	α/(′)	β/(°)	刃口高度 h/mm	备 注
主要参数	<0.5			≥4	
	0.5~1	15	2	≥5	α值适用于钳工加工。采用线切割加工时,可取 $\alpha=5′\sim20′$
	1~2.5			≥6	
	2.5~6	30	3	≥8	
	>6			≥10	

3) 凹模轮廓尺寸的确定

凹模轮廓尺寸包括凹模板的平面尺寸 $L \times B$(长×宽)及厚度尺寸 H。从凹模刃口至凹模外边缘的最短距离称为凹模的壁厚 c。对于简单对称形状刃口的凹模,由于压力中心即为刃口对称中心,所以凹模的平面尺寸即可沿刃口型孔向四周扩大一个凹模壁厚来确定,如图1-31

所示,即

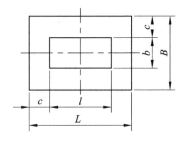

图 1-31 凹模轮廓尺寸的计算

$$L = l + 2c \qquad (1-21)$$
$$B = b + 2c \qquad (1-22)$$

式中:l 为沿凹模长度方向刃口型孔的最大距离,mm;b 为沿凹模宽度方向刃口型孔的最大距离,mm;c 为凹模壁厚,mm,主要考虑布置螺孔与销孔的需要,同时也要保证凹模的强度和刚度,计算时可参考表 1-13 选取。

表 1-13 凹模壁厚 c

mm

条料宽度	冲裁件材料厚度 t			
	≤0.8	>0.8~1.5	>1.5~3	>3~5
≤40	20~25	22~28	24~32	28~36
>40~50	22~28	24~32	28~36	30~40
>50~70	28~36	30~40	32~42	35~45
>70~90	32~42	35~45	38~48	40~52
>90~120	35~45	40~52	42~54	45~58
>120~150	40~50	45~58	45~58	48~62

注:1 冲裁件料薄时取表中较小值,反之取较大值;
　　2 型孔为圆弧时取小值,为直边时取中值,为尖角时取大值。

凹模板的厚度主要是从螺钉旋入深度和凹模刚度的需要考虑的,一般应不小于 8 mm。随着凹模板平面尺寸的增大,其厚度也应相应增大。

整体式凹模板的厚度可按以下经验公式估算:

$$H = K_1 K_2 \sqrt[3]{0.1F} \qquad (1-23)$$

式中:F 为冲裁力,N;K_1 为凹模材料修正系数,合金工具钢取 $K_1=1$,碳素工具钢取 $K_1=1.3$;K_2 为凹模刃口周边长度修正系数,可参考表 1-14 选取。

表 1-14 凹模刃口周边长度修正系数 K_2

刃口长度/mm	修正系数 K_2	刃口长度/mm	修正系数 K_2
<50	1	150~300	1.37
50~75	1.12	300~500	1.5
75~150	1.25	>500	1.6

以上算得的凹模轮廓尺寸 $L \times B \times H$,当设计标准模具时,或虽然设计非标准模具,凹模板毛坯需要外购时,应将计算尺寸 $L \times B \times H$ 按冲裁模国家标准中凹模板的系列尺寸进行修正,取接近的较大规格的尺寸。

(3)凸凹模

凸凹模是复合模中的主要工作零件,工作端的内外缘都是刃口,一般内缘与凹模刃口结构形式相同,外缘与凸模刃口结构形式相同,图 1-32 为凸凹模的常见结构及固定形式。

由于凸凹模内外缘之间的壁厚是由冲裁

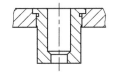

(a)单孔冲裁件的凸凹模

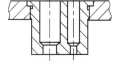

(b)多孔冲裁件的凸凹模

图 1-32 凸凹模结构及固定

件孔边距决定的,所以当冲裁件孔边距离较小时必须考虑凸凹模强度,凸凹模强度不够时就不能采用复合模冲裁。凸凹模的最小壁厚与冲裁模的结构有关:正装式复合模因凸凹模内孔不积存废料,胀力小,最小壁厚可小些;倒装式复合模的凸凹模内孔一般积存废料,胀力大,最小壁厚应大些。凸凹模的最小壁厚目前一般按经验数据确定:倒装式复合模可查表 1 - 15;对于正装复合模,冲裁件材料为黑色金属时取其料厚的 1.5 倍,但不应小于 0.7 mm,冲裁件材料为有色金属等软材料时取等于料厚的值,但不应小于 0.5 mm。

表 1 - 15 倒装式复合模的凸凹模最小壁厚

mm

简　图	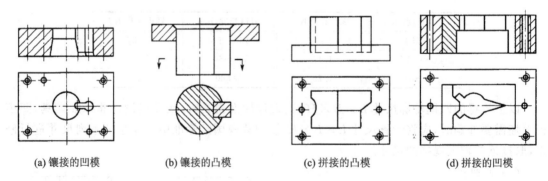										
材料厚度	0.4	0.6	0.8	1.0	1.2	1.4	1.6	1.8	2.0	2.2	2.5
最小壁厚 a	1.4	1.8	2.3	2.7	3.2	3.6	4.0	4.4	4.9	5.2	5.8
材料厚度	2.8	3.0	3.2	3.5	3.8	4.0	4.2	4.4	4.6	4.8	5.0
最小壁厚 a	6.4	6.7	7.1	7.6	8.1	8.5	8.8	9.1	9.4	9.7	10

(4) 凸模与凹模的镶拼结构形式及固定

对于大、中型和形状复杂、局部薄弱的凸模或凹模,如果采用整体式结构,往往给锻造、机械加工及热处理带来困难,而且当发生局部损坏时,会造成整个凸、凹模的报废。因此,常采用镶拼结构的凸、凹模。

1) 镶拼结构形式

镶拼结构有镶接和拼接两种。镶接是将局部易磨损的部分另做一块,然后镶入凸、凹模本体或固定板内,如图 1 - 33(a)(b)所示;拼接是将整个凸、凹模根据形状分段成若干块,再分别将各块加工后拼接起来,如图 1 - 33(c)(d)所示。

（a）镶接的凹模　　　（b）镶接的凸模　　　（c）拼接的凸模　　　（d）拼接的凹模

图 1 - 33 凸、凹模镶拼结构

2) 镶拼结构的固定方法

① 平面式固定　即把拼块直接用螺钉、销钉紧固定位于固定板或模座平面上,如图 1 - 34(a)所示。这种固定方法主要用于大型的镶拼凸、凹模。

② 嵌入式固定　即把各拼块拼合后,采用过渡配合(K7/h6)嵌入固定板凹槽内,再用螺

钉紧固,如图 1-34(b)所示。这种方法多用于中小型凸、凹模镶块的固定。

③ 压入式固定　即把各拼块拼合后,采用过盈配合(U8/h7)压入固定板内,如图 1-34 (c)所示。这种方法常用于形状简单的小型镶块的固定。

④ 斜楔式固定　即利用斜楔和螺钉把各拼块固定在固定板上,如图 1-34(d)所示。拼块镶入固定板的深度应不小于拼块厚度的 1/3。这种方法也是中小型凹模镶块(特别是多镶块)常用的固定方法。

此外,还有用粘结剂浇注固定方法。

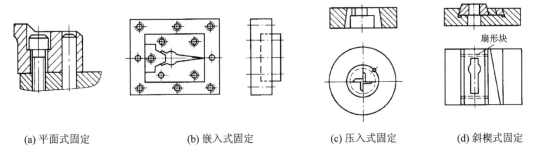

(a) 平面式固定　　　　(b) 嵌入式固定　　　　(c) 压入式固定　　　　(d) 斜楔式固定

图 1-34　镶拼结构的固定

(5) 凸模与凹模刃口尺寸的确定

凸、凹模的刃口尺寸和公差,直接影响冲裁件的尺寸精度。模具的合理间隙也靠凸、凹模刃口尺寸及公差来保证。因此,正确确定凸、凹模刃口尺寸和公差,是冲裁模设计的一项重要工作。其计算方法与凸、凹模的加工方法有关,基本上可分为两类。

1) 凸、凹模分开加工

这种方法要求分别计算出凸模和凹模的刃口尺寸及公差,并标注在凸、凹模设计图样上。其优点是凸、凹模具有互换性,便于成批制造。但受冲裁间隙的限制,要求凸、凹模的制造公差较小,主要适用于简单形状(圆形、方形或矩形)的冲裁件。

若落料件外形尺寸为 $D_{-\Delta}^{\ 0}$,冲孔件内孔尺寸为 $d_{\ 0}^{+\Delta}$,根据刃口尺寸计算原则,可得:

落料

$$D_A = (D_{max} - x\Delta)_{\ 0}^{+\delta_A} \tag{1-24}$$

$$D_T = (D_A - Z_{min})_{-\delta_T}^{\ 0} = (D_{max} - x\Delta - Z_{min})_{-\delta_T}^{\ 0} \tag{1-25}$$

冲孔

$$d_T = (d_{min} + x\Delta)_{-\delta_T}^{\ 0} \tag{1-26}$$

$$D_A = (d_T + Z_{min})_{\ 0}^{+\delta_A} = (d_{min} + x\Delta + Z_{min})_{\ 0}^{+\delta_A} \tag{1-27}$$

式中:D_A、D_T 为落料凹、凸模刃口尺寸,mm;d_T、d_A 为冲孔凸、凹模刃口尺寸,mm;D_{max} 为落料件的最大极限尺寸,mm;d_{min} 为冲孔件孔的最小极限尺寸,mm;Δ 为冲裁件的制造公差,mm;Z_{min} 为最小合理间隙,mm;δ_T、δ_A 为凸、凹模制造公差,mm,δ_T、δ_A 可分别按 IT6 和 IT7 确定,也可查表 1-16 或取(1/4~1/5)Δ;x 为磨损系数,x 值在 0.5~1 之间,可查表 1-17 或按下列关系选取:

冲裁件精度为 IT10 以上时,$x=1$;

冲裁件精度为 IT11—IT13 时,$x=0.75$;

冲裁件精度为 IT14 以下时,$x=0.5$。

表1-16 规则形状(圆形、方形)件冲裁时凸、凹模的制造偏差
mm

基本尺寸	凸模偏差 δ_T	凹模偏差 δ_A	基本尺寸	凸模偏差 δ_T	凹模偏差 δ_A
≤18	0.020	0.020	>180~260	0.030	0.045
>18~30	0.020	0.025	>260~360	0.035	0.050
>30~80	0.020	0.030	>360~500	0.040	0.060
>80~120	0.025	0.035	>500	0.050	0.070
>120~180	0.030	0.040			

表1-17 磨损系数 x

材料厚度 t/mm	非圆形冲件			圆形冲件	
	1	0.75	0.5	0.75	0.5
	冲件公差 Δ/mm				
1	<0.16	0.17~0.35	≥0.36	<0.16	≥0.16
1~2	<0.20	0.21~0.41	≥0.42	<0.20	≥0.20
2~4	<0.24	0.25~0.49	≥0.50	<0.24	≥0.24
>4	<0.30	0.31~0.59	≥0.60	<0.30	≥0.30

根据上述计算公式,可以将冲裁件与凸、凹模刃口尺寸及公差的分布状态用图1-35表示,其中图1-35(a)表示落料,图1-35(b)表示冲孔。

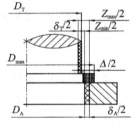 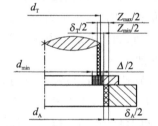

(a) 落料时各部分尺寸及
公差的分布状态

(b) 冲孔时各部分尺寸及
公差的分布状态

图1-35 落料、冲孔时各部分尺寸及公差的分布状态

从图中可以看出,无论是冲孔还是落料,为了保证间隙值,凸、凹模的制造公差必须满足下列条件:

$$\delta_T + \delta_A \leqslant Z_{max} - Z_{min} \qquad (1-28)$$

如果出现 $\delta_T + \delta_A > Z_{max} - Z_{min}$ 情况,当大得不多时,可以适当调整 δ_T、δ_A 值以满足上述条件,可取 $\delta_T = 0.4(Z_{max} - Z_{min})$;$\delta_A = 0.6(Z_{max} - Z_{min})$。如果 $\delta_T + \delta_A \geqslant Z_{max} - Z_{min}$,时,则应采用凸、凹模配作方法。

当需在同一工步冲出两个以上孔时,因凹模磨损后孔距尺寸不变,故凹模型孔的中心距可按下式确定:

$$L_A = (L_{min} + 0.5\Delta) \pm 0.125\Delta \qquad (1-29)$$

式中:L_A 为凹模型孔中心距,mm;L_{min} 为冲裁件孔心距的最小极限尺寸,mm。

2) 凸、凹模配作加工

凸、凹模配作加工是指先按图样设计尺寸加工好凸模或凹模中的一件作为基准件(一般落料时以凹模为基准件,冲孔时以凸模为基准件),然后根据基准件的实际尺寸按间隙要求配作

另一件。这种加工方法的特点是模具的间隙由配作保证,工艺比较简单,不必校核 $\delta_T + \delta_A \leqslant$ $Z_{\max} - Z_{\min}$ 条件,并且还可以放大基准件的制造公差(一般可取冲裁件公差的1/4),使制造容易,因此是目前一般工厂通常采用的方法,特别适用于冲裁薄板件和复杂形状件的冲裁模加工。

采用凸、凹模配作法加工时,只需计算基准件的刃口尺寸及公差,并详细标注在设计图样上。而另一非基准件不需计算,且设计图样上只标注基本尺寸(与基准件基本尺寸对应一致),不注公差,但要在技术要求中注明:凸(凹)模刃口尺寸按凹(凸)模实际刃口尺寸配作,保证双面间隙值为 $Z_{\min} \sim Z_{\max}$。

根据冲裁件的结构形状不同,刃口尺寸的计算方法如下:

① 落　料

落料时以凹模为基准,配作凸模。图1-36(a)为落料件图,图1-36(b)为落料凹模刃口的轮廓图,图中虚线表示凹模磨损后尺寸的变化情况。

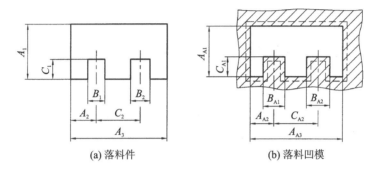

(a) 落料件　　　　　　　　　(b) 落料凹模

图1-36　落料件与落料凹模

从图1-36(b)可以看出,凹模磨损后刃口尺寸的变化有增大、减小和不变三种情况,故凹模刃口尺寸也应分三种情况进行计算:凹模磨损后变大的尺寸(如图中 A 类尺寸),按一般落料凹模尺寸公式计算;凹模磨损后变小的尺寸(如图中 B 类尺寸),因它在凹模上相当于冲孔凸模尺寸,故按一般冲孔凸模尺寸公式计算;凹模磨损后不变的尺寸(如图中 C 类尺寸),可按凹模型孔中心距尺寸公式计算。其凹模刃口尺寸的计算如下:

凹模磨损后变大的尺寸(图中的 A_1,A_2,A_3)

$$A_A = (A_{\max} - x\Delta)^{+\Delta/4}_0 \tag{1-30}$$

凹模磨损后变小的尺寸(图中的 B_1,B_2)

$$B_A = (B_{\min} + x\Delta)^0_{-\Delta/4} \tag{1-31}$$

凹模磨损后无变化的尺寸(图中 C_1,C_2)

$$C_A = (C_{\min} + 0.5\Delta) \pm 0.125\Delta \tag{1-32}$$

落料凸模刃口尺寸按凹模实际尺寸配作,保证双面间隙值为 $Z_{\min} \sim Z_{\max}$。

② 冲　孔

冲孔时以凸模为基准,配作凹模。设冲裁件如图1-37(a)所示,图1-37(b)为冲孔凸模刃口的轮廓图,图中虚线表示凸模磨损后尺寸的变化情况。

从图1-37(b)中看出,冲孔凸模刃口尺寸的计算同样要考虑三种不同的磨损情况:凸模磨损后变大的尺寸(如图中 a 类尺寸),因为它在凸模上相当于落料凹模尺寸,故按一般落料凹模尺寸公式计算;凸模磨损后变小的尺寸(如图中 b 类尺寸),按一般冲孔凸模尺寸公式计

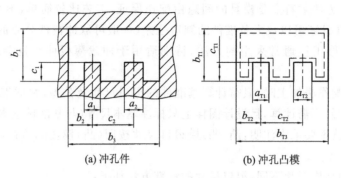

(a) 冲孔件   (b) 冲孔凸模

图 1-37 冲孔件与冲孔凸模

算;凸模磨损后不变的尺寸(如图中 c 类尺寸)仍按凹模型孔中心距尺寸公式计算。其凸模的刃口尺寸计算如下:

凸模磨损后变大的尺寸(图中的 a_1,a_2)

$$a_T = (a_{max} - x\Delta)_0^{+\Delta/4} \tag{1-33}$$

凸模磨损后变小的尺寸(图中的 b_1,b_2,b_3)

$$b_T = (b_{min} + x\Delta)_{-\Delta/4}^0 \tag{1-34}$$

凸模磨损后无变化的尺寸(图中的 c_1,c_2)

$$c_T = (c_{min} + 0.5\Delta) \pm 0.125\Delta \tag{1-35}$$

冲孔凹模尺寸按凸模实际尺寸配作,保证双面间隙 $Z_{min} \sim Z_{max}$。

(6) 冲裁间隙值的确定

通过对冲裁间隙的分析可以看出,冲裁间隙对冲裁件质量、冲压力、模具寿命等都有很大的影响,但影响的规律各有不同。因此,并不存在一个绝对合理的间隙值,能同时满足冲裁件断面质量最佳、尺寸精度最高、冲裁模寿命最长、冲压力最小等各方面的要求。在冲压实际生产中,为了获得合格的冲裁件、较小的冲压力和保证模具有一定的寿命,我们给间隙值规定一个范围,这个间隙值范围就称为合理间隙,这个范围的最小值称为最小合理间隙(Z_{min}),最大值称为最大合理间隙(Z_{max})。考虑到冲裁模在使用过程中会逐渐磨损,间隙会增大,故在设计和制造新模具时,应采用最小合理间隙。

确定合理间隙的方法有理论确定法和经验确定法两种。但在实际工作中主要采用比较简单的经验法来确定合理间隙的数值。

经验确定法是根据经验数据来确定间隙值。有关间隙值的数值,可在一般冲压手册中查到。选用时结合冲裁件的质量要求和实际生产条件考虑。常用材料的冲裁模初始双面间隙见表 1-18 和表 1-19。

2. 定位零件

定位零件的作用是使坯料或工序件在模具上相对凸、凹模有正确的位置。定位零件的结构形式很多,用于对条料进行定位的定位零件有挡料销、导料销、导料板、侧压装置、导正销及侧刃等;用于对工序件进行定位的定位零件有定位销、定位板等。

定位零件基本上都已标准化,可根据坯料或工序件形状、尺寸、精度和模具的结构形式以及生产率要求等选用相应的标准。

表 1-18 冲裁模初始双面间隙 Z

mm

材料厚度 t/mm	软 铝		纯铜、黄铜、软钢 $\omega_c=0.08\%\sim0.2\%$		杜拉铝、中等硬钢 $\omega_c=0.3\%\sim0.4\%$		硬 钢 $\omega_c=0.5\%\sim0.6\%$	
	Z_{min}	Z_{max}	Z_{min}	Z_{max}	Z_{min}	Z_{max}	Z_{min}	Z_{max}
0.2	0.008	0.012	0.010	0.014	0.012	0.016	0.014	0.018
0.3	0.012	0.018	0.015	0.021	0.018	0.024	0.021	0.027
0.4	0.016	0.024	0.020	0.028	0.024	0.032	0.028	0.036
0.5	0.020	0.030	0.025	0.035	0.030	0.040	0.035	0.045
0.6	0.024	0.036	0.030	0.042	0.036	0.048	0.042	0.054
0.7	0.028	0.042	0.035	0.049	0.042	0.056	0.049	0.063
0.8	0.032	0.048	0.040	0.056	0.048	0.064	0.056	0.072
0.9	0.036	0.054	0.045	0.063	0.054	0.072	0.063	0.081
1.0	0.040	0.060	0.050	0.070	0.060	0.080	0.070	0.090
1.2	0.050	0.084	0.072	0.096	0.084	0.108	0.096	0.120
1.5	0.075	0.105	0.090	0.120	0.105	0.135	0.120	0.150
1.8	0.090	0.126	0.108	0.144	0.126	0.162	0.144	0.180
2.0	0.100	0.140	0.120	0.160	0.140	0.180	0.160	0.200
2.2	0.132	0.176	0.154	0.198	0.176	0.220	0.198	0.242
2.5	0.150	0.200	0.175	0.225	0.200	0.250	0.225	0.275
2.8	0.168	0.224	0.196	0.252	0.224	0.280	0.252	0.308
3.0	0.180	0.240	0.210	0.270	0.240	0.300	0.270	0.330
3.5	0.245	0.315	0.280	0.350	0.315	0.385	0.350	0.420
4.0	0.280	0.360	0.320	0.400	0.360	0.440	0.400	0.480
4.5	0.315	0.405	0.360	0.450	0.405	0.490	0.450	0.540
5.0	0.350	0.450	0.400	0.500	0.450	0.550	0.500	0.600
6.0	0.480	0.600	0.540	0.660	0.600	0.720	0.660	0.780
7.0	0.560	0.700	0.630	0.770	0.700	0.840	0.770	0.910
8.0	0.720	0.880	0.800	0.960	0.880	1.104	0.960	1.120
9.0	0.870	0.990	0.900	1.080	0.990	1.170	1.080	1.260
10.0	0.900	1.100	1.000	1.200	1.100	1.300	1.200	1.400

注:1 初始间隙的最小值相当于间隙的公称数值;

  2 初始间隙的最大值是考虑到凸模和凹模的制造公差所增加的数值;

  3 在使用过程中,由于模具工作部分的磨损,间隙将有所增加,因而间隙使用的最大值要超过表列数值;

  4 本表适用于尺寸精度和断面质量要求较高的冲裁件。

表 1-19 冲裁模初始双面间隙 Z

mm

材料厚度 t/mm	08、10、35 09Mn、Q235		16Mn		40、50		65Mn	
	Z_{min}	Z_{max}	Z_{min}	Z_{max}	Z_{min}	Z_{max}	Z_{min}	Z_{max}
小于 0.5	极小间隙							
0.5	0.040	0.060	0.040	0.060	0.040	0.060	0.040	0.060
0.6	0.048	0.072	0.048	0.072	0.048	0.072	0.048	0.072
0.7	0.064	0.092	0.064	0.092	0.064	0.092	0.064	0.092
0.8	0.072	0.104	0.072	0.104	0.072	0.104	0.064	0.092
0.9	0.090	0.126	0.090	0.126	0.090	0.126	0.090	0.126
1.0	0.100	0.140	0.100	0.140	0.100	0.140	0.090	0.126
1.2	0.126	0.180	0.132	0.180	0.132	0.180		

材料厚度 t/mm	08、10、35 09Mn、Q235		16Mn		40、50		65Mn	
	Z_{min}	Z_{max}	Z_{min}	Z_{max}	Z_{min}	Z_{max}	Z_{min}	Z_{max}
1.5	0.132	0.240	0.170	0.240	0.170	0.240		
1.75	0.220	0.320	0.220	0.320	0.220	0.320		
2.0	0.246	0.360	0.260	0.380	0.260	0.380		
2.1	0.260	0.380	0.280	0.400	0.280	0.400		
2.5	0.360	0.500	0.380	0.540	0.380	0.540		
2.75	0.400	0.560	0.420	0.600	0.420	0.600		
3.0	0.460	0.640	0.480	0.660	0.480	0.660		
3.5	0.540	0.740	0.580	0.780	0.580	0.780		
4.0	0.640	0.880	0.680	0.920	0.680	0.920		
4.5	0.720	1.000	0.680	0.960	0.780	1.040		
5.5	0.940	1.280	0.780	1.100	0.980	1.320		
6.0	1.080	1.440	0.840	1.200	1.140	1.500		
6.5			0.940	1.300				
8.0			1.200	1.680				

注:1 冲裁皮革、石棉和纸板时,间隙取 08 钢的 25%;

2 本表适用于尺寸精度和断面质量要求不高的冲裁件。

(1)挡料销

挡料销的作用是挡住条料搭边或冲裁件轮廓以限定条料送进的距离。根据挡料销的工作特点及作用分为固定挡料销、活动挡料销和始用挡料销。

1)固定挡料销

固定挡料销一般固定在位于下模的凹模上。国家标准中的固定挡料销结构如图 1 - 38(a)所示,该类挡料销广泛用于冲压中、小型冲裁件时的挡料定距,其缺点是销孔距凹模孔口较近,削弱了凹模的强度。图 1 - 38(b)所示是一种部颁标准中的钩形挡料销,这种挡料销的销孔距凹模孔口较远,不会削弱凹模的强度,但为了防止钩头在使用过程中发生转动,需增加防转销,从而增加了制造工作量。

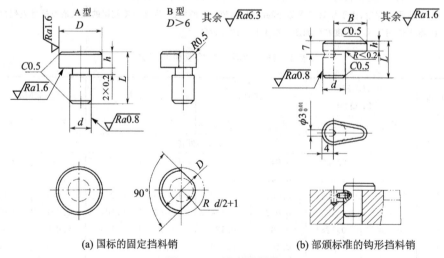

(a) 国标的固定挡料销　　　　(b) 部颁标准的钩形挡料销

图 1 - 38　固定挡料销

2）活动挡料销

国家标准中的活动挡料销结构如图1-39所示，其中图1-39(a)为压缩弹簧弹顶挡料销；图1-39(b)为扭簧弹顶挡料销；图1-39(c)为橡胶弹顶挡料销；图1-39(d)为回带式挡料装置，这种挡料销对着送料方向带有斜面，送料时搭边碰撞斜面使挡料销跳起并越过搭边，然后将条料后拉，挡料销便挡住搭边而定位，即每次送料都要先推后拉，作方向相反的两个动作，操作比较麻烦。采用哪一种结构形式的挡料销需根据卸料方式、卸料装置具体结构及操作等因素决定。

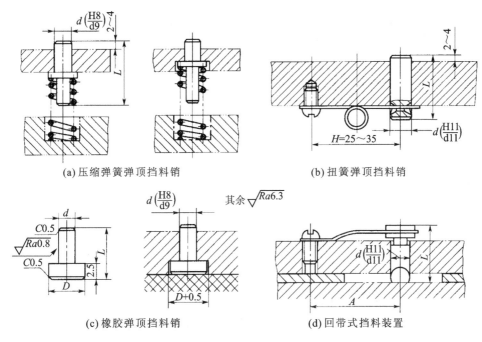

(a) 压缩弹簧弹顶挡料销   (b) 扭簧弹顶挡料销

(c) 橡胶弹顶挡料销   (d) 回带式挡料装置

图1-39 活动挡料销

3）始用挡料销

在条料开始送进时起定位作用，以后送进时不再起定位作用。采用始用挡料销的目的是提高材料的利用率。图1-40所示为国家标准的始用挡料销。

始用挡料销一般用于以导料板送料导向的级进模（图1-15）或单工序模中。一副模具中用几个始用挡料销，取决于冲裁件的排样方法和凹模上的工位安排。

（2）导料销

导料销的作用是保证条料沿正确的方向送进。导料销一般设两个，并位于条料的同一侧，条料从右向左送进时位于后侧，从前向后送进时位于左侧。导料销可设在凹模面上（一般为固定式的），也可设在弹压卸料板上（一般为活动式的），还可设在固定板或下模座上，用挡料螺栓代替。

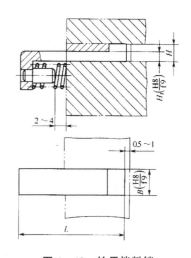

图1-40 始用挡料销

固定式和活动式导料销的结构与固定式和活动式挡料销基本一样，可从标准中选用。导料销多用于单工序模或复合模中。

（3）导料板

导料板的作用与导料销相同，但采用导料板定位时操作更方便，在采用导板导向或固定卸料的冲裁模中必须用导料板导向。导料板一般设在条料两侧，其结构有两种：一种是国家标准结构，如图 1-41(a) 所示，它与导板或固定卸料板分开制造；另一种是与导板或固定卸料板制成整体的结构，如图 1-41(b) 所示。为使条料沿导料板顺利通过，两导料板间距离应略大于条料最大宽度，导料板厚度 H 取决于挡料方式和板料厚度，以便于送料为原则。

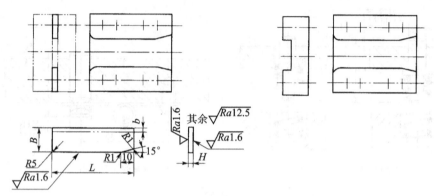

(a) 与导板或固定卸料板分开制造的导料板   (b) 与导板或固定卸料板制成整体的导料板

图 1-41   导料板结构

（4）导正销

使用导正销的目的是消除送料时用挡料销、导料板（或导料销）等定位零件粗定位时的误差，保证冲裁件在不同工位上冲出的内形与外形之间的相对位置公差要求。导正销主要用于级进模（图 1-15），也可用于单工序模。导正销通常设置在落料凸模上，可与挡料销配合使用，也可与侧刃配合使用。

国家标准的导正销结构形式如图 1-42 所示，其中 A 型用于导正 $d=2\sim12$ mm 的孔；B 型用于导正 $d\leqslant10$ mm 的孔，也可用于级进模上对条料工艺孔的导正，导正销背部的压缩弹簧在送料不准确时可避免导正销的损坏；C 型用于导正 $d=4\sim12$ mm 的孔，导正销拆卸方便，且凸模刃磨后导正销长度可以调节；D 型可用于导正 $d=12\sim50$ mm 的孔。

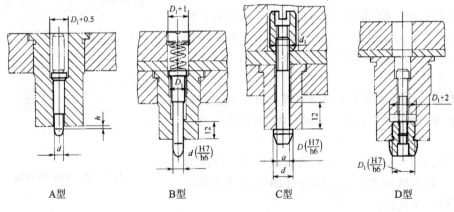

A型   B型   C型   D型

图 1-42   导正销结构

为了使导正销工作可靠,导正销的直径一般应大于 2 mm。当冲裁件上的导正孔径小于 2 mm 时,可在条料上另冲直径大于 2 mm 的工艺孔进行导正。

由于导正销常与挡料销配合使用,挡料销只起粗定位作用,所以挡料销的位置应能保证导正销在导正过程中条料有被前推或后拉少许的可能。挡料销与导正销的位置关系如图 1－43 所示。

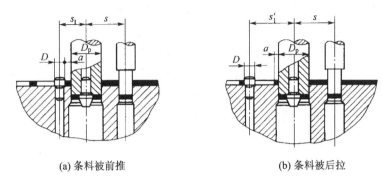

(a) 条料被前推　　　　　　　　　　(b) 条料被后拉

图 1－43　挡料销与导正销的位置关系

(5) 侧压装置

如果条料的公差较大,为避免条料在导料板中偏摆,使最小搭边得到保证,应在送料方向的一侧设置侧压装置,使条料始终紧靠导料板的另一侧送料。

侧压装置的结构形式如图 1－44 所示。其中图 1－44(a)是弹簧式侧压装置,其侧压力较大,常用于被冲材料较厚的冲裁模;图 1－44(b)是簧片式侧压装置,侧压力较小,常用于被冲材料厚度为 0.3～1 mm 的冲裁模;图 1－44(c)是簧片压块式侧压装置,其应用场合同图 1－44(b);图 1－44(d)是板式侧压装置,侧压力大且均匀,一般装在模具进料一端,适用于侧刃定距的级进模。上述四种结构形式中,图 1－44(a)和图 1－44(b)两种形式已经标准化。

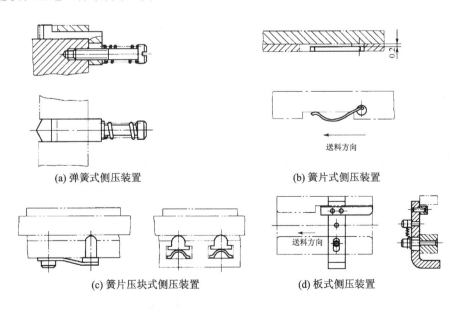

(a) 弹簧式侧压装置　　　　　　　　(b) 簧片式侧压装置

(c) 簧片压块式侧压装置　　　　　　(d) 板式侧压装置

图 1－44　侧压装置

在一副模具中,侧压装置的数量和设置位置应视实际需要而定。但对于料厚小于

0.3 mm 及采用辊轴自动送料装置的模具不宜采用侧压装置。

（6）侧刃定距

国家标准中的侧刃结构如图 1-45 所示，Ⅰ型侧刃的工作端面为平面，Ⅱ型侧刃的工作端面为台阶面。台阶面侧刃在冲切前凸出部分先进入凹模起导向作用，可避免因侧刃单边冲切而产生的侧压力导致侧刃损坏。Ⅰ型和Ⅱ型侧刃按断面形状分为长方形侧刃和成型侧刃，长方形侧刃（ⅠA 型、ⅡA 型）结构简单，易于制造，但当侧刃刃口尖角磨损后，在条料侧边形成的毛刺会影响送进和定位的准确性，如图 1-46（a）所示。成型侧刃（ⅠB 型、ⅡB 型、ⅠC 型、ⅡC 型）如果磨损后在条料侧边形成的毛刺离开了导料板和侧刃挡块的定位面，因而不影响送进和定位的准确性，如图 1-46（b）所示，但这种侧刃消耗材料增多，结构较复杂，制造较麻烦。长方形侧刃一般用于板料厚度小于 1.5 mm、冲裁件精度要求不高的送料定距；成型侧刃用于板料厚度小于 0.5 mm、冲裁件精度要求较高的送料定距。

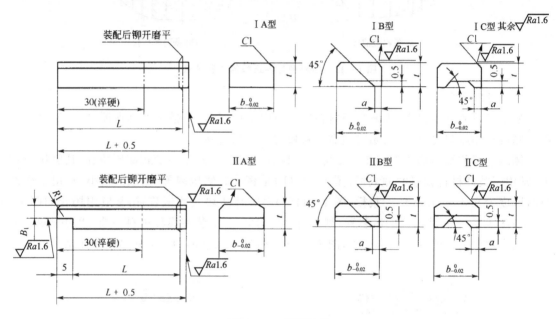

图 1-45　侧刃结构

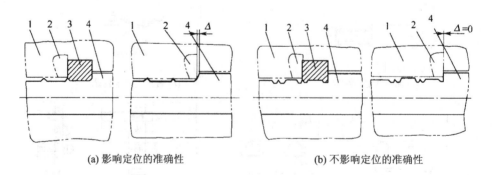

（a）影响定位的准确性　　　　　　　　（b）不影响定位的准确性

图 1-46　侧刃定位误差比较

生产实际中，还可采用既可起定距作用，又可成型冲裁件部分轮廓的特殊侧刃，如图 1-47 所示中的侧刃 1 和 2。

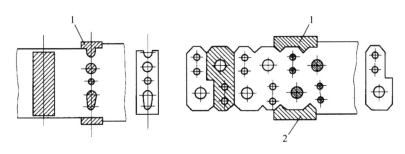

图 1-47　特殊侧刃

（7）定位板与定位销

定位板和定位销用于单个坯料或工序件的定位。常见的定位板和定位销的结构形式如图 1-48 所示，其中图 1-48（a）是以坯料或工序件的外缘作定位基准；图 1-48（b）是以坯料或工序件的内缘作定位基准。具体选择哪种定位方式，应根据坯料或工序件的形状、尺寸大小和冲压工序性质等决定。定位板的厚度或定位销的定位高度应比坯料或工序件厚度大 1～2 mm。

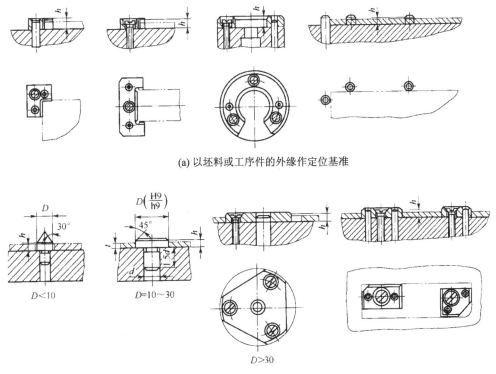

（a）以坯料或工序件的外缘作定位基准

（b）以坯料或工序件的内缘作定位基准

图 1-48　定位板与定位销的结构形式

3. 卸料与出件装置

卸料与出件装置的作用是当冲裁模完成一次冲压之后，把冲裁件或废料从模具工作零件上卸下来，以便冲压工作继续进行。通常把冲裁件或废料从凸模上卸下称为卸料，把冲裁件或废料从凹模中卸下称为出件。

(1) 卸料装置

卸料装置按卸料方式分为固定卸料装置、弹性卸料装置和废料切刀三种。

1) 固定卸料装置

固定卸料装置仅由固定卸料板构成，一般安装在下模的凹模上。生产中常用的固定卸料装置的结构如图 1-49 所示，其中图 1-49(a) 和图 1-49(b) 用于平板件的冲裁卸料，图 1-49(c) 和图 1-49(d) 用于经弯曲或拉深等成型后的工序件的冲裁卸料。

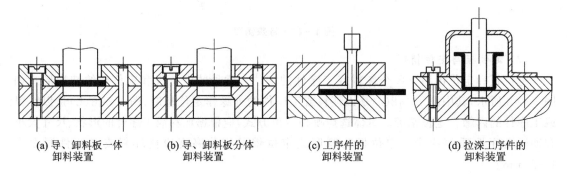

| (a) 导、卸料板一体卸料装置 | (b) 导、卸料板分体卸料装置 | (c) 工序件的卸料装置 | (d) 拉深工序件的卸料装置 |

图 1-49 固定卸料装置

固定卸料板的平面外形尺寸一般与凹模板相同，其厚度可取凹模厚度的 0.8～1 倍。当卸料板仅起卸料作用时，凸模与卸料板的双边间隙一般取 0.2～0.5 mm（板料薄时取小值，板料厚时取大值）。当固定卸料板兼起导板作用时，凸模与导板之间一般按 H7/h6 配合，但应保证导板与凸模之间的间隙小于凸、凹模之间的冲裁间隙，以保证凸、凹模的正确配合。

固定卸料装置卸料力大，卸料可靠，但冲压时坯料得不到压紧，因此常用于冲裁坯料较厚（大于 0.5 mm）、卸料力大、平直度要求不太高的冲裁件。

2) 弹性卸料装置

弹性卸料装置由卸料板、卸料螺钉和弹性元件（弹簧或橡胶）组成。

常用的弹性卸料装置的结构形式如图 1-50 所示，其中图 1-50(a) 是直接用弹性橡胶卸料，用于简单冲裁模；图 1-50(b) 是用导料板导向的冲裁模使用的弹性卸料装置，卸料板凸台部分的高度 h 应比导料板厚度 H 小（0.1～0.3）t（t 为坯料厚度），即 $h=H-(0.1～0.3)t$；图 1-50(c) 和图 1-50(d) 是倒装式冲裁模上用的弹性卸料装置，其中图 1-50(c) 是利用安装在下模下方的弹顶器作弹性元件，卸料力大小容易调节；图 1-50(e) 为带小导柱的弹性卸料装置，卸料板由小导柱导向，可防止卸料板产生水平摆动，从而保护小凸模不被折断，多用于小孔冲裁模。

弹性卸料板的平面外形尺寸等于或稍大于凹模板尺寸，厚度取凹模厚度的 0.6～0.8 倍。卸料板与凸模的双边间隙根据冲裁件料厚确定，一般取 0.1～0.3 mm（料厚取大值，料薄时取小值）。在级进模中，特别小的冲孔凸模与卸料板的双边间隙可取 0.3～0.5 mm。当卸料板对凸模起导向作用时，卸料板与凸模间按 H7/h6 配合，但其间隙应比凸、凹模间隙小。此外，为便于可靠卸料，在模具开启状态时，卸料板工作平面应高出凸模刃口端面 0.3～0.5 mm。

卸料螺钉一般采用标准的阶梯形螺钉，其数量按卸料板形状与大小确定，卸料板为圆形时常用 3～4 个；为矩形时一般用 4～6 个。卸料螺钉的直径根据模具大小可选 8～12 mm，各卸料螺钉的长度应一致，以保证装配后卸料板水平和均匀卸料。

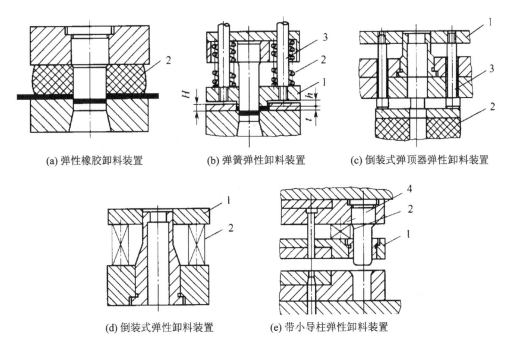

(a) 弹性橡胶卸料装置　　(b) 弹簧弹性卸料装置　　(c) 倒装式弹顶器弹性卸料装置

(d) 倒装式弹性卸料装置　　(e) 带小导柱弹性卸料装置

1—卸料板；2—弹性元件；3—卸料螺钉；4—小导柱

图 1-50　弹性卸料装置

3）废料切刀

废料切刀是在冲裁过程中将冲裁废料切断成数块，从而实现卸料的一种卸料零件。废料切刀卸料的原理如图 1-51 所示，废料切刀安装在下模的凸模固定板上，当上模带动凹模下压进行切边时，同时把已切下的废料压向废料切刀上，从而将其切开卸料。这种卸料方式不受卸料力大小限制，卸料可靠，多用于大型冲裁件的落料或切边冲裁模上。

（2）出件装置

出件装置的作用是从凹模内卸下冲裁件或废料。为了便于学习，把装在上模内的出件装置称为推件装置，装在下模内的出件装置称为顶件装置。

1）推件装置

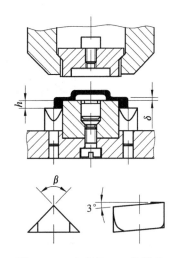

图 1-51　废料切刀工作原理

推件装置有刚性推件装置和弹性推件装置两种。图 1-52 所示为刚性推件装置，它是在冲压结束后上模回程时，利用压力机滑块上的打料杆撞击模柄内的打杆，将推力传至推件块而将凹模内的冲裁件或废料推出的。刚性推件装置的基本零件有推件块、推板、连接推杆和打杆，如图 1-52(a)所示。当打杆下方投影区域内无凸模时，也可省去由连接推杆和推板组成的中间传递结构，而由打杆直接推动推件块，甚至直接由打杆推件，如图 1-52(b)所示。

刚性推件装置推件力大，工作可靠，所以应用十分广泛。打杆、推板、连接推杆等都已标准化，设计时可根据冲裁件结构形状、尺寸及推件装置的结构要求从标准中选取。

图 1-53 所示为弹性推件装置。与刚性推件装置不同的是，它是以安装在上模内的弹性

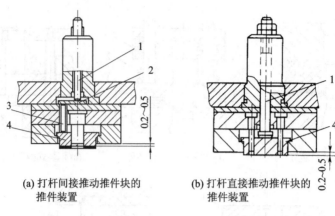

(a) 打杆间接推动推件块的
推件装置

(b) 打杆直接推动推件块的
推件装置

1—打杆；2—推板；3—连接推杆；4—推件块

图 1－52　刚性推件装置

元件的弹力来代替打杆给予推件块推件力。视模具结构的可能性，可把弹性元件装在推板之上，如图 1－53(a) 所示，也可装在推件块之上，如图 1－53(b) 所示。采用弹性推件装置时，可使板料处于压紧状态下分离，因而冲裁件的平直度较高。但开模时冲裁件易嵌入边料中，取件较烦，且受模具结构空间限制，弹性元件产生的弹力有限，所以主要适用于板料较薄且平直度要求较高的冲裁件。

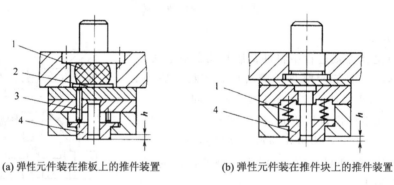

(a) 弹性元件装在推板上的推件装置

(b) 弹性元件装在推件块上的推件装置

1—弹性元件；2—推板；3—连接推杆；4—推件块

图 1－53　弹性推件装置

2) 顶件装置

顶件装置一般是弹性的，其基本零件是顶件块、顶杆和弹顶器，如图 1－54(a) 所示。弹顶器可做成通用的，其弹性元件可以是弹簧或橡胶。如图 1－54(b) 所示直接在顶件块下方安放弹簧，可用于顶件力不大的场合。

弹性顶件装置的顶件力容易调节，工作可靠，冲裁件平直度较高，但冲裁件也易嵌入边料，产生与弹性推件同样的问题。大型压力机本身具有气垫作弹顶器。

在推件和顶件装置中，推件块和顶件块工作时与凹模孔口配合并作相对运动，对它们的要求是：模具处于闭合状态时，其背后应有一定空间，以备修模和调整的需要；模具处于开启状态时，必须顺利复位，且工作面应高出凹模平面 0.2～0.5 mm，以保证可靠推件或顶件；与凹模和凸模的配合应保证顺利滑动，一般与凹模的配合为间隙配合，推件块或顶件块的外形配合面可按 h8 制造，与凸模的配合可呈较松的间隙配合，或根据料厚取适当间隙。

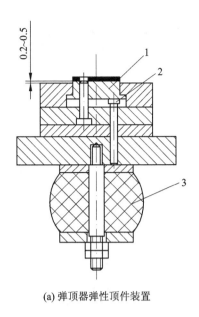
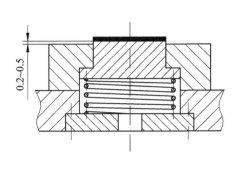

(a) 弹顶器弹性顶件装置   (b) 直接安放弹簧的弹性顶件装置

1—顶件块；2—顶杆；3—弹顶器

图 1 - 54 弹性顶件装置

4. 模架及其零件

模架是上、下模座与导向零件的组合体。为了便于学习和选用标准,这里将冲裁模零件分类中的导向零件与属于支承固定零件中的上、下模座作为模架进行介绍。

(1) 模 架

冲裁模模架已经标准化。标准冲裁模模架主要有两大类:一类是由上、下模座和导柱、导套组成的导柱模模架;另一类是由弹压导板、下模座和导柱、导套组成的导板模模架。

1) 导柱模模架

导柱模模架按其导向结构形式分为滑动导向模架和滚动导向模架两种。滑动导向模架中导柱与导套通过小间隙或无间隙滑动配合,因导柱、导套结构简单,加工与装配方便,故应用最广泛;滚动导向模架中导柱通过滚珠与导套实现有微量过盈的无间隙配合(一般过盈量为 $0.01 \sim 0.02$ mm),导向精度高,使用寿命长,但结构较复杂,制造成本高,主要用于精密冲裁模、硬质合金冲裁模,高速冲裁模及其他精密冲裁模上。

根据导柱、导套在模架中的安装位置不同,滑动导向模架有对角导柱模架(见图 1 - 55 (a))、后侧导柱模架(见图 1 - 55(b))、后侧导柱窄形模架(见图 1 - 55(c))、中间导柱模架(见图 1 - 55(d))、中间导柱圆形模架(见图 1 - 55(e))和四导柱模架(见图 1 - 55(f))等六种结构形式。滚动导向模架有对角导柱模架(见图 1 - 56(a))、中间导柱模架(见图 1 - 56(b))、四导柱模架(见图 1 - 56(c))和后侧导柱模架(见图 1 - 56(d))等四种结构形式。

对角导柱模架、中间导柱模架和四导柱模架的共同特点是导向零件都是安装在模具的对称线上,滑动平稳,导向准确可靠。不同的是,对角导柱模架工作面的横向(左右方向)尺寸一般大于纵向(前后方向)尺寸,故常用于横向送料的级进模、纵向送料的复合模或单工序模;中间导柱模架只能纵向送料,一般用于复合模或单工序模;四导柱模架常用于精度要求较高或尺寸较大冲压件的冲压及大批量生产用的自动模。后侧导柱模架的特点是导向装置在后侧,横向和纵向送料都比较方便,但如有偏心载荷,压力机导向又不精确,就会造成上模偏斜,导向零

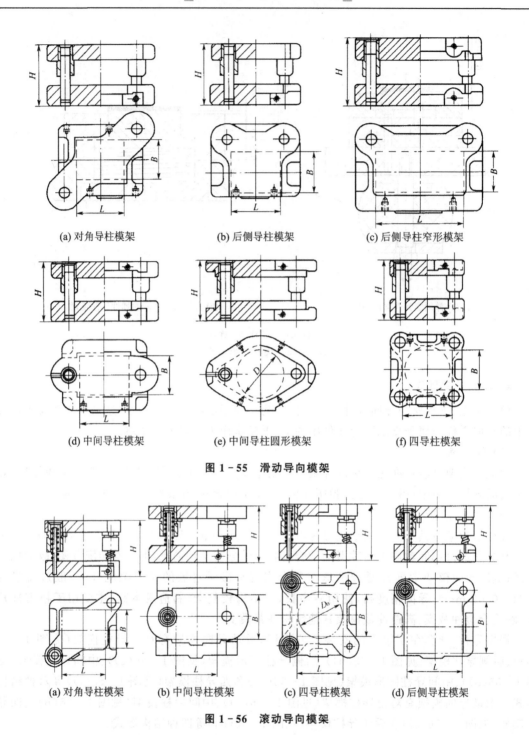

(a) 对角导柱模架　　(b) 后侧导柱模架　　(c) 后侧导柱窄形模架

(d) 中间导柱模架　　(e) 中间导柱圆形模架　　(f) 四导柱模架

图 1－55　滑动导向模架

(a) 对角导柱模架　　(b) 中间导柱模架　　(c) 四导柱模架　　(d) 后侧导柱模架

图 1－56　滚动导向模架

件和凸、凹模都易磨损，从而影响模具寿命，一般用于较小的冲裁模。

2) 导板模模架

导板模模架有对角导柱弹压导板模模架(图 1－57(a))和中间导柱弹压导板模模架(图 1－57 (b))两种。导板模模架的特点是：弹压导板对凸模起导向作用，并与下模座以导柱、导套为导向构成整体结构；凸模与固定板是间隙配合而不是过渡配合，因而凸模在固定板中有一定的浮动量，这样的结构形式可以起保护凸模的作用。因而导板模模架一般用于带有细小凸模的级进模。

（2）导向零件

对批量较大、公差要求较高的冲件，为保证模具有较高的精度和寿命，一般都采用导向零件对上、下模进行导向，以保证上模相对于下模的正确运动。导向零件有导柱、导套、导板，并且都已经标准化，但生产中最常用的是导柱和导套。

图1-58所示为常用的标准导柱结构形式，其中A型和B型导柱结构较简单，但与模座为过盈配合（H7/r6），装拆麻烦，如图1-58（a）（b）所示；A型和B

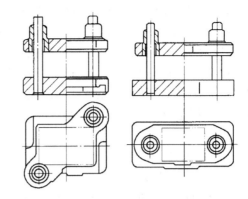

(a) 对角导柱弹压导板模架 (b) 中间导柱弹压导板模架

图1-57 导板模架

型可卸导柱通过锥面与衬套配合并用螺钉和垫圈紧固，衬套再与模座以过渡配合（H7/m6）并用压板和螺钉紧固，其结构较复杂，制造麻烦，但导柱磨损后可及时更换，便于模具维修和刃磨，如图1-58（c）（d）所示。为了使导柱顺利进入导套，导柱顶部一般均以圆弧过渡或以30°锥面过渡。

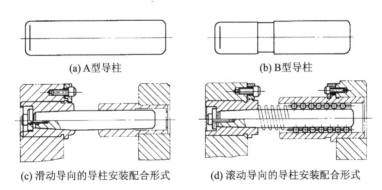

(a) A型导柱 (b) B型导柱

(c) 滑动导向的导柱安装配合形式 (d) 滚动导向的导柱安装配合形式

图1-58 导柱结构形式

图1-59所示为常用的标准导套结构形式。其中A型（图1-59（a））和B型（图1-59（b））导套与模座为过盈配合（H7/r6），与导柱配合的内孔开有贮油环槽，以便贮油润滑，扩大的内孔是为了避免导套与模座过盈配合时孔径缩小而影响导柱与导套的配合；C型（图1-59（c））导套与模座也用过渡配合（H7/m6）并用压板与螺钉紧固，磨损后便于更换或维修。

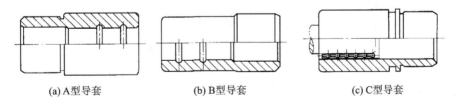

(a) A型导套 (b) B型导套 (c) C型导套

图1-59 导套结构形式

A型导柱、B型导柱、A型可卸导柱一般与A型或B型导套配套用于滑动导向，导柱与导套按H7/h6或H7/h5配合，但应注意使其配合间隙应小于冲裁间隙。B型可卸导柱的公差和表面粗糙度Ra值较小，一般与C型导套配套用于滚动导向，导柱与导套之间通过滚珠实现有微量过盈的无间隙配合,且滑动摩擦磨损较小,因而是一种精度高、寿命长的精密导向装置。滚动导向装置中,滚珠用保持器隔离而均匀排列,并用弹簧托起使之保持在导柱导套相配合的部位,工作时导柱与导套之间不允许脱离。

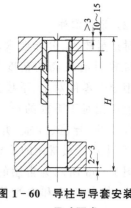

导柱、导套的尺寸规格根据所选标准模架和模具实际闭合高度确定,但还应符合图 1－60 的要求,并保证有足够的导向长度。

图 1－60　导柱与导套安装尺寸要求

(3) 上、下模座

上、下模座的作用是直接或间接地安装冲裁模的所有零件,分别与压力机的滑块和工作台连接,以传递压力。因此,上、下模座的强度和刚度是主要考虑的问题。一般情况下,模座因强度不够而产生破坏的可能性不大,但若刚度不够,工作时会产生较大的弹性变形,导致模具的工作零件和导向零件迅速磨损。

设计冲裁模时,模座的尺寸规格一般根据模架类型和凹模周界尺寸从标准中选取。如果标准模座不能满足设计要求,可参考标准设计。设计时应注意以下几点:

① 模座的外形尺寸根据凹模周界尺寸和安装要求确定。对于圆形模座,其直径应比凹模板直径大 30～70 mm;对于矩形模座,其长度应比凹模板长度大 40～70 mm,而宽度可以等于或略大于凹模板宽度,但应考虑有足够安装导柱、导套的位置。模座的厚度一般取凹模板厚度的 1.0～1.5 倍,考虑受力情况,上模座厚度可比下模座厚度小 5～10 mm。对于大型非标准模座,还必须根据实际需要,按铸件工艺性要求和铸件结构设计规范进行设计。

② 所设计的模座必须与所选压力机工作台和滑块的有关尺寸相适应,并进行必要的校核。如下模座尺寸应比压力机工作台孔或垫板孔尺寸每边大 40～50 mm 等。

③ 上、下模座的导柱与导套安装孔的位置尺寸必须一致,其孔距公差要求在 ±0.01 mm 以下。模座上、下面的平行度,导柱导套安装孔与模座上、下面的垂直度等要求应符合《冲裁模模架零件技术条件》标准中的的有关规定。

④ 模座材料视工艺力大小和模座的重要性选用,一般的模座选用 HT200 或 HT250,也可选用 Q235 或 Q255,大型重要模座可选用 ZG35 或 ZG45。

5. 其他支承与固定零件

(1) 模　柄

模柄的作用是把上模固定在压力机滑块上,同时使模具中心通过滑块的压力中心。中小型模具一般都是通过模柄与压力机滑块相连接的。

模柄的结构形式较多,并已标准化。标准模柄的结构形式如图 1－61 所示,其中图 1－61 (a)是旋入式模柄,通过螺纹与上模座连接,并加螺钉防松,这种模柄装拆方便,但模柄轴线与上模座的垂直度较差,多用于有导柱的小型冲裁模;图 1－61(b)为压入式模柄,它与上模座孔以 H7/m6 配合并加销钉防转,模柄轴线与上模座的垂直度较好,适用于上模座较厚的各种小型冲裁模,生产中最常用;图 1－61(c)为凸缘式模柄,用 3～4 个螺钉固定在上模座的窝孔内,模柄的凸缘与上模座窝孔以 H7/js6 配合,主要用于大型冲裁模或上模座中开设了推板孔的小型模;图 1－61(d)是槽形模柄,图 1－61(e)是通用模柄,这两种模柄都是用来直接固定凸模,故也可称为带模座的模柄,主要用于简单冲裁模,更换凸模方便;图 1－61(f)是浮动式模柄,其主要特点是压力机的压力通过凹球面模柄 1 和凸球面垫块 2 传递到上模,可以消除压力机导向误差对模具导向精度的影响,主要用于硬质合金冲裁模等精密导柱模;图 1 - 61(g)为推入式活动模柄,压力机压力通过模柄接头 4、凹球面垫块 5 和活动模柄 6 传递到上模,也是一种浮动模柄,主要用于精密冲裁模,这种模柄因模柄的槽孔单面开通(呈 U 形),所以使用时导柱导套不宜脱离。

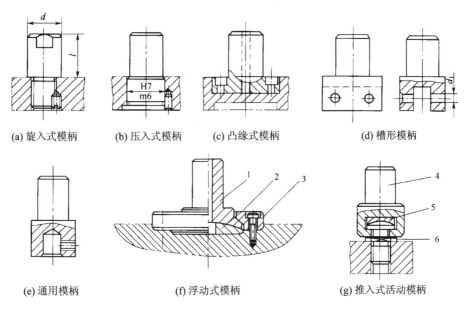

(a) 旋入式模柄　　(b) 压入式模柄　　(c) 凸缘式模柄　　　　(d) 槽形模柄

(e) 通用模柄　　　　　(f) 浮动式模柄　　　　　(g) 推入式活动模柄

1—凹球面模柄;2—凸球面垫块;3—压板;4—模柄接头;5—凹球面垫块;6—活动模柄

图 1 - 61　模柄的结构形式

选择模柄时,先根据模具大小、上模结构、模架类型及精度等确定模柄的结构类型,再根据压力机滑块上模柄孔尺寸确定模柄的尺寸规格。一般模柄直径应与模柄孔直径相等,模柄长度应比模柄孔深度小 5～10 mm。

（2）凸模固定板与垫板

凸模固定板的作用是将凸模或凸凹模固定在上模座或下模座的正确位置上。凸模固定板为矩形或圆形板件,外形尺寸通常与凹模一致,厚度可取凹模厚度的 60%～80%。固定板与凸模或凸凹模为 H7/n6 或 H7/m6 配合,压装后应将凸模端面与固定板一起磨平。对于多凸模固定板,其凸模安装孔之间的位置尺寸应与凹模型孔相应的位置尺寸保持一致。

垫板的作用是承受并扩散凸模或凹模传递的压力,以防止模座被挤压损伤。因此,当凸模或凹模与模座接触的端面上产生的单位压力超过模座材料的许用挤压应力时,就应在与模座的接触面之间加上一块淬硬磨平的垫板。压力较小时可不加垫板。

垫板的外形尺寸与凸模固定板相同,厚度可取 3～10 mm。凸模固定板和垫板的轮廓形状及尺寸均已标准化,可根据上述尺寸确定原则从相应标准中选取。

6. 紧固件

冲裁模中用到的紧固件主要是螺钉和销钉,其中螺钉起联接固定作用,销钉起定位作用。螺钉和销钉都是标准件,种类很多,但冲裁模中广泛使用的螺钉是内六角螺钉,它紧固牢靠,螺钉头不外露,模具外形美观。销钉常用圆柱销。

模具设计时,螺钉和销钉的选用应注意以下几点:

① 同一组合中,螺钉的数量一般不少于 3 个(对中小型冲裁模,被联接件为圆形时用 3～6

个,为矩形时用 4～8 个),并尽量沿被联接件的外缘均匀布置。销钉的数量一般都用 2 个,且尽量远距离错开布置,以保证定位可靠。

② 螺钉和销钉的规格应根据冲压工艺力大小和凹模厚度等条件确定。螺钉规格可参考表 1-20 选用,销钉的公称直径可取与螺钉大径相同或小一个规格。螺钉的旋入深度和销钉的配合深度都不能太浅,也不能太深,一般可取公称直径的 1.5～2 倍。

表 1-20　螺钉规格的选用

凹模厚度 H/mm	螺钉规格	凹模厚度 H/mm	螺钉规格	凹模厚度 H/mm	螺钉规格
≤13	M4、M5	>19～25	M6、M8	>32	M10、M12
>13～19	M5、M6	>25～32	M8、M10		

③ 螺钉之间、螺钉与销钉之间的距离,螺钉、销钉距凹模刃口及外边缘的距离,均不应过小,以防降低模板强度。

④ 各被联接件的销孔应配合加工,以保证位置精度。销钉与销孔之间采用 H7/m6 或 H7/n6 配合。

任务七　冲压设备的选取

任务实施

根据总冲压力 $F_\Sigma = 384$ kN,模具闭合高度以及压力机工作台面尺寸等,可选用 JB23—63 开式双柱可倾压力机,并在工作台面上安装垫块。

压力机的主要技术参数如下:

公称压力:630 kN;

滑块行程:130 mm;

最大闭合高度 H_{max}:360 mm;

最小闭合高度 H_{min}:280 mm;

垫板厚度 H_1:80 mm。

模具的闭合高度与压力机的闭合高度之间要符合以下关系:

$$H_{max} - 5 \text{ mm} \geqslant H + H_1 \geqslant H_{min} + 10 \text{ mm}$$

即 $360 - 5 \geqslant 225 + 80 \geqslant 280 + 10$,经校核满足要求。

知识链接

冷冲压模具与冷冲压设备的关系

1. 冷冲压设备的类型

冲压设备属锻压机械。常见冷冲压设备有机械压力机(以 Jxx 表示其型号)和液压机(以 Yxx 表示其型号)。机械压力机按驱动滑块机构的种类可分为曲柄式和摩擦式,按滑块个数可分为单动和双动,按床身结构形式可分为开式(C 型床身)和闭式(Ⅱ 型床身),按自动化程度可分为普通压力机和高速压力机等。而液压机按工作介质可分为油压机和水压机。常用冷冲压设备的工作原理和特点如表 1-21 所列。

表 1 – 21　常用冷冲压设备的工作原理和特点

类　型	设备名称	工作原理	特　点
机械压力机	摩擦压力机	利用摩擦盘与飞轮之间相互接触并传递动力,借助螺杆与螺母相对运动原理而工作	结构简单,当超负荷时只会引起飞轮和摩擦盘之间的滑动,而不致损坏机件,但飞轮磨损太大,生产率低,适用于中小型件的加工,用于校正、压印和成型等冲压工序较为适宜
	曲柄压力机	利用曲柄连杆机构进行工作,电机通过皮带轮和齿轮带动曲轴转动,经连杆带动滑块做直线往复运动	生产率高,适用于各类冲压加工
	高速压力机	工作原理与曲柄压力机相同,但其刚度、精度和行程次数较高,一般带有自动送料和安全检测装置	生产率高,适用于大批量生产,模具一般采用多工位级进模
液压机	油压机 水压机	利用帕斯卡原理,以水和油为工作介质,采用静压力传递进行工作,使滑块做上下往复运动	压力大,而且是静压力。但生产率低,适用于拉深、挤压等成型工序等

2. 冷冲压设备的选用

（1）类型选择

冲压设备类型较多,其刚度、精度和用途各不相同,应根据冲压工艺的性质、生产批量、模具大小和工件精度等正确选用。一般生产批量较大的中小工件多选用操作方便、生产效率高的开式曲柄压力机。如生产洗衣桶这样的深拉深件,最好选用有拉深垫的拉深油压机。而生产汽车覆盖件则最好选用工作台面宽大的闭式双动压力机。

（2）规格选用

确定压力机的规格时应遵循如下原则：

① 压力机的公称压力必须大于冲压工序所需压力,当冲压工作行程较长时,还应注意在全部工作行程上,压力机许可压力曲线应高于冲压变形力曲线。

② 压力机滑块行程应满足工件在高度上能获得所需尺寸,并在冲压工序完成后能顺利地从模具上取出来。对于拉深件,则行程应大于工件高度两倍以上。

③ 压力机的行程次数应符合生产率和材料变形速度的要求。

④ 压力机的闭合高度、工作台面尺寸、滑块尺寸和模柄孔尺寸等都应能满足模具的正确安装要求。对于曲柄压力机,如图 1 – 62 所示,模具的闭合高度与压力机的闭合高度之间要符合以下关系：

$$H_{\max} - 5 \text{ mm} \geqslant H + H_1 \geqslant H_{\min} + 10 \text{ mm} \tag{1-36}$$

式中：H 为模具的闭合高度,mm；$H_{\max}$ 为压力机的最大闭合高度,mm；$H_{\min}$ 为压力机的最小闭合高度,mm；H_1 为压力机的垫板厚度,mm。

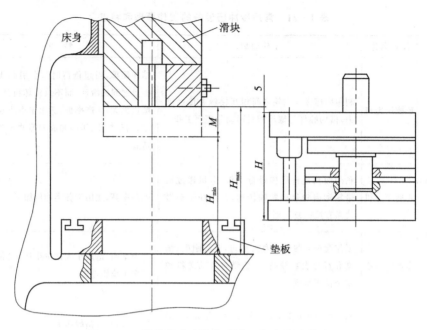

图 1-62 模具闭合高度与压力机闭合高度的关系

任务八 绘制冲裁模总装图和零件图

任务实施

通过前述的工艺方案和冲裁模结构设计，以及零部件设计、选用及计算，完成整套模具设计，绘制模具的总装配图和非标准零件的零件图。

本例的冲裁模总装配图如图 1-11 所示，冲孔凸模、落料凹模、凸凹模、凸模固定板和卸料板分别见图 1-63～图 1-67。

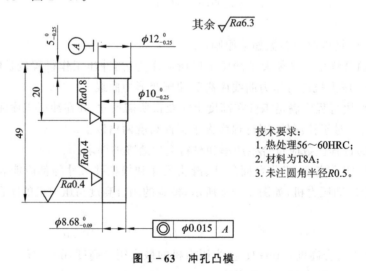

技术要求:
1. 热处理56～60HRC;
2. 材料为T8A;
3. 未注圆角半径R0.5。

图 1-63 冲孔凸模

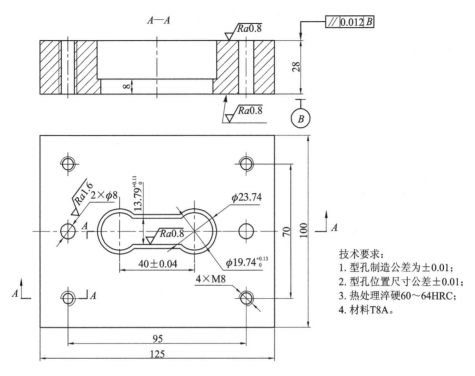

其余 $\sqrt{Ra6.3}$

技术要求：
1. 型孔制造公差为±0.01；
2. 型孔位置尺寸公差±0.01；
3. 热处理淬硬60～64HRC；
4. 材料T8A。

图 1-64　落料凹模

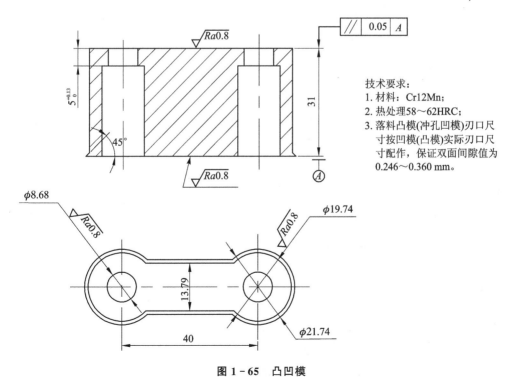

其余 $\sqrt{Ra6.3}$

技术要求：
1. 材料：Cr12Mn；
2. 热处理58～62HRC；
3. 落料凸模(冲孔凹模)刃口尺寸按凹模(凸模)实际刃口尺寸配作，保证双面间隙值为0.246～0.360 mm。

图 1-65　凸凹模

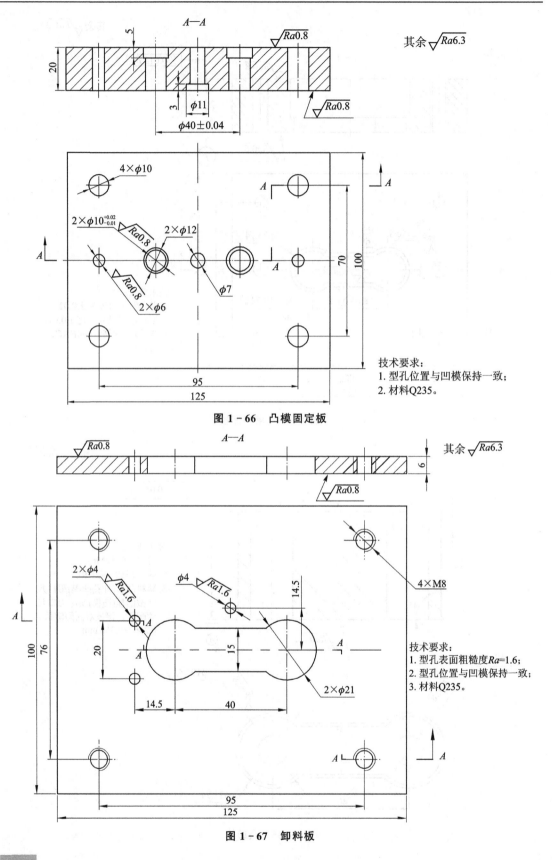

图 1-66　凸模固定板

技术要求:
1. 型孔位置与凹模保持一致;
2. 材料Q235。

图 1-67　卸料板

技术要求:
1. 型孔表面粗糙度Ra=1.6;
2. 型孔位置与凹模保持一致;
3. 材料Q235。

项目二　弯曲模设计

● **项目描述**

　　弯曲如图 1-68 所示的 V 形连接件,材料为 20 钢,厚度 $t=2$ mm,弯曲角为 90°,未注公差 IT14。已知年产量 20 万件,手工送料,试确定弯曲工艺方案并设计弯曲模。

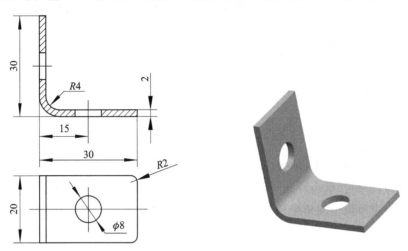

图 1-68　V 形连接件

任务一　弯曲件的工艺性分析

任务实施

　　根据弯曲件的结构形状要求,可采用复合模冲孔落料制得弯曲坯料,再弯曲成型两道冲压工序获得该零件,这里只讨论弯曲工序。

1. 弯曲件的结构形式和尺寸大小

　　弯曲件材料厚度 $t=2$ mm,形状结构简单,左右对称,利于弯曲成型;查表 1-23 可知,材料允许的最小弯曲半径 $r_{min}=0.5t=1$ mm,而弯曲件的弯曲半径 $r=4$ mm>1 mm,故不会产生弯裂现象。另外,弯曲件上的孔位于弯曲变形区外侧,所以弯曲过程中孔不会发生变形。

　　弯曲件最大外形尺寸为 30 mm,属于小型弯曲件。

2. 弯曲件的尺寸精度和位置精度

　　该弯曲件属于结构件,未标注公差要求,精度等级可按 IT14 级选取,所以普通冲裁与弯曲即可满足零件的精度要求。

　　零件图中未标注位置精度,对位置精度没有特殊要求。相对弯曲半径 $r/t=2<5$,回弹后弯曲半径变化量很小,可不予考虑。该结构件属于 90°V 形弯曲件,弯曲中心角发生的变化,可采用校正弯曲来控制角度回弹。

3. 弯曲件的材料性能

　　弯曲件材料为 20 钢,属优质碳素结构钢,已退火,具有良好的弯曲成型性能。经查工具手册可知其抗剪强度 $\tau=275\sim392$ MPa,抗拉强度 $\sigma_b=353\sim500$ MPa,屈服点 $\sigma_s=245$ MPa,伸

长率 $\delta = 25\%$,弹性模量$= 210 \times 10^3$ MPa,具有良好的弯曲特性,满足冲压工艺要求。

4. 冲压加工的经济性分析

弯曲件为中等批量生产,采用冲压生产,不但能保证产品的质量,满足生产率要求,还能降低生产成本。

知识链接

将坯料弯成具有一定角度和形状的零件的成形方法称为弯曲。弯曲所使用的冲压模具称为弯曲模。

弯曲是冲压生产中基本的工序之一,在冲压生产中应用得比较广泛。根据弯曲成型时所使用的模具及设备不同,弯曲可分为压弯、拉弯、折弯和滚弯等。

弯曲件的工艺性

1. 弯曲件的结构工艺性

(1) 最小弯曲半径

对于一定厚度的材料,弯曲半径越小,外层材料的伸长率越大,当外缘材料的伸长率达到并超过材料的伸长率后,就会导致弯裂。在保证坯料最外层纤维不发生破裂的前提下,所能获得的弯曲零件内表面最小圆角半径与弯曲材料厚度的比值 r_{min}/t 称为最小相对弯曲半径。

弯曲件弯曲半径不宜小于最小弯曲半径,否则,坯料外表面变形可能会超过材料变形极限而破裂;也不宜过大,因为过大时,受到回弹的影响,弯曲角度与弯曲半径的精度都不易保证。

(2) 弯曲件直边高度

当弯曲件为90°弯曲时,应使其直边高度 $h > 2t$,否则没有足够长的弯曲力臂。当 $h < 2t$ 时,应预先压槽,再弯曲或增加直边高度,弯曲后再切除高出部分,如图 1-69 所示。

(3) 弯曲件孔边距

带孔的板料在弯曲时,如果孔位于弯曲变形区内,则弯曲后孔的形状会发生变形。如图 1-70(a) 所示,孔边到弯曲半径中心的距离 l 为:

当 $t \geqslant 2$ mm 时,$l \geqslant 2t$

当 $t < 2$ mm 时,$l \geqslant t$

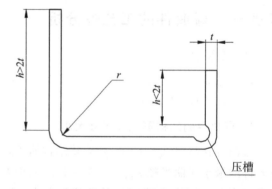

图 1-69 弯曲件直边高度

如果不能满足上述条件,可以采取冲凸缘缺口或月牙槽的措施,或在弯曲变形区冲出工艺孔,防止孔在弯曲时变形,如图 1-70(b)(c) 所示。

(4) 止裂孔、止裂槽

板料边缘需局部弯曲时,为了避免角部畸变与形成裂纹,应预先切槽或冲工艺孔如图 1-71 所示。

(5) 弯曲件的尺寸标注

弯曲件的尺寸标注有 3 种方法,如图 1-72 所示。图 1-72(a) 可以采用先落料冲孔,然后弯曲成形。而图 1-72(b)(c) 为了保证尺寸,只能先弯曲后冲孔,增加了工序。

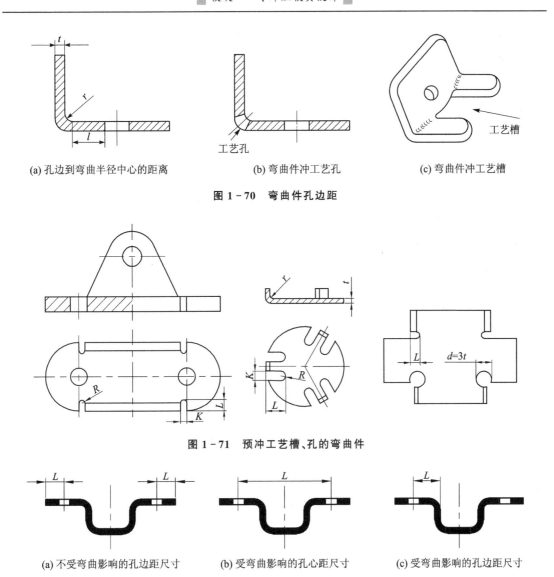

(a) 孔边到弯曲半径中心的距离　　　(b) 弯曲件冲工艺孔　　　(c) 弯曲件冲工艺槽

图 1-70　弯曲件孔边距

图 1-71　预冲工艺槽、孔的弯曲件

(a) 不受弯曲影响的孔边距尺寸　　(b) 受弯曲影响的孔心距尺寸　　(c) 受弯曲影响的孔边距尺寸

图 1-72　弯曲件的尺寸标注

2. 弯曲件的尺寸精度

弯曲件的尺寸精度以不高于 IT13 级为宜,角度公差应不大于±15′。若对尺寸精度有较高要求,在结构设计上应设置定位工艺孔;对角度公差有较高要求时,应在弯曲工艺方面增加整形工序。

任务二　弯曲工艺方案的确定

任务实施

工件为 V 形弯曲件,冲压过程包括落料、冲孔和弯曲三个基本工序,可以采用以下三种工艺方案。

方案一:先落料,后冲孔,再弯曲。或先落料,后弯曲,再冲孔,采用三套单工序模生产。

方案二:落料-冲孔复合冲裁,再弯曲,采用复合模和单工序弯曲模生产。

方案三：冲孔-落料级进模连续冲裁，再弯曲。采用连续模和单工序弯曲模生产。

方案一的模具结构简单，但需要三副模具，工序复杂，生产效率低。弯曲件孔位无特殊位置精度要求，故可先冲裁后弯曲。方案二冲裁精度高，模具使用寿命长，但模具制造较复杂，成本高。方案三与前两种方案比较，经济效果较好，综合分析，故采用方案三的冲压工艺方案。

V形件弯曲模结构简单，模具间隙可在装模时调整，故采用无导向结构。

知识链接

弯曲过程及主要工艺问题

1. 弯曲过程分析

在压力机上采用压弯模具对板料进行压弯是弯曲工艺中运用最多的方法。弯曲变形的过程一般经历弹性弯曲变形、弹-塑性弯曲变形、塑性弯曲变形三个阶段。现以常见的 V 形件弯曲为例。

弯曲开始时，模具的凸、凹模分别与板料接触，使板料产生弯曲。在弯曲的开始阶段，弯曲圆角半径 r_0 很大，弯曲力矩很小，仅引起材料的弹性弯曲变形。随着凸模进入凹模深度的增大，弯曲圆角半径 r 亦逐渐减小，即 $r_3 < r_2 < r_1 < r_0$，板料的弯曲变形程度进一步加大，如图 1－73 所示。

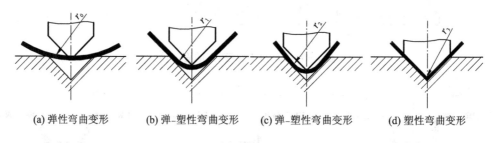

(a) 弹性弯曲变形　　(b) 弹-塑性弯曲变形　　(c) 弹-塑性弯曲变形　　(d) 塑性弯曲变形

图 1－73　弯曲变形过程

弯曲变形程度可以用相对弯曲半径 r/t 表示，t 为 板料的厚度。r/t 越小，表明弯曲变形程度越大。一般认为当相对弯曲半径 $r/t > 200$ 时，弯曲区材料即开始进入弹-塑性弯曲阶段，坯料变形区内（弯曲半径发生变化的部分）料厚的内外表面首先开始出现塑性变形，随后塑性变形向坯料内部扩展。凸模继续下行，变形由弹-塑性弯曲逐渐过渡到塑性变形。最终凸模的 V 形斜面接触后被反向弯曲，再与凹模斜面逐渐靠紧，直至板料与凸、凹模完全贴紧。

若弯曲终了时，凸模与板料、凹模三者贴合后凸模不再下压，称为自由弯曲。若凸模再下压，对板料再增加一定的压力，则称为校正弯曲。校正弯曲与自由弯曲的凸模下止点位置是不同的，校正弯曲使弯曲件在下止点受到刚性镦压，减小了工件的回弹。

2. 弯曲件的回弹和弯曲时的偏移

弯曲成型过程中出现的主要工艺问题是回弹和偏移。

（1）弯曲件的回弹

弯曲结束后，凸模与凹模分开，工件不受外力作用时，由于弹性回复的存在，使弯曲件弯曲部分的曲率半径和弯曲角度在弯曲外力撤去后发生变化的现象称回弹。

减小回弹的措施：

① 改进零件设计。在变形区设计加强筋或成形边翼，增加弯曲件的刚性和成形边翼的变形程度，如图 1－74 所示。

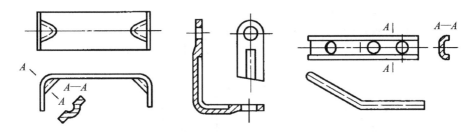

图 1－74　减小回弹的结构

② 选用弹性模量大、屈服极限小、机械性能稳定的材料，也可使弯曲件的回弹量减小。

③ 采用校正弯曲代替自由弯曲，增加弯曲力。

④ 加热弯曲。

⑤ V 形弯曲可在凸模上减去一个回弹角；U 形弯曲可将凸模壁做出等于回弹角的倾斜角（见图 1－75(a)），或将凸模顶面做成弧面（见图 1－75(b)），以补偿两边的回弹。

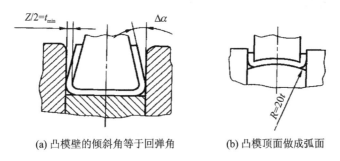

(a) 凸模壁的倾斜角等于回弹角　　　(b) 凸模顶面做成弧面

图 1－75　弯曲的回弹补偿

⑥ 可将凸模做成如图 1－76 所示的形状，减小凸模与工件的接触区，使压力集中在弯曲变形区，加大变形区的变形程度。

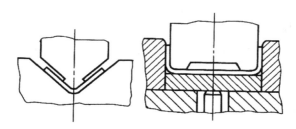

图 1－76　改变凸模形状减小回弹

⑦ 对于一般材料的弯曲件，可增加压料力或减小凸、凹模之间的间隙，减小回弹。

（2）弯曲时的偏移

由于坯料与模具之间磨擦的存在，当磨擦力不平衡时造成坯料的移位，使弯曲件的尺寸达不到要求，这种现象称作偏移。

产生偏移的原因很多：坯料形状不对称，两边与凹模接触面不相等，两边折弯的个数不一样;凹模两边的边缘圆角半径不相等,间隙不相等,润滑情况不一样等,都会导致弯曲时产生偏移现象。

防止偏移的主要措施:

① 尽可能采用对称凹模,边缘圆角相等,间隙均匀。

② 采用弹性顶件装置的模具结构,如图 1-77(a)(b)所示。

③ 采用定位销的模具结构,使坯料无法移动,如图 1-77(c)所示。

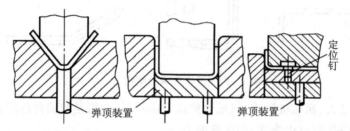

(a) V形件弹性顶件装置   (b) U形件弹性顶件装置   (c) 带定位销的弹性顶件装置

图 1-77　从模具结构上克服偏移

任务三　模具总体结构方案的确定

任务实施

1. 操作方式选择

根据任务书要求,中等批量生产,操作简单,节约成本,故选择手工送料操作方式。

2. 定位方式的选择

弯曲模具结构简单,弯曲件精度要求不高,且坯料为方形板料,故选取以工序件外缘为定位基准的定位板。

3. 导向方式的选择

根据冲压工艺分析可知,弯曲件采用单工序模,整体结构简单。采用无导向装置弯曲模即可满足弯曲件精度要求。

4. 确定弯曲模总体结构

根据 V 形弯曲件工艺性和弯曲工艺方案的分析,确定弯曲模总体结构(见图 1-78)。

知识链接

弯曲模典型结构

1. V 形件弯曲模

V 形件弯曲模的基本结构如图 1-79 所示,图 1-79(a)为简单的 V 形件弯曲模,其特点是结构简单、通用性好,但弯曲时坯料容易偏移,影响工件精度。图 1-79(b)(e)的模具结构采用定位装置,可以有效防止弯曲时坯料滑动。图 1-79(c)(d)中,弹簧顶杆 5、6 是为了防止压弯时板料偏移而采用的压料装置。除了压料作用以外,它还起到了弯曲后顶出工件的作用。这种模具结构简单,对材料厚度公差的要求不高,在压力机上安装调试也较方便,而且工件在弯曲冲程终端得到校正,因此回弹较小,工件的平面度较好。

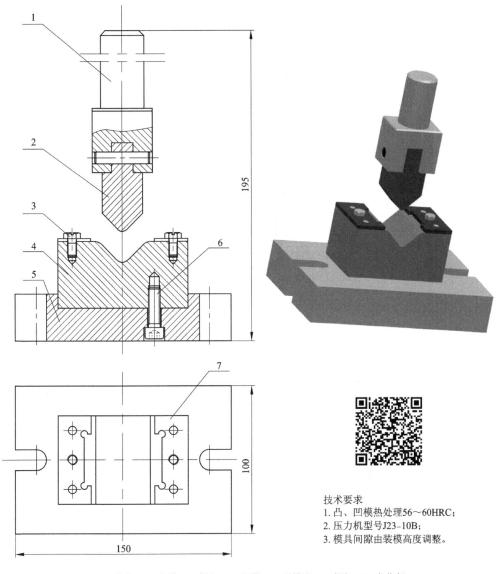

技术要求
1. 凸、凹模热处理56～60HRC;
2. 压力机型号J23-10B;
3. 模具间隙由装模高度调整。

1—模柄;2—凸模;3—螺钉;4—凹模;5—下模座;6—螺钉;7—定位板

图 1-78 V形连接件弯曲模总装图

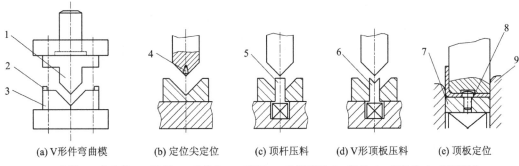

(a) V形件弯曲模　　(b) 定位尖定位　　(c) 顶杆压料　　(d) V形顶板压料　　(e) 顶板定位

1—凸模;2—定位板;3—凹模;4—定位尖;5—顶杆;6—V形顶板;7—顶板;8—定料销;9—反侧压块

图 1-79 V形弯曲模的一般结构形式

2. U形件弯曲模

图1-80所示为一般U形件弯曲模。弯曲时坯料沿着凹模圆角滑动进入凸、凹模的间隙而成形,凸模上升时,顶板将工件顶出。

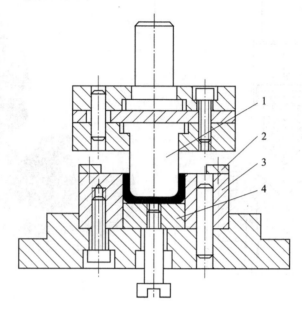

1—凸模;2—定位板;3—凹模;4—顶板

图1-80 一般U形件弯曲模

图1-81所示为可调U形件弯曲模。图1-81(a)用于料厚公差较大而外侧尺寸要求较高的弯曲件,其凸模为活动结构,可随料厚自动调整凸模横向尺寸。图1-81(b)用于料厚公差较大而内侧尺寸要求较高的弯曲件,凹模两侧为活动结构,可随料厚自动调整。

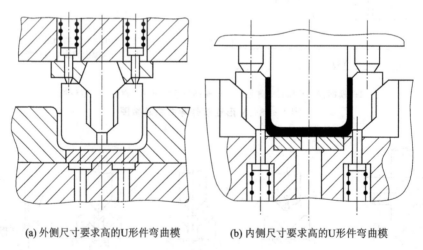

(a) 外侧尺寸要求高的U形件弯曲模   (b) 内侧尺寸要求高的U形件弯曲模

图1-81 可调U形件弯曲模

图1-82是弯曲角小于90°的U形件弯曲模。压弯时凸模首先将坯料弯曲成U形,当凸模继续下压时,两侧的转动凹模使坯料最后压弯成弯曲角小于90°的U形件。凸模上升,弹簧使转动凹模复位,工件则由垂直图面方向从凸模上卸下。

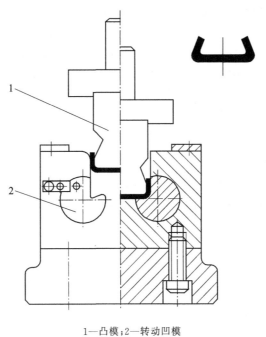

1—凸模;2—转动凹模

图 1 - 82　弯曲角小于 90°的 U 形件弯曲模

3. Z 形件弯曲模

Z 形件一次弯曲即可成型。图 1 - 83(a)结构简单,但由于没有压料装置,压弯时坯料容易滑动,只适用于要求不高的零件。

(a) 简单 Z 形件弯曲模

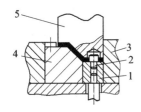

(b) 带顶板和定位销的 Z 形件弯曲模

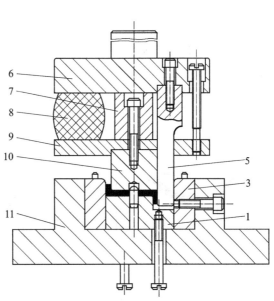

(c) 带活动凸模的 Z 形件弯曲模

1—顶板;2—定位销;3—导向块;4—凹模;5—凸模;6—上模座;

7—压块;8—橡胶;9—托板;10—活动凸模;11—下模座

图 1 - 83　Z 形件弯曲模

图 1-83(b)为有顶板和定位销的 Z 形件弯曲模,能有效防止坯料的偏移。反侧压块的作用是克服上、下模之间水平方向的错移力,同时也为顶板导向,防止其窜动。

图 1-83(c)所示的 Z 形件弯曲模,在冲压前活动凸模 10 在橡胶 8 的作用下与凸模 5 端面齐平。冲压时活动凸模与顶板 1 将坯料压紧,由于橡胶 8 产生的弹压力大于顶板 1 下方缓冲器所产生的弹顶力,推动顶板下移使坯料左端弯曲。当顶板接触下模座 11 后,橡胶 8 压缩,则凸模 5 相对于活动凸模 10 下移将坯料右端弯曲成型。当压块 7 与上模座 6 相碰时,整个工件得到校正。

4. 帽罩形件弯曲模

帽罩形件可以一次弯曲成型,也可以分成两次成型。如果两次弯曲成型,则第一次先将工件弯曲成 U 形,然后再将 U 形件弯曲帽罩形,如图 1-84 所示。

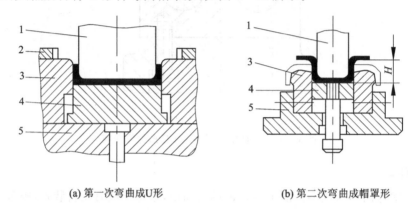

(a) 第一次弯曲成U形   (b) 第二次弯曲成帽罩形

1—凸模;2—定位板;3—凹模;4—顶板;5—下模型

图 1-84　帽罩形件二次弯曲成型模

帽罩形件一次弯曲成型模如图 1-85 所示。在弯曲过程中(见图 1-85(a)),由于外角的弯曲线的位置在弯曲过程中是变化的,因此材料在弯曲时有拉长现象,工件脱模后,其外角形状不准确,竖直边有变薄的现象,如图 1-85(b)所示。该模具只适用于工件弯曲高度不太高的场合。

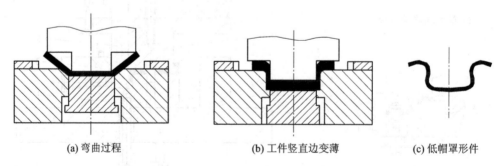

(a) 弯曲过程   (b) 工件竖直边变薄   (c) 低帽罩形件

图 1-85　低帽罩形件一次弯曲成型模

当帽罩件较高时,可采用图 1-86 所示高帽罩形件一次弯曲成型复合模。

5. 圆形件弯曲模

圆形件的尺寸大小不同,其弯曲方法也不同,一般按直径分为小圆和大圆两种。

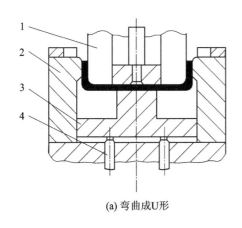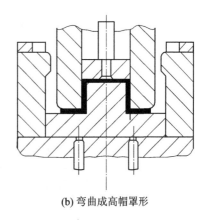

(a) 弯曲成U形　　　　　　　　　　　(b) 弯曲成高帽罩形

1—凸凹模;2—凹模;3—活动凸模;4—顶杆

图 1-86　高帽罩形件一次弯曲成型复合模

（1）直径 $d \geqslant 20$ mm 的大圆形件

对于直径 $d \geqslant 20$ mm 的大圆,用两道工序弯曲大圆的方法,先将坯料弯成波浪形,如图 1-87(a)所示,然后再用第二套模具弯成圆形,弯曲完毕后,工件顺凸模轴线方向取出工件,如图 1-87(b)所示。此外,也可以用一道工序弯曲成型,图 1-88 是带摆动凹模的一次弯曲成型模,凸模下行先将坯料压成 U 形,凸模继续下行,摆动凹模将 U 形弯成圆形,弯曲成型后,工件顺凸模轴线方向推开支撑取下。这种模具生产率较高,缺点是弯曲件上部得不到校正,回弹较大。

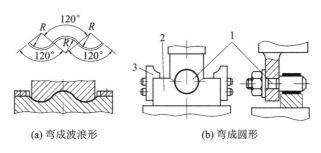

(a) 弯成波浪形　　　　　　　(b) 弯成圆形

1—凸模;2—凹模;3—定位板

图 1-87　大圆两次弯曲模

（2）直径 $d \leqslant 5$ mm 的小圆形件

对于直径 $d \leqslant 5$ mm 的小圆形件,一般先将坯料弯成 U 形,然后再弯成圆形。图 1-89 所示为用两套简单模弯圆的方法。由于工件小,分两次弯曲操作不便,可将两道工序合并。

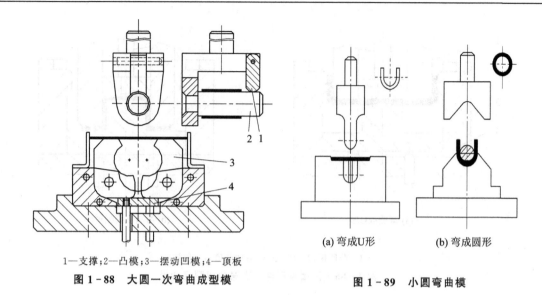

1—支撑；2—凸模；3—摆动凹模；4—顶板

图 1-88　大圆一次弯曲成型模

(a) 弯成U形　　(b) 弯成圆形

图 1-89　小圆弯曲模

任务四　弯曲模零部件的设计、选用及计算

任务实施

1. 主要零部件的设计

(1) 凹模的设计

凹模的外形尺寸、刃口尺寸及公差可查表计算结果，凹模两边的圆角半径 r_A 不宜过小，以免擦伤零件表面，影响冲模寿命，根据材料厚度取 $r_A = (3 \sim 6)t$，取 $r_A = 6$ mm，$r'_A = (0.6 \sim 0.8)(r_T + t)$，取 $r'_A = 4$ mm，表面粗糙度可查表确定，凹模材料为 T10A，热处理要求为 56~60HRC。凹模零件图如图 1-90 所示。

(2) 凸模的设计

凸模基本尺寸以制件外形尺寸为参考，并与模柄尺寸配合。圆角半径 r_T 的取值等于弯曲件内侧弯曲半径 r，即 $r_T = r$，表面粗糙度可查表确定，凸模材料为 T10A，热处理要求为 56~60HRC。凸模零件图如图 1-91 所示。

(3) 定位板的设计

定位板是利用冲裁后坯料的外形尺寸进行定位，保证弯曲精度的零件。尺寸依据坯料展开尺寸确定，定位板与坯料配合取极限偏差为 h8，厚度等于 $t + 1$ mm，即 3 mm。

(4) 下模座的设计

下模座以凹模外形尺寸为参考进行设计，采用无导向模架，且为非标准件，同时考虑模具与压力机的安装关系及闭合高度的调节功能，查手册确定其底板厚度为 35 mm。

(5) 模柄的设计

模柄根据制件尺寸，采用槽型模柄形式，结构、尺寸、材料及热处理要求可查表确定。

2. 主要工艺设计计算

(1) 弯曲件展开尺寸的计算

根据零件图可知 $r/t = 2$，经查表得中性层位移系数 $X = 0.38$，所以坯料展开长度为

$$L_z = [20 + 20 + 1.57 \times (4 + 0.38 \times 2)] \text{ mm} = 47.5 \text{ mm}$$

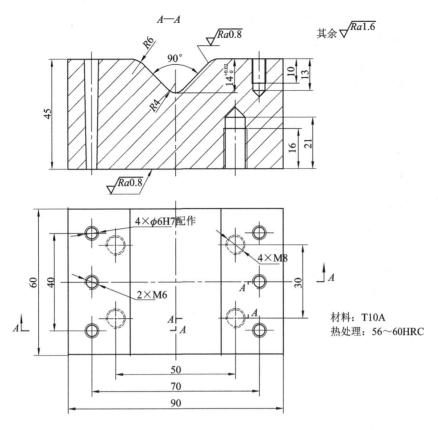

图 1-90 凹 模

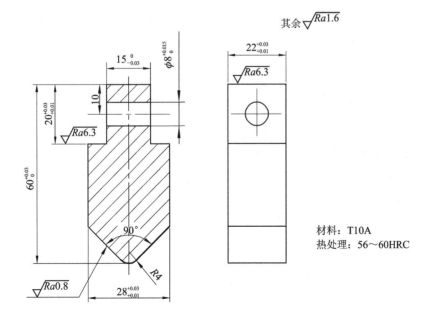

图 1-91 凸 模

由于零件宽度尺寸为 20 mm,故坯料尺寸应为 47.5 mm×20 mm。

(2) 弯曲模工作部分尺寸的计算及选用

① 凸、凹模圆角半径的选用。因 $r/t=2<10$,且不小于 r_{min}/t,故凸模圆角半径等于弯曲件的圆角半径 $r_T=4$ mm;凹模圆角半径 $r_A=6$ mm。

② 凹模深度的选用。经查表,选取凹模深度 $l_0=14$ mm,凹模底部最小厚度 h 不小于 20 mm,根据装模高度可适当修正。

③ 凸、凹模间隙的选用。V 形零件弯曲时,凸模与凹模之间的间隙是靠调整压力机的闭合高度来控制的,设计过程可不考虑。

知识链接

弯曲工艺计算

1. 弯曲件坯料展开尺寸计算

弯曲件坯料展开尺寸是指弯曲件在弯曲之前的展平尺寸。对于形状比较简单、尺寸精度要求不高的弯曲件,可直接采用下面介绍的方法计算坯料长度。

在计算弯曲件坯料的尺寸时,首先要确定中性层位置,如图 1-92 所示。

在生产中,一般用经验公式,中性层的位置以曲率半径 ρ 来表示

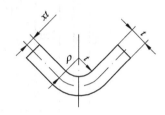

图 1-92　中性层位置的确定

$$\rho = r + xt \tag{1-37}$$

式中:x 为中性层位移系数,其值见表 1-22。

表 1-22　中性层系数 x 的值

r/t	0.1	0.2	0.3	0.4	0.5	0.6	0.7	0.8	1.0	1.2
x	0.21	0.22	0.23	0.23	0.25	0.26	0.28	0.30	0.32	0.33
r/t	1.3	1.5	2.0	2.5	3.0	4.0	5.0	6.0	7.0	≥ 8.0
x	0.34	0.36	0.38	0.39	0.40	0.42	0.44	0.46	0.48	0.50

(1) 圆角半径 $r>0.5t$ 的弯曲件展开尺寸

$r>0.5t$ 的弯曲件即称有圆角半径的弯曲件。由于弯曲部分变薄不严重及断面畸变较小,所以可按中性层展开长度等于坯料长度的原则,坯料长度等于弯曲件直线部分长度和圆弧部分长度的总和:

$$L = \sum l_{直线} + \sum l_{圆弧} \tag{1-38}$$

式中:L 为弯曲件坯料展开长度;$l_{直线}$ 为直线部分各段长度;$l_{圆弧}$ 为圆弧部分各段长度。

在图 1-93 中,弯曲件的展开尺寸为

$$L = l_1 + l_2 + \frac{\pi\alpha}{180}\rho = l_1 + l_2 + \frac{\pi\alpha}{180}(r + xt) \tag{1-39}$$

(2) 圆角半径 $r<0.5t$ 的弯曲件展开尺寸

这类弯曲件按变形前后体积不变原则确定坯料长度,如图 1-94 所示。

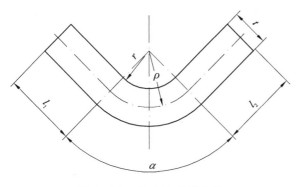

图 1 - 93　$r > 0.5t$ 的弯曲件

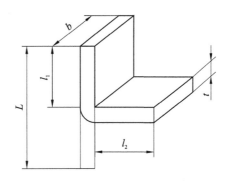

图 1 - 94　$r < 0.5t$ 的弯曲件

弯曲前的体积为

$$V = Lbt$$

弯曲后的体积为

$$V' = (l_1 + l_2)bt + \frac{\pi t^2}{4}b$$

当 $V = V'$ 时，则有

$$L = l_1 + l_2 + 0.785t$$

由于弯曲变形时，不仅在坯料的圆角变形区产生变薄，而且与其相邻的两直边部分也相应地有些变薄，因此对上述公式作如下修正：

$$L = l_1 + l_2 + x't \tag{1-40}$$

式中：x' 为系数，一般取 $x' = 0.4 \sim 0.6$。

对于形状比较复杂或精度要求高的弯曲件，在利用上述公式初步计算坯料长度后，还需反复试弯不断修正，才能最后确定坯料的形状及尺寸。

2. 弯曲模工作部分尺寸的设计

（1）凸模圆角半径

当工件的相对弯曲半径 r/t 较小时，凸模圆角半径等于工件的弯曲半径 r，但不应小于表 1 - 23 所列的最小弯曲半径值 r_{min}。若 r/t 小于最小相对弯曲半径，则可以先弯成较大的圆角半径，然后再采用整形工序进行整形。

当弯曲件的相对弯曲半径 r/t 较大时（$r/t > 10$），则凸模圆角半径应根据回弹加以修正。

（2）凹模圆角半径及凹模深度

凹模圆角半径的大小对弯曲力以及弯曲件的质量均有影响，过小的凹模圆角半径会使弯矩的弯曲力臂减小，坯料沿凹模圆角滑入时的阻力增大，弯曲力增加，并易使工件表面擦伤甚至出现压痕。而且凹模两边的圆角半径应一致，否则在弯曲时坯料会发生偏移。

在生产中，通常根据材料的厚度选取凹模圆角半径：

当 $t \leqslant 2$ mm 时，$r_A = (3 \sim 6)t$。

当 $t = 2 \sim 4$ mm 时，$r_A = (2 \sim 3)t$。

当 $t > 4$ mm 时，$r_A = 2t$。

V 形弯曲凹模的底部可开退刀槽或取圆角半径 r_A' 为

$$r_A' = (0.6 \sim 0.8)(r_T + t) \tag{1-41}$$

弯曲凹模深度要适当。若过小则弯曲件两端自由部分太长,工件回弹大,不平直;若深度过大则凹模增高,多耗模具材料并需要较大的压力机工作行程。

表 1－23　板料最小弯曲半径

材　料	退火或正火		冷作硬化	
	弯曲线位置			
	垂直于纤维	平行于纤维	垂直于纤维	平行于纤维
08、10	$0.1t$	$0.4t$	$0.4t$	$0.8t$
15、20	$0.1t$	$0.5t$	$0.5t$	$1t$
25、30	$0.2t$	$0.6t$	$0.6t$	$1.2t$
35、40	$0.3t$	$0.8t$	$0.8t$	$1.5t$
45、50	$0.5t$	$1.0t$	$1.0t$	$1.7t$
55、60	$0.7t$	$1.3t$	$1.3t$	$2t$
65Mn、T7	$1t$	$2t$	$2t$	$3t$
1Cr18Ni9Ti	$1t$	$2t$	$3t$	$4t$
软杜拉铝	$1t$	$1.5t$	$1.5t$	$2.5t$
硬杜拉铝	$2t$	$3t$	$3t$	$4t$
磷　铜	—	—	$1t$	$3t$
半硬黄铜	$0.1t$	$0.35t$	$0.5t$	$1.2t$
软黄铜	$0.1t$	$0.35t$	$0.35t$	$0.8t$
紫　铜	$0.1t$	$0.35t$	$1t$	$2t$
铝	$0.1t$	$0.35t$	$0.5t$	$1t$

弯曲 V 形件时,凹模深度及底部最小厚度如图 1－95(a)所示,可查表 1－24。

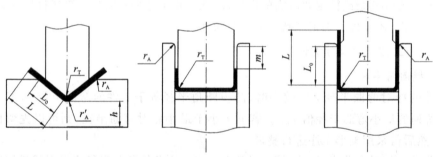

(a) 弯曲V形件模具结构尺寸　　(b) 弯曲低U形件模具结构尺寸　　(c) 弯曲高U形件模具结构尺寸

图 1－95　弯曲模的结构尺寸

表 1－24　弯曲 V 形件的凹模深度 L_0 及底部最小厚度值　　mm

弯曲件边长 L	材料厚度 t					
	≤2		2～4		>4	
	h	L_0	h	L_0	h	L_0
>10～25	20	10～15	22	15	—	—
>25～50	22	15～20	27	25	32	30
>50～75	27	20～25	32	30	37	35
>75～100	32	25～30	37	35	42	40
>100～150	37	30～35	42	40	47	50

弯曲 U 形件时，若弯边高度不大，或要求两边平直，则凹模深度应大于零件高度，如图 1-95(b)所示，图中 m 值见表 1-25。而对平直度要求不高时，可采用图 1-95(c)所示凹模形式。凹模深度 L_0 值见表 1-26。

表 1-25　弯曲 U 形件凹模的 m 值

mm

材料厚度 t	≤1	1～2	2～3	3～4	4～5	5～6	6～7	7～8	8～10
m	3	4	5	6	8	10	15	20	25

表 1-26　弯曲 U 形件的凹模深度 L_0

mm

弯曲件边长 L	材料厚度 t				
	<1	>1～2	>2～4	>4～6	>6～10
≥50	15	20	25	30	35
>50～75	20	25	30	35	40
>75～100	25	30	35	40	45
>100～150	30	35	40	45	50
>150～200	40	45	55	65	65

（3）凸、凹模间隙

V 形弯曲模的凸、凹模间隙是靠调整压机的闭合高度来控制的，设计时可以不考虑。

对于 U 形件的弯曲，则必须选择适当的间隙，间隙的大小对零件的质量和弯曲力都有很大的影响。间隙越小，则弯曲力越大；间隙过小，会使零件边部壁厚减薄，降低模具寿命。间隙过大，则回弹大，降低工件的精度。U 形件弯曲模的凸、凹模单边间隙一般可按下式计算：

$$Z/2 = t_{max} + Ct = t + \Delta + Ct \tag{1-42}$$

式中：$Z/2$ 为弯曲模凸、凹模单边间隙；t 为工件材料厚度；Δ 为材料厚度正偏差；C 为间隙系数，可查表 1-27。

当工件精度要求较高时，其间隙值应适当缩小，取 $Z/2 = t$。

表 1-27　U 形件弯曲模凸、凹模的间隙系数 C 值

弯曲件高度 H/mm	弯曲件宽度 $b \leqslant 2H$				弯曲件宽度 $b > 2H$				
	材料厚度 t/mm								
	<0.5	0.6～2	2.1～4	4.1～5	<0.5	0.6～2	2.1～4	4.1～7.5	7.6～12
10	0.05	0.05	0.04	—	0.10	0.10	0.08	—	—
20	0.05	0.05	0.04	0.03	0.10	0.10	0.08	0.06	0.06
35	0.07	0.05	0.04	0.03	0.15	0.10	0.08	0.06	0.06
50	0.10	0.07	0.05	0.04	0.20	0.15	0.10	0.06	0.06
70	0.10	0.07	0.05	0.05	0.20	0.15	0.10	0.10	0.08
100	—	0.07	0.05	0.05	—	0.15	0.10	0.10	0.08
150	—	0.10	0.07	0.05	—	0.20	0.15	0.10	0.10
200	—	0.10	0.07	0.07	—	0.20	0.15	0.15	0.10

（4）凸模和凹模的宽度尺寸计算

弯曲模凸、凹模宽度尺寸的计算与工件尺寸的标注有关。

① 工件标注外形尺寸时，应以凹模为基准件，间隙取在凸模上。

工件为双向偏差（图1-96(a)），凹模尺寸为

$$L_A = (L_{max} - 0.5\Delta)^{+\delta_A}_0 \tag{1-43}$$

工件为单向偏差（图1-96(b)），凹模尺寸为

$$L_A = (L_{max} - 0.75\Delta)^{+\delta_A}_0 \tag{1-44}$$

凸模尺寸为

$$L_T = (L_A - Z)^0_{-\delta_T} \tag{1-45}$$

② 工件标注内形尺寸时，应以凸模为基准件，间隙取在凹模上。

工件为双向偏差（图1-96(c)），凸模尺寸为

$$L_T = (L_{min} + 0.5\Delta)^0_{-\delta_T} \tag{1-46}$$

工件为单向偏差（图1-96(d)），凸模尺寸为

$$L_T = (L_{min} + 0.75\Delta)^0_{-\delta_T} \tag{1-47}$$

凹模尺寸为

$$L_A = (L_T + Z)^{+\delta_A}_0 \tag{1-48}$$

式中：L_T、L_A 为凸、凹模的宽度尺寸；L_{max} 为弯曲件宽度的最大尺寸；L_{min} 为弯曲件宽度的最小尺寸；Δ 为弯曲件宽度的尺寸公差；δ_T、δ_A 为凸、凹模的制造公差，可采用IT7～IT9级精度，一般取凸模的精度比凹模精度高一级。

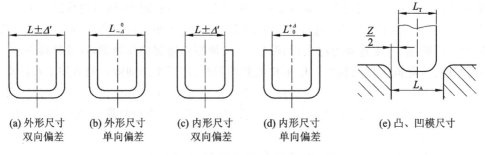

(a) 外形尺寸　　(b) 外形尺寸　　(c) 内形尺寸　　(d) 内形尺寸　　(e) 凸、凹模尺寸
　双向偏差　　　单向偏差　　　双向偏差　　　单向偏差

图1-96 弯曲件的标注及模具尺寸

任务五　压力设备的选取

任务实施

1. 弯曲力的计算

弯曲力是设计弯曲模和选择压力机的重要依据。为保证弯曲角度要求，故采用校正弯曲方式。经查表，取20钢单位面积校正压力 $P = 100$ MPa。则校正弯曲力为

$$F_{校} = PA = 838.32 \text{ mm}^2 \times 100 \text{ MPa} = 83\ 832 \text{ N}$$

生产中为了安全，取 $F = 1.1F_{校} = 92\ 215.2$ N $= 92.2$ kN。

2. 压力机的选取

所选压力机的公称压力应大于总冲压力，查表选择型号为J23-10B的开式压力机，压力机参数如下所示：

公称压力为100 kN；

滑块行程为60 mm；

压力机工作台面尺寸为 240 mm×360 mm(前后×左右);

压力机工作台漏料孔尺寸为 100 mm×180 mm(前后×左右),台孔直径为 130 mm;

滑块模柄孔尺寸为 $\phi30×55$ mm;

压力机最大闭合高度为 35 mm。

知识链接

弯曲力的计算

弯曲力是指工件完成预定弯曲时需要压力机所施加的压力,是选择压力机和设计模具的重要依据之一。

1. 自由弯曲时的弯曲力

V 形件弯曲力的计算公式为

$$F_{自} = \frac{0.6KBt^2\sigma_b}{r+t} \tag{1-49}$$

U 形件弯曲力的计算公式为

$$F_{自} = \frac{0.7KBt^2\sigma_b}{r+t} \tag{1-50}$$

式中:$F_{自}$ 为自由弯曲在冲压行程结束时的弯曲力,N;B 为弯曲件的宽度,mm;t 为弯曲材料的厚度,mm;r 为弯曲件的内弯曲半径,mm;σ_b 为材料的强度极限,MPa;K 为安全系数,一般取 $K=1.3$。

2. 校正弯曲时的弯曲力

校正弯曲时的弯曲力计算公式为

$$F_{校} = Ap \tag{1-51}$$

式中:$F_{校}$ 为校正弯曲力,N;A 为校正部分投影面积,mm^2;p 为单位面积上的校正力,MPa,其值见表 1-28。

表 1-28 单位面积上的校正力 p MPa

材　料	材料厚度 t/mm		材　料	材料厚度 t/mm	
	≤3	>3~10		≤3	>3~10
铝	30~40	50~60	25~35 钢	100~200	120~150
黄铜	60~80	80~100	钛合金(BT$_1$)	160~180	180~210
10~20 钢	80~100	100~120	(BT$_3$)	160~200	200~260

3. 顶件力或压料力

若弯曲模设有顶件装置或压料装置,其顶件力(或压料力 F_D)可近似取自由弯曲力的 30%~80%,即

$$F_D = (0.3 \sim 0.8)F_{自} \tag{1-52}$$

4. 压力机公称压力的确定

自由弯曲时压力机的压力必须大于自由弯曲力;校正弯曲时压力机的压力必须大于自由弯曲力和校正弯曲力之和。但有时校正弯曲力比自由弯曲力大得多,故自由弯曲力可忽略不计。

项目三 拉深模设计

● 项目描述

拉深如图 1-97 所示的流量计壳体。拉深件为有凸缘圆筒形件,材料为 08 钢,厚度 $t=1$ mm,有内形尺寸要求,无起皱,无裂纹,表面平整,毛刺小于 0.1 mm,没有厚度变化的要求,未注公差 IT14。已知年产量 30 万件,手工送料,试确定拉深工艺方案并设计拉深模。

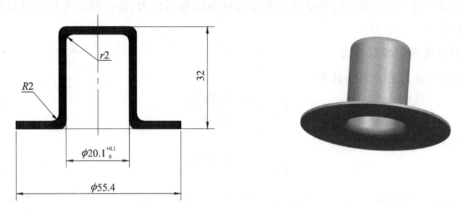

图 1-97 流量计壳体

任务一 拉深件的工艺性分析

任务实施

拉深件为有凸缘圆筒形件,有内形尺寸要求,料厚 $t=1$ mm,没有厚度变化的要求;零件的形状简单、对称,底部圆角半径 $r=2$ mm$>t$,凸缘处的圆角半径 $R=2$ mm$=2t$,满足拉深工艺对形状和圆角半径的要求,因此,零件具有良好的结构工艺性。尺寸 $\phi20.1_{0}^{+0.1}$ 为 IT14 级,其余尺寸为自由公差,满足拉深工艺对精度等级的要求,零件所用 08 钢的拉深性能较好,属于深拉深级别钢,易于拉深成型。综上所述,该零件的拉深工艺性较好,可用拉深工序加工。

知识链接

拉深又称拉延、压延或引伸,它是利用拉深模具在压力机的压力作用下,将预先剪裁或冲裁成一定形状的平板毛坯,拉制成空心件的加工方法。将板料拉制成各种空心件的模具称为拉深模。

拉深成型是冲压生产中应用最广泛的工序之一。以拉深成型为主体的冲压件非常多。采用拉深工艺可以制成圆筒形、圆锥形、矩形及多种形状的空心零件。拉深可分为不变薄拉深和变薄拉深。不变薄拉深成型后的零件,其各部分的厚度与拉深前毛坯厚度相比,基本不变;而变薄拉深成形后的零件,其壁厚与原毛坯厚度相比则有明显的变形。这里主要介绍实际生产中应用较多的不变薄拉深成型方法。

拉深件的工艺性

1. 拉深件的结构、形状

① 拉深件的设计应适应拉深工艺,力求简单、对称,以便于拉深成型。高度小于直径的圆

筒形件容易成型,其次是阶梯形件、矩形件、锥形件、半球形件,而复杂形状制件的拉深则较为困难。对于不对称的空心件,为避免受力不对称而使成型困难,设计时应尽可能把几个制件合并成对称形状一起拉深成型,然后剖开。

② 需多次拉深的工件,在保证必要的表面质量前提下,应允许内、外表面存在拉深过程中可能产生的痕迹。

③ 在保证装配要求的前提下,应允许拉深件侧壁有一定的斜度。

④ 如图 1-98 所示,拉深件的底或凸缘上的孔边到侧壁的距离应满足 $a \geqslant R+0.5t$ 或 $(r_T+0.5t)$。

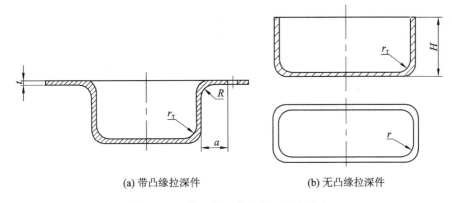

(a) 带凸缘拉深件　　　　　　　　(b) 无凸缘拉深件

图 1-98　拉深件的孔边距及相关尺寸

⑤ 如图 1-98 所示,拉深件的底与壁、凸缘与壁、矩形件四角的圆角半径应满足:$r_T \geqslant t$,$R \geqslant 2t$,$r \geqslant t$。

⑥ 拉深件的高度 h 对拉深成型的次数和成型质量均有重要的影响,常见工件一次拉深成型的拉深高度为

无凸缘筒形件 $H \leqslant (0.5 \sim 0.7)d$($d$ 为拉深件壁厚中径);

有凸缘筒形件 $d_1/d \leqslant 1.5$ 时,$H \leqslant (0.4 \sim 0.6)d$($d_1$ 为拉深件凸缘直径)。

⑦ 拉深件不能同时标注内外形尺寸;带台阶的拉深件,其高度方向的尺寸标注一般应以底部为基准。

2. 拉深件的尺寸精度

拉深件的尺寸精度应在 IT13 级以下,不宜高于 IT11 级,如高于 IT11,则需增加校形工序。

任务二　拉深工艺方案的确定

任务实施

根据拉深件的结构和尺寸要求,其生产过程包括落料、拉深(需要计算确定拉深次数)、切边等工序,这里只讨论拉深工序。

为了确定工件的成型工艺方案,先应计算拉深次数及有关工序尺寸。板料厚度 $t = 1$ mm,故按中线尺寸计算。

1. 计算坯料直径 D

如图 1-97 所示,$d_t = 55.4$ mm,$d = (20.1+1)$ mm $= 21.1$ mm。工件相对直径 $d_t/d =$

$55.4/21.1 = 2.63$。查表 1-31 得修边余量 $\Delta R = 2.2$ mm，故实际凸缘直径为

$$d_t = (55.4 + 2 \times 2.2)\ \text{mm} = 59.8\ \text{mm}$$

根据有凸缘圆筒形件的坯料直径计算式(1-54)，又 $R = r = (2 + 0.5)\ \text{mm} = 2.5\ \text{mm}, h = (32 - 1)\ \text{mm} = 31\ \text{mm}$，故

$$D = \sqrt{d_t^2 + 4dh - 3.44rd} = \sqrt{59.8^2 + 4 \times 21.1 \times 31 - 3.44 \times 2.5 \times 21.1}\ \text{mm} \approx 78\ \text{mm}$$

2. 判断可否一次拉深成型

工件总拉深系数为 $m_{总} = d/D = 21.1/78 = 0.27$；

工件总的相对高度为 $h/d = 31/21.1 = 1.47$。

由 $d_t/d = 59.8/21.1 = 2.8, t/D \times 100 = (1/78) \times 100 = 1.28$，查表 1-36 得，有凸缘圆筒形件第一次拉深的极限拉深系数 $m_1 = 0.35$，由表 1-35 查得有凸缘圆筒形件第一次拉深的最大相对高度 $h_1/d_1 = 0.20, m_{总} < m_1, h/d < h_1/d_1$，因此工件不能一次拉深成型。

3. 确定首次拉深工序件尺寸

初定首次 $d_t/d = 1.3$，查表 1-36 得首次拉深的极限拉深系数为 0.51，取 $m_1 = 0.52$，则

$$d_1 = m_1 D = 0.52 \times 78\ \text{mm} = 40.5\ \text{mm}$$

查表 1-39，取 $r_1 = R_1 = 5.5$ mm。

为了使以后各次拉深时凸缘不再变形，取首次拉入凹模的材料面积比最后一次拉入凹模的材料面积(即工件中除去凸缘平面以外的表面积)增加 5%，故坯料直径修正为

$$D = \sqrt{3\ 200 \times 1.05 + 2\ 895}\ \text{mm} \approx 79\ \text{mm}$$

首次拉深高度为

$$h_1 = \frac{0.25}{d_1}(D^2 - d_1^2) + 0.43(r_1 + R_1) + \frac{0.14}{d_1}(r_1^2 - R_1^2) =$$

$$\left[\frac{0.25}{40.5} \times (79^2 - 59.8^2) + 0.43 \times (5.5 + 5.5)\right]\ \text{mm} = 21.2\ \text{mm}$$

验算所取 m_1 是否合理：根据 $t/D = 1.28\%, d_t/d = 59.8/40.5 = 1.48$，查表 1-35 可知首次拉深的极限相对高度为 0.58。因 $h_1/d_1 = 21.2/40.5 = 0.52 < 0.58$，故所取 m_1 是合理的。

4. 计算以后各次拉深的工序件尺寸

查表 1-37 得：

$m_2 = 0.75, m_3 = 0.78, m_4 = 0.80$ 则

$$d_2 = 0.75 \times 40.5\ \text{mm} = 30.4\ \text{mm}$$
$$d_3 = 0.78 \times 30.4\ \text{mm} = 23.7\ \text{mm}$$
$$d_4 = 0.80 \times 23.7\ \text{mm} = 19.0\ \text{mm}$$

因 $d_4 = 19$ mm < 21.1 mm(工件直径)，不需再推算下去，故共需 4 次拉深。

调整以后各次拉深系数，使其均大于表 1-37 查得的相应极限拉深系数，调整后，实际取 $m_2 = 0.77, m_3 = 0.80, m_4 = 0.84$。

故以后各次拉深工序件的直径为

$$d_2 = 0.77 \times 40.5\ \text{mm} = 31.2\ \text{mm}$$
$$d_3 = 0.80 \times 31.2\ \text{mm} = 25.0\ \text{mm}$$
$$d_4 = 0.844 \times 25\ \text{mm} = 21.1\ \text{mm}$$

以后各次拉深工序件的圆角半径取:
$$r_2 = R_2 = 4.5 \text{ mm}, \quad r_3 = R_3 = 3.5 \text{ mm}, \quad r_4 = R_4 = 2.5 \text{ mm}$$
以后各次拉深工序件的高度为 $h_2 = 24.8 \text{ mm}, h_3 = 28.7 \text{ mm}$。

最后一次拉深后达到工件的高度为 $h_4 = 32 \text{ mm}$。

至此,拉深工序结束。

图 1-99 为有凸缘圆筒形件的各次拉深工序尺寸。

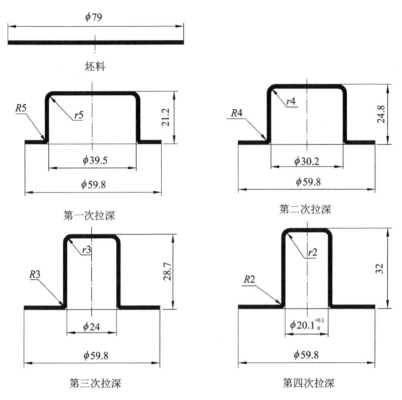

图 1-99　有凸缘圆筒形件的各次拉深工序尺寸

根据上述计算结果,此工件需要落料(制成 $\phi79$ 的坯料)、4 次拉深和切边(达到工件要求的凸缘直径 $\phi55.4$)共 6 道冲压工序。考虑该工件的首次拉深高度较小,且坯料直径($\phi79$)与首次拉深后的圆筒体直径($\phi39.5$)的差值较大,为了提高生产率,可将坯料的落料与首次拉深复合。因此,该工件的冲压工艺方案为:落料与首次拉深复合模→第二次拉深模→第三次拉深模→第四次拉深模→切边模。

知识链接

一、拉深工艺

1. 拉深过程分析

拉深时压边圈先把平板毛坯压紧,凸模下行,强迫位于压边圈下的材料(凸缘部分)产生塑性变形而流入凸凹模间隙形成圆筒侧壁。

为了说明在拉深过程中坯料的变形情况,在平板坯料上,沿直径方向画出一个局部的扇形区域。当凸模下压时,将坯料拉入凹模,扇形变为以下 3 部分:筒底部分、筒壁部分、凸缘部分。凸模继续下压,筒底部分不再变形,而凸缘部分逐步缩小,其材料转变为筒壁,使筒壁部分逐步增高直至凸缘部分全部转变为筒壁。由此可见平板圆形坯料在拉深过程中,变形主要是集中在凹模面上的凸缘部分,即拉深过程的实质就是凸缘部分逐步缩小转变为筒壁的过程。坯料的凸缘部分是变形区,底部和已形成的筒壁为传力区,如图 1-100 所示。

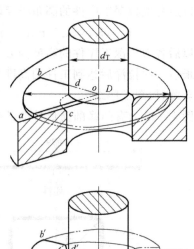

2. 拉深过程的起皱与拉裂

起皱和拉裂是拉深过程中需要解决的主要工艺问题。

（1）起　皱

拉深过程中,凸缘变形区的每个小扇形块受到切向压应力的作用。当切向压应力过大,扇形块又较薄,切向压应力超过该扇形块的临界压力时,扇形块就会失稳弯曲而拱起,当沿着圆周的每个小扇形块都拱起时,就会在凸缘变形区沿着切向形成高低不平的皱褶,这种现象称为起皱。

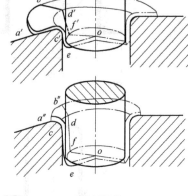

如果凸缘区起皱严重,则坯料不可能通过凸、凹模之间的间隙而进入凹模,导致坯料开裂;如果凸缘区起皱轻微,则坯料勉强通过凸、凹模之间的间隙,但在拉深件的侧壁会留下起皱的痕迹,严重影响拉深件的表面质量,同时也会使材料与模具之间的磨损加剧,降低模具的寿命。图 1-101 表示起皱后的拉深件。

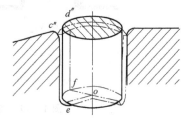

防止起皱可以通过加压边圈来限制毛坯拱起,也可以通过减小拉深变形程度或加大毛坯厚度来降低起皱的可能。

（2）拉　裂

坯料内各部分的受力关系如图 1-102 所示。受的拉应力除了与径向拉应力有关之外,还与由于压边力 F_Y 引起的摩擦阻力、坯料在凹模圆角表面滑动所产生的摩擦阻力和弯曲变形所形成的阻力有关。在拉深过程中筒壁内最大的拉应力瞬间及之前是可能发生拉裂的危险阶段。

拉深工艺能否顺利进行的另一个关键问题是筒壁传力区的拉裂,这主要取决于两方

图 1-100　拉深变形过程

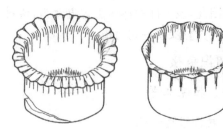

图 1-101　拉深件的起皱现象

面:一方面是筒壁传力区中的拉应力 δ_L;另一方面是筒壁传力区抗拉强度。当筒壁拉应力 δ_L 超过筒壁材料的抗拉强度时,拉深件壁部就产生破裂。

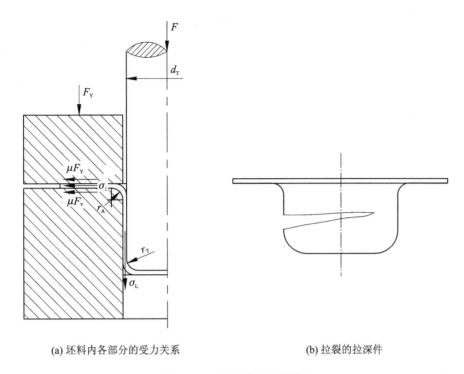

(a) 坯料内各部分的受力关系　　　　　　(b) 拉裂的拉深件

图 1－102　拉深件的拉裂现象

为保证拉深工艺顺利进行的必要条件得到满足,必须正确确定拉深系数;合理设计拉深模工作零件,认真分析或改善原材料的拉深成型工艺性;注意拉深过程的润滑等。

二、拉深工艺计算

1. 拉深件毛坯尺寸的确定

拉深件毛坯形状和尺寸确定正确与否,不仅影响材料的合理使用,而且影响拉深件的变形过程。在计算毛坯的形状和尺寸的时候可以依据相似原理和体积不变原理,分别采用等重量法、等体积法、等表面积法、分析图解法和作图法来求解坯料尺寸,实际工作当中常采用等表面积法来确定坯料尺寸。

由于材料性能、模具几何参数、润滑条件、拉深系数以及工件集合形状等多种因素的影响,用理论计算方法确定坯料尺寸不是绝对准确的,而是近似的,尤其是变形复杂的深件,有时拉深的实际结果与计算值有较大出入,应根据具体情况予以修正。对于形状复杂的拉深件,通常是先做好拉深模,以理论分析方法初步确定的坯料进行试模,反复修正,直至得到的冲件符合要求时,再将符合要求的坯料形状和尺寸作为制造落料模的依据。对于大型覆盖件,先经过理论分析后,采用近似的坯料形状,拉深后进行修边。

(1) 修边余量的确定

由于金属板料具有板平面方向性和模具几何形状等因素的影响,会造成拉深件口部不整齐,尤其是深拉深件。通常采取加大工序件高度或凸缘宽度的办法,拉深后再经过切边保证工件质量。切边余量可参考表 1－29 和表 1－30。

表 1 - 29　无凸缘拉深件的修边余量 Δh

mm

拉深高度 h	拉深相对高度 h/d			
	>0.5~0.8	>0.8~1.6	>1.6~2.5	>2.5~4
≤10	1.0	1.2	1.5	2
>10~20	1.2	1.6	2	2.5
>20~50	2	2.5	3.3	4
>50~100	3	3.8	5	6
>100~150	4	5	6.5	8
>150~200	5	6.3	8	10
>200~250	6	7.5	9	11
>250	7	8.5	10	12

注:1　对正方形或矩形可用 h/b 代替相对高度,b 为矩形件的短边高度;

2　对多次拉深件应有中间修边工序;

3　对材料厚度小于 0.5 mm 的薄壁多次拉深件应按表值放大 30%。

表 1 - 30　有凸缘圆筒形拉深件的修边余量 ΔR

mm

凸缘直径 d_t	工件的相对直径 d_t/d			
	≤1.5	>1.5~2.0	>2~2.5	>2.5~3
≤25	1.8	1.6	1.4	1.2
>25~50	2.5	2.0	1.8	1.6
>50~100	3.5	3.0	2.5	2.2
>100~150	4.3	3.6	3.0	2.5
>150~200	5.0	4.2	3.5	2.7
>200~250	5.5	4.6	3.8	2.8
>250	6	5	4	3

(2) 简单形状拉深件毛坯尺寸的计算

由于拉深后工件的平均厚度与毛坯厚度相比较变化不大,可以近似的认为毛坯在拉深过程中厚度不变,因此可以根据工件表面积等于毛坯表面积这一原则来计算毛坯尺寸。

以图 1 - 103 中无凸缘圆筒形拉深件为例计算毛坯尺寸。将拉深件分解成圆筒直壁部分(面积为 A_1)、圆弧旋转而成的球台部分(面积为 A_2)以及底部圆形平板(面积为 A_3)3 部分,并设毛坯直径为 D、面积为 A,则

$$A = \frac{\pi}{4}D^2 = A_1 + A_2 + A_3$$

$$D = \sqrt{\frac{4}{\pi}A}$$

式中:

$$A_1 = \pi d(H - r)$$

$$A_2 = \frac{\pi}{4}\left[2\pi r(d - 2r) + 8r^2\right]$$

$$A_3 = \frac{\pi}{4}(d - 2r^2)$$

将 A_1、A_2、A_3 代入上式,可得

$$D = \sqrt{d^2 + 4dH - 1.72dr - 0.56r^2} \qquad (1-53)$$

按照类似方法,同样可以计算出图 $1-104$ 所示的有凸缘圆筒形拉深件的毛坯直径 D 为

$$D = \sqrt{(d_t + 2\Delta R)^2 + 4dh - 1.72(R+r)d - 0.56(R^2 - r^2)}$$

若 $R = r$,则可得

$$D = \sqrt{(d_t + 2\Delta R)^2 + 4dh - 3.44rd} \qquad (1-54)$$

说明:对于上述公式,当板料厚度 $t < 1$ mm 时,可以以外径和外高或内部尺寸代入进行计算,得到的毛坯尺寸误差不大;当板料厚度 $t \geqslant 1$ mm 时,则各个尺寸以拉深件厚度的中线尺寸代入进行计算。

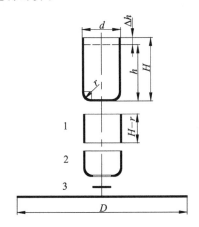

图 $1-103$　无凸缘圆筒形拉深件及毛坯图　　　图 $1-104$　有凸缘圆筒形件及毛坯图

2. 简单形状拉深件拉深工序的计算

(1) 无凸缘圆筒形件拉深工序的计算

1) 拉深系数

拉深系数是指拉深后工件与拉深前工件(或毛坯)直径之比。图 $1-105$ 为圆筒形件的多次拉深示意图。

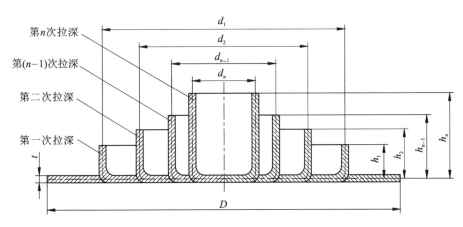

图 $1-105$　无凸缘圆筒形件的多次拉深

其各次拉深系数为

$$m_1 = \frac{d_1}{D}, m_2 = \frac{d_2}{d_1}, \cdots, m_n = \frac{d_n}{d_{n-1}}$$

式中：D 为坯料直径；m_1, m_2, m_n 为第 $1, 2, n$ 次拉深系数；$d_1, d_2, \cdots, d_{n-1}, d_n$ 为第 $1, 2, \cdots$，$n-1, n$ 次拉深后的直径（中径）。

工件直径 d_n 与毛坯直径之比称为总拉深系数：

$$m_总 = \frac{d_n}{D} = \frac{d_1}{D} \times \frac{d_2}{d_1} \times \cdots \times \frac{d_n}{d_{n-1}} = m_1 \times m_2 \times \cdots \times m_n \qquad (1-55)$$

即总拉深系数为各次拉深系数的乘积。

拉深系数是衡量拉深变形程度的指标，拉深系数愈小，说明拉深变形程度愈大；相反，变形程度愈小。

极限拉深系数即使拉深件不破裂的最小拉深系数。因此，为了保证拉深工艺的顺利进行，就必须使拉深系数大于极限拉深系数，小于这个数值，就会使拉深件起皱、破裂或严重变薄而超差。生产上采用的极限拉深系数是考虑了各种具体条件后用实验方法求出的。通常 $m_1 = 0.46 \sim 0.60$，以后各次的拉深系数在 $0.70 \sim 0.86$ 之间。无凸缘圆筒形件有压边圈和无压边圈的拉深系数分别可查表 1-31 和表 1-32。

表 1-31　　圆筒形件的拉深系数（带压边圈）

拉深系数	坯料相对厚度　$(t/D) \times 100$					
	2.0～1.5	1.5～1.0	1.0～0.6	0.6～0.3	0.3～0.15	0.15～0.08
m_1	0.48～0.50	0.50～0.53	0.53～0.55	0.55～0.58	0.58～0.60	0.60～0.63
m_2	0.73～0.75	0.75～0.76	0.76～0.78	0.78～0.79	0.79～0.80	0.80～0.82
m_3	0.76～0.78	0.78～0.79	0.79～0.80	0.80～0.81	0.81～0.82	0.82～0.84
m_4	0.78～0.80	0.80～0.81	0.81～0.82	0.82～0.83	0.83～0.85	0.85～0.86
m_5	0.80～0.82	0.82～0.84	0.84～0.85	0.85～0.86	0.86～0.87	0.87～0.88

注：1　表中拉深系数适用于 08 钢、10 钢和 15Mn 钢等普通拉深碳钢及黄铜 H62。对拉深性能较差的材料，如 20 钢、25 钢、Q235 钢、硬铝等比表中数值大 1.5%～2.0%；而对塑性较好的材料，如 05 钢、08 钢、10 钢及软铝等应比表中数值小 1.5%～2.0%。

2　若采用中间退火工序时，则取值应比表中数值小 2%～3%。

3　表中较小值适用于大的凹模圆角半径 $r_A = (8 \sim 15)t$，较大值适用于小的凹模圆角半径 $r_A = (4 \sim 8)t$。

表 1-32　圆筒形件的拉深系数（不带压边圈）

拉深系数	坯料的相对厚度$(t/D) \times 100$				
	1.5	2.0	2.5	3.0	>3
m_1	0.65	0.60	0.55	0.53	0.50
m_2	0.80	0.75	0.75	0.75	0.70
m_3	0.84	0.80	0.80	0.80	0.75
m_4	0.87	0.84	0.84	0.84	0.78
m_5	0.90	0.87	0.87	0.87	0.82
m_6	—	0.90	0.90	0.90	0.85

注：此表适用于 08 钢、10 钢及 15Mn 钢等材料，其余各项同表 1-31 之注。

2) 拉深次数

判断工件能否一次拉出,仅需比较所需的总拉深系数 $m_\text{总}$ 和第一次允许的极限系数 m_1 的大小即可。若 $m_\text{总} > m_1$,说明拉深该工件的实际变形程度比第一次允许的极限变形程度要小,所以工件可以一次拉成。若 $m_\text{总} < m_1$,则需要多次拉深才能成形零件。如果工件不能一次拉出,则有必要计算拉深次数,拉深次数通常用以下两种方法确定:

① 根据工件的相对高度 即高度 h 与直径 d 的比值,从表 1-33 中查得。

② 推算方法 根据已知条件,由表 1-31 或表 1-32 中查得各次的极限拉深系数,然后依次计算出各次的拉深直径,即 $d_1 = m_1 D$,$d_2 = m_2 d_2$,$\cdots$,$d_n = m_n d_{n-1}$,直到 $d_n \leqslant d$,即当计算所得直径 d_n 小于或等于工件直径 d 时,计算的次数即为拉深次数。

表 1-33 筒形件相对高度 h/d 与拉深次数的关系(无凸缘圆筒形件)

拉深次数	坯料的相对厚度 $(t/D) \times 100$					
	2~1.5	1.5~1.0	1.0~0.6	0.6~0.3	0.3~0.15	0.15~0.08
1	0.9~0.77	0.8~0.65	0.7~0.57	0.62~0.5	0.5~0.45	0.4~0.38
2	1.8~1.54	1.6~1.32	1.36~1.1	1.1~0.94	0.9~0.83	0.9~0.70
3	3.5~2.7	2.8~2.2	2.3~1.8	1.9~1.5	1.6~1.3	1.3~1.1
4	5.6~4.3	4.3~3.5	3.6~2.9	2.9~2.4	2.4~2.0	2.0~1.5
5	8.9~6.6	6.6~5.1	5.2~4.1	4.1~3.3	3.3~2.7	2.7~2.0

注:1 大的 h/d 值适用于第一道工序的大凹模圆角 $r_A \approx (8 \sim 15)t$;

    2 小的 h/d 值适用于第一道工序的小凹模圆角 $r_A \approx (4 \sim 8)t$;

    3 表中数据适用材料为 08F 钢、10G 钢。

3) 各次拉深工序件尺寸的确定

① 工序件直径 d_n 的确定

拉深次数确定之后,由表查得各次拉深的极限拉深系数,并加以调整,使实际采用的拉深系数大于推算拉深系数时,所用的极限拉深系数调整的原则是:

保证 $m_1 m_2 \cdots m_n = \dfrac{d}{D}$,式中:$d$ 为工件直径;D 为坯料直径。

使 $m_1 < m_2 < \cdots < m_n$。

最后按调整后的拉深系数计算各次工序件的直径:

$$d_1 = m_1 D$$
$$d_2 = m_2 d_1$$
$$\cdots$$
$$d_n = m_n d_{n-1} \tag{1-56}$$

② 工序件高度 h_n 的计算

根据无凸缘圆筒形件坯料尺寸的计算,推导出各次工序件高度的计算公式为

$$h_1 = 0.25\left(\frac{D^2}{d_1} - d_1\right) + 0.43\frac{r_1}{d_1}(d_1 + 0.32 r_1)$$

$$h_2 = 0.25\left(\frac{D^2}{d_2} - d_2\right) + 0.43\frac{r_2}{d_2}(d_2 + 0.32 r_2)$$

$$\cdots$$

$$h_n = 0.25\left(\frac{D^2}{d_n} - d_n\right) + 0.43\frac{r_n}{d_n}(d_n + 0.32r_n) \tag{1-57}$$

式中: $d_1, d_2, \cdots, d_n$ 为各次工序件的直径(中线值); $h_1, h_2, \cdots, h_n$ 为各次工序件的高度(中线值); $r_1, r_2, \cdots, r_n$ 为各次工序件的底部圆角半径(中线值); D 为坯料的直径。

(2) 有凸缘圆筒形件拉深工序的计算

凸缘件有小凸缘和宽凸缘之分, $d_t/d = 1.1 \sim 1.4$ 的凸缘圆件称为小凸缘件, $d_t/d > 1.4$ 的凸缘件称为宽凸缘件。

有凸缘圆筒形件工件的拉深过程,其拉深变形原理与无凸缘圆筒形件是相同的,有凸缘圆筒形件拉深时,可将其看成是无凸缘圆筒形件在拉深未结束时的半成品。坯料凸缘部分不是全部进入凹模口部,只是拉深到凸缘外径等于工件凸缘直径(包括切边余量)时,拉深工作就停止,故其拉深方法及计算方法与无凸缘圆筒形件还是有一定差别,主要差别在于首次拉深。

1) 拉深系数和拉深次数

有凸缘圆筒形件的拉深系数为

$$m_t = \frac{d}{D}$$

式中: d 为工件筒形部分的直径; m_t 为有凸缘圆筒形件的拉深系数; D 为坯料直径。

如图 1-104 所示,当 $r = R$ 时,

$$D = \sqrt{d_t^2 + 4dh - 3.44dR}$$

所以

$$m_t = \frac{d}{D} = \frac{1}{\sqrt{\left(\dfrac{d_t}{d}\right)^2 + 4\dfrac{h}{d} - 3.44\dfrac{R}{d}}} \tag{1-58}$$

由此可知,有凸缘圆筒形件的拉深系数取决于下列有关尺寸的 3 组相对比值: d_t/d (凸缘的相对直径)、h/d (工件的相对高度)、R/d (相对圆角半径),其中以 d_t/d 影响最大,h/d 次之,R/d 影响最小。d_t/d 和 h/d 越大,表示拉深时毛坯变形区的宽度大,拉深成型的难度也大。当 d_t/d 和 h/d 超过一定值时,便不能一次拉深。表 1-34 是首次拉深可能达到的极限相对高度,表 1-35 表示的是有凸缘圆筒形件首次拉深的极限拉深系数。

表 1-34　有凸缘圆筒形件首次拉深的极限相对高度 h_1/d_1

凸缘的相对直径 $\dfrac{d_t}{d}$	坯料的相对厚度 $(t/D) \times 100$				
	2~1.5	1.5~1.0	1.0~0.6	0.6~0.3	0.3~0.10
1.1 以下	0.90~0.75	0.82~0.65	0.70~0.57	0.62~0.50	0.52~0.45
1.3	0.80~0.65	0.72~0.56	0.60~0.50	0.53~0.45	0.47~0.40
1.5	0.70~0.58	0.63~0.50	0.53~0.45	0.48~0.40	0.42~0.35
1.8	0.58~0.48	0.53~0.42	0.44~0.37	0.39~0.34	0.35~0.29
2.0	0.51~0.42	0.46~0.36	0.38~0.32	0.34~0.29	0.30~0.25
2.2	0.45~0.35	0.40~0.31	0.33~0.27	0.29~0.25	0.26~0.22
2.5	0.35~0.28	0.32~0.25	0.27~0.22	0.23~0.20	0.21~0.17
2.8	0.27~0.22	0.24~0.19	0.21~0.17	0.18~0.15	0.16~0.13
3.0	0.22~0.18	0.20~0.16	0.17~0.14	0.15~0.12	0.13~0.10

表 1-35 有凸缘圆筒形件第一次拉深的极限拉深系数

凸缘的相对直径 $\dfrac{d_t}{d}$	坯料的相对厚度 $(t/D)\times100$				
	2~1.5	1.5~1.0	1.0~0.6	0.6~0.3	0.3~0.10
1.1 以下	0.51	0.53	0.55	0.57	0.59
1.3	0.49	0.51	0.53	0.54	0.55
1.5	0.47	0.49	0.50	0.51	0.52
1.8	0.45	0.46	0.47	0.48	0.48
2.0	0.42	0.43	0.44	0.45	0.45
2.2	0.40	0.41	0.42	0.42	0.42
2.5	0.37	0.38	0.38	0.38	0.38
2.8	0.34	0.35	0.35	0.35	0.35
3.0	0.32	0.33	0.33	0.33	0.33

注:1 表中大数值适于大的圆角半径[由 $t/D=2\%\sim1.5\%$ 时的 $R=(10\sim12)t$ 到 $t/D=0.3\%\sim$
0.1% 时的 $R=(20\sim25)t$],小数值适用于底部及凸缘小的圆角半径,随着凸缘直径的增加及
相对拉深深度的减少,其数值也跟着减少。

2 表中数值适用于 10 钢,对于比 10 钢塑性好的材料取接近表中的大值;对于塑性差的材料,取
表中小数值。

当有凸缘圆筒形件的总拉深系数 $m_{总}=d/D$ 大于表 1-35 的极限拉深系数,且工件总的相对高度 h/d 小于表 1-34 的极限相对值时,则可以一次拉深成型,否则需要两次或多次拉深。判断拉深次数可仿照无凸缘圆筒形件的判断方法。

有凸缘圆筒形件以后各次拉深系数为

$$m_i=d_i/d_{i-1} \quad (i=2,3,\cdots,n)$$

其值与凸缘宽度及外形尺寸无关,可取与无凸缘圆筒形件的相应拉深系数相等或略小的数值,见表 1-36。

表 1-36 有凸缘圆筒形件以后各次的极限拉深系数

拉深系数	坯料相对厚度 $(t/D)\times100$				
	2.0~1.5	1.5~1.0	1.0~0.6	0.6~0.3	0.3~0.1
m_2	0.73	0.75	0.76	0.78	0.80
m_3	0.75	0.78	0.79	0.80	0.82
m_4	0.78	0.80	0.82	0.83	0.84
m_5	0.80	0.82	0.84	0.85	0.86

2)有凸缘圆筒形件的拉深方法

小凸缘圆筒形件的拉深可以当作无凸缘圆筒形件进行拉深,只是在最后两道拉深工序中才将工序件加工出凸缘或有锥形的凸缘,最后通过整形工序,压成平面凸缘。图 1-106(a)(b)分别为小凸缘圆筒形件及其拉深工艺过程,材料为 10 钢,板厚为 1 mm。

宽凸缘圆筒形件多次拉深的工艺方法通常有两种,如图 1-107 所示。图(a),通过多次拉深,逐步缩小筒形部分直径以增加其高度。用这种方法制成的零件,表面质量较差,其直壁和凸缘上保留着圆角弯曲和局部变薄的痕迹,需要在最后增加整体工序。图(b),对于第一次拉深后的工序件,在以后各次拉深中,高度保持不变,逐步减少圆角和筒形部分直径而达到最终

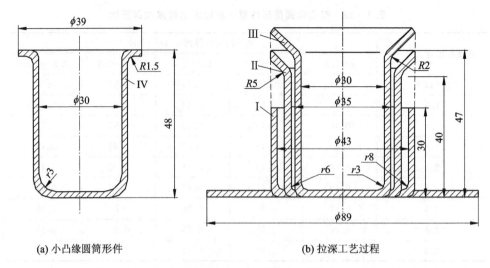

(a) 小凸缘圆筒形件 (b) 拉深工艺过程

Ⅰ—第1次拉深；Ⅱ—第2次拉深；Ⅲ—第3次拉深；Ⅳ—第4次拉深

图1-106 小凸缘圆筒形件的拉深

尺寸要求。用这种方法拉深的工件,表面质量较高,厚度均匀。但它只适用于坯料的相对厚度较大,采用大圆角过渡不易起皱的情况。

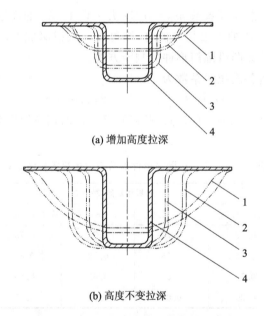

(a) 增加高度拉深

(b) 高度不变拉深

图1-107 宽凸缘圆筒形件的拉深方法

3) 有凸缘圆筒形件高度的计算

$$h_1 = \frac{0.25}{d_1}(D^2 - d_t^2) + 0.43(r_1 + R_1) + \frac{0.14}{d_1}(r_1^2 - R_1^2)$$

...

$$h_n = \frac{0.25}{d_n}(D^2 - d_n^2) + 0.43(r_n + R_n) + \frac{0.14}{d_n}(r_n^2 - R_n^2) \tag{1-59}$$

式中:$h_1, \cdots, h_n$ 为各次拉深后工序件的高度;$d_1, \cdots, d_n$ 为各次拉深后工序件的直径;D 为坯料直径;$r_1,\cdots,r_n$为各次拉深后工序件的底部圆角半径;$R_1,\cdots,R_n$为各次拉深后工序件的凸缘处圆角半径。

任务三　模具总体结构方案的确定

任务实施

最后一次拉深模具的总装图如图 1 - 108 所示。因为压边力不大,故在单动压力机上拉深。本模具采用倒装式结构,凹模 11 固定在模柄 7 上,凸模 13 通过固定板 15 固定在下模座 3 上。上道工序拉深的工序件套在压边圈 14 上定位,拉深结束后,由推件板 12 将卡在凹模内的工件推出。

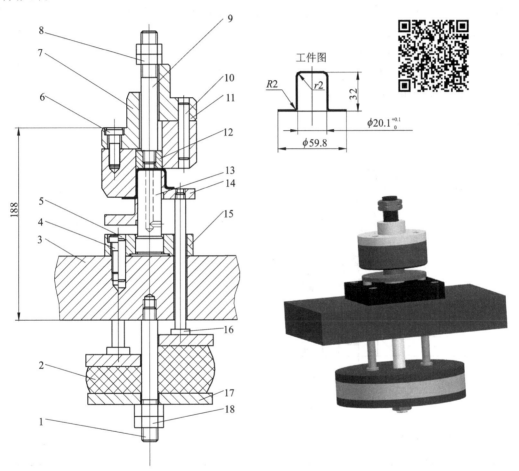

工件图

1—螺杆;2—橡胶;3—下模座;4、6—螺母;5、10 销钉;7—模柄;8、18—螺母;9—拉杆;11—凹模;12—推件块;13—凸模;
14—压边圈;15—固定板;16—顶杆;17—托板

图 1 - 108　拉深模总装图

知识链接

拉深模典型结构

根据拉深模使用的压力机类型不同,拉深模可分为单动压力机用拉深模和双动压力机用拉深模;根据拉深顺序可分为首次拉深模和以后各次拉深模;根据工序组合可分为单工序拉深模、复合工序拉深模和连续工序拉深模;根据压边情况可分为有压边装置和无压边装置拉深模。下面介绍典型拉深模结构。

1. 首次拉深模

图 1－109(a)所示为无压边装置的首次拉深模。拉深件直接从凹模底下落下,为了从凸模上卸下冲件,在凹模下装有卸件器,当拉深工作行程结束,凸模回程时,卸件器下平面作用于拉深件口部,把拉深件卸下。为了便于卸件,凸模上钻有直径为 3 mm 以上的通气孔。如果板料较厚,拉深件深度较小,拉深后有一定回弹量。回弹引起拉深件口部张大,当凸模回程时,凹模下平面挡住拉深件口部而自然卸下拉深件,此时可以不配备卸件器。这种拉深模具结构简单,适用于拉深板料厚度较大而深度不大的拉深件。

图 1－109(b)所示为有压边装置的正装式首次拉深模。拉深模的弹性压边装置在上模,由于弹性元件高度受到模具闭合高度的限制,因而这种结构形式的拉深模适用于拉深深度不大的拉深件。其工作顺序是:将拉深坯料放入定位板内,弹性压边圈随凸模下行,并先于凸模与坯料接触进行压料,凸模继续下行,进行拉深至拉深结束。此时拉深件位于凹模下方,且由于回弹拉深件口部张开,被凹模下表面挡住而自然卸料。

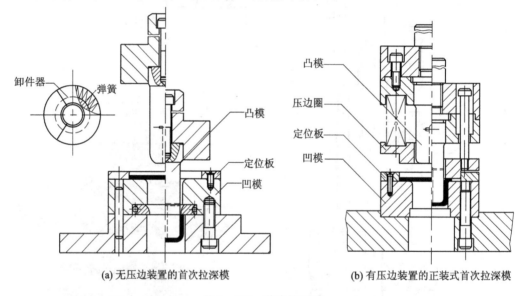

(a) 无压边装置的首次拉深模　　　　(b) 有压边装置的正装式首次拉深模

图 1－109　首次拉深模

2. 以后各次拉深模

图 1－110(a)所示为无压边装置的以后各次拉深模。该模具的凸模和凹模及定位圈可以更换,以满足一定尺寸范围的不同拉深件的拉深成型。

图 1－110(b)所示为有压边装置的以后各次拉深模。其压边装置带有三个限位柱。压边圈又是工序件的内形定位圈。限位柱方面控制拉深件高度尺寸,另一方面对模具起保护作用。

3. 落料拉深复合模

图 1－111 所示为落料拉深复合模。这种模具一般设计先落料后拉深,为此,拉深凸模应低于落料凹模一个板料厚度压边圈既起压料作用又起顶件作用。由于有顶件作用,上模回程时,拉深件可能留在拉深凹模内,所以一般设置推件装置。将条料送进,并随着上模下行,落料凹模 2 与落料凸模兼拉深凹模简称凸凹模配合,形成落料模,对条料进行落料。由于凸模低落

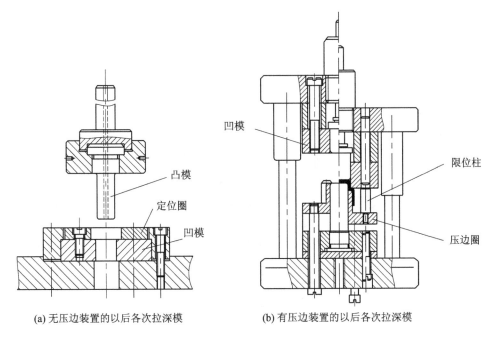

(a) 无压边装置的以后各次拉深模   (b) 有压边装置的以后各次拉深模

图 1-110 以后各次拉深模

料凹模一个板料厚度,故凸凹模 3 先与压边圈兼顶板配合对落料件进行压边,再与拉深凸模 4 配合对落料件进行拉深。拉深结束后,在压边圈兼顶板 5 的作用下,拉深件与凸模分离,但有可能留在凸凹模 3 内,因此有必要设置推件装置,以确保拉深件与凸凹模 3 顺利分离。

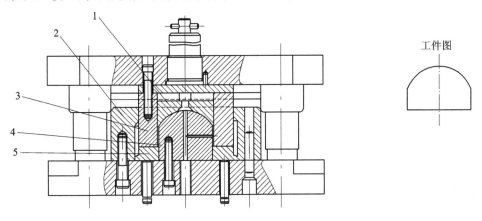

工件图

1—推件块;2—落料凹模;3—落料凸模兼拉深凹模;4—拉深凸模;5—压边圈兼顶板

图 1-111 落料拉深复合模

4. 双动压力机用拉深模

图 1-112 所示为双动压力机用首次拉深模,下模由凹模、定位板、凹模固定板和模座组成。上模的压边圈和上模座固定在外滑块上,凸模通过凸模固定杆固定在内滑块上。其工作顺序是:将拉深坯料(工序件)放入定位板内,内外滑块同时下行,由于压边圈 5 高于凸模一个板厚,故压边圈先于凸模与坯料接触并进行压边。此时外滑块不再下行,而内滑块带动凸模继续下行,开始进行拉深,拉深结束后,凸模回程后,拉深件在顶板的作用下与凹模分离,并在压边圈的作用下与凸模分离。

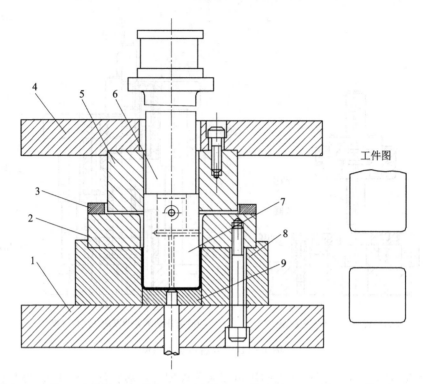

1—下模座；2—凹模；3—定位板；4—上模座；5—压边圈；6—凸模固定板；7—凸模；8—凹模固定板；9—顶板

图 1-112　双动压力机用首次拉深模

任务四　拉深模零部件的设计、选用及计算

任务实施

1. 模具工作部分尺寸的计算（最后一次拉深）

（1）凸、凹模间隙

由表 1-39 查得凸、凹模的单边间隙为 $Z=(1\sim1.05)t$，取 $Z=1.05t=1.05\times1=1.05$ mm。

（2）凸、凹模圆角半径

因是最后一次拉深，故凸、凹模圆角半径与拉深件相应圆角半径一致，故凸模圆角半径 $r_T=2$ mm，凹模圆角半径 $r_A=2$ mm。

（3）凸、凹模工作尺寸及公差

由于工件要求内形尺寸，故凸、凹模工作尺寸及公差按式（1-69）和式（1-70）计算。取 $\delta_T=0.02$ mm，$\delta_A=0.04$ mm，则

$$d_T=(d_{min}+0.4\Delta)_{-\delta_p}^{\ 0}=(20.1+0.4\times0.1)_{-0.02}^{\ 0}\ \text{mm}=20.14_{-0.02}^{\ 0}\ \text{mm}$$

$$d_A=(d_{min}+0.4\Delta+2Z)_0^{+\delta_d}=(20.1+0.4\times0.1+2\times1.05)_0^{+0.04}\ \text{mm}=22.14_0^{+0.04}\ \text{mm}$$

（4）凸模通气孔

根据凸模直径大小，取通气孔直径为 5 mm。

2. 模具主要零件设计

根据模具总装图结构、拉深工作要求及前述模具工作部分的尺寸计算，设计出拉深凸模、

拉深凹模及压边圈,分别见图 1-113、图 1-114 和图 1-115。

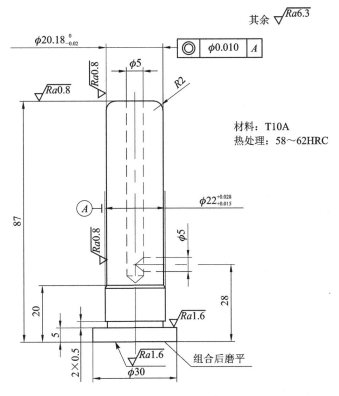

图 1-113 拉深凸模

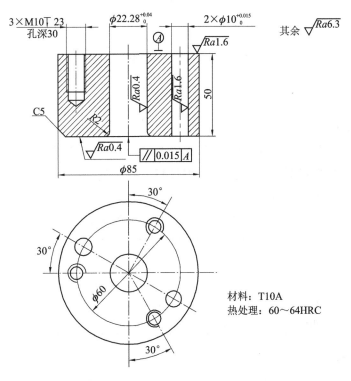

图 1-114 拉深凹模

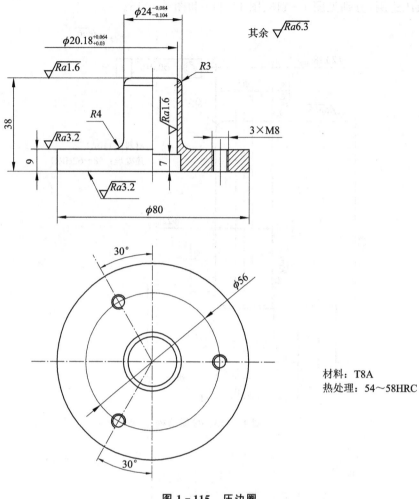

图 1－115　压边圈

材料：T8A
热处理：54～58HRC

知识链接

一、压边装置

在生产中,防止圆筒形件拉深产生起皱的方法,通常是在拉深模上设置压边装置,并采用适当的压边力。但变形程度较小,坯料相对厚度较大,则不会起皱,就可不必采用压边圈。是否采用压边圈可按表 1－37 确定。

表 1－37　采用或不采用压边圈的条件

拉深方法	第一次拉深		以后各次拉深	
	$(t/D)\times100$	m_1	$(t/d_{n-1})\times100$	m_n
用压边圈	＜1.5	＜0.6	＜1	＜0.8
可用可不用	1.5～2.0	0.6	1～1.5	0.8
不用压边圈	＞2.0	＞0.6	＞1.5	＞0.8

1. 弹性压边装置

图 1－116 为单动压力机用弹性压边装置。这类压边装置有 3 种形式:弹簧式压边装置

（见图1－116(a))、橡胶式压边装置(见图1－116(b))、气垫式压边装置(见图1－116(c))。

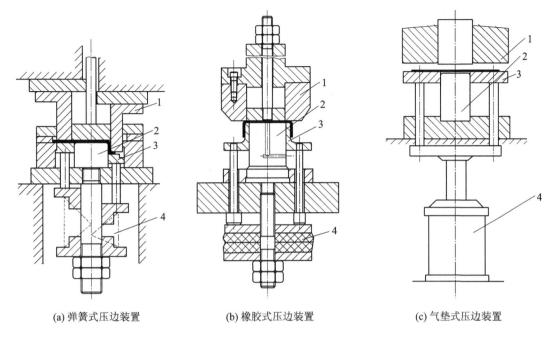

(a) 弹簧式压边装置　　　　(b) 橡胶式压边装置　　　　(c) 气垫式压边装置

1—凹模；2—凸模 ；3—压边圈 ；4—弹性元件(弹顶器)

图1－116　弹性压边装置

弹簧和橡胶压边装置通常只用于浅拉深,这两种压边装置结构简单,在中小型压力机上使用较为方便。气垫式压边装置压边效果较好,压边力基本上不随工作行程而变化(压边力的变化可控制在10％～15％内),但气垫装置结构复杂。

压边圈是压边装置的关键零件,一般的拉深模采用平面压边圈(见图1－117(a))。当坯料相对厚度较小,拉深件凸缘小且圆角半径较小时,则采用带弧形的压边圈(见图1－117(b))。

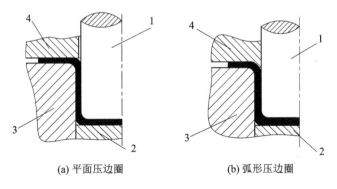

(a) 平面压边圈　　　　　　(b) 弧形压边圈

1—凸模；2—顶板；3—凹模 ；4—压边圈

图1－117　平面压边圈与弧形压边圈

为保持整个拉深过程中压边力均衡和防止将坯料夹得过紧,特别是拉深板料较薄且凸缘较宽的拉深件时,可采用带限位装置的压边圈,如图1－118所示。其压边圈和凹模之间始终保持一定的距离S。对于有凸缘零件的拉深,$S＝t＋(0.05～0.1)$ mm;铝合金的拉深,$S＝$

$1.1t$；钢板的拉深，$S=1.2t$（t 为板料厚度）。对于凸缘小或球形件和抛物线形件的拉深，为了防皱，采用带拉深筋的压边圈。

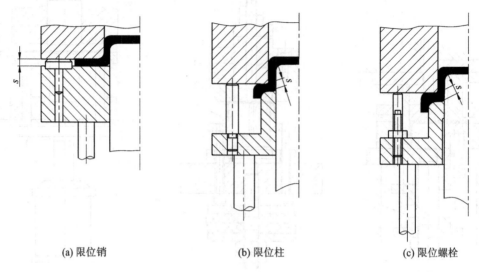

|(a) 限位销|(b) 限位柱|(c) 限位螺栓|

图 1-118　有限位装置的压边圈

2. 刚性压边装置

刚性压边装置的特点是，压边力不随拉深的工作行程而变化，压边效果较好，模具结构简单。这种结构用于双动压力机，凸模装在压力机的内滑块上，压边装置装载外滑块上，如图 1-119 所示。

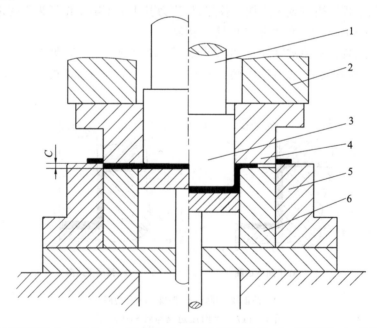

1—凸模固定杆；2—外滑块；3—拉深凸模；4—落料凸模兼压边圈；5—落料凹模；6—拉深凹模

图 1-119　双动压力机用拉深模刚性压边装置

二、凸、凹模工作部分尺寸设计

拉深模工作部分的结构尺寸指的是凹模圆角半径 r_A、凸模圆角半径 r_T、凸凹模间隙 Z、凸模直径 D_T、凹模直径 D_A 等,其中凸、凹模的圆角半径对拉深工作影响很大。

1. 凸、凹模的圆角半径

(1) 凹模圆角半径的确定

毛坯经凹模圆角进入凹模时,受弯曲和摩擦作用,凹模圆角半径 r_A 过小,因径向拉力较大,易使拉深件表面划伤或产生断裂;r_A 过大,由于悬空面积增大,使压料面积减小,易起内皱,因此合理选择凹模圆角半径是极为重要的。

首次(包括只有一次)拉深凹模圆角半径可按下式计算:

$$r_{A1} = 0.8\sqrt{(D-d)t} \tag{1-60}$$

式中:r_{A1} 为凹模圆角半径;D 为坯料直径;d 为凹模内径;t 为板料厚度。

首次拉深凹模圆角半径的大小也可以参考表 1-38 的值选取。

表 1-38　首次拉深凹模圆角半径

拉深方式	毛坯的相对厚度 $(t/D) \times 100$		
	$\leqslant 2.0 \sim 1.0$	$< 1.0 \sim 0.3$	$< 0.3 \sim 0.1$
无凸缘	$(4 \sim 6)t$	$(6 \sim 8)t$	$(8 \sim 12)t$
有凸缘	$(6 \sim 12)t$	$(10 \sim 15)t$	$(15 \sim 20)t$

注:材料性能好且润滑好时取小值。

以后各次拉深凹模圆角半径应逐渐减小,一般按下式确定:

$$r_{Ai} = (0.6 \sim 0.8)r_{A,i-1} \qquad (i=2,3,\cdots,n) \tag{1-61}$$

(2) 凸模圆角半径的确定

凸模圆角半径 r_T 对拉深工序的影响没有凹模圆角半径大,但其值也必须合适,r_T 太小,拉深初期坯料处弯曲变形大,危险断面受拉力增大,工件易产生局部变薄或拉裂,且局部变薄和弯曲变形的痕迹在后续拉深时将会遗留在成品或零件上,影响零件的质量。但 r_T 过大,会使凸模圆角处材料在初期拉深时凸模与毛坯接触面小,易产生底部变薄和内皱。

首次拉深凸模圆角半径可按照下式确定:

$$r_{T1} = (0.7 \sim 1.0)r_{A1} \tag{1-62}$$

中间各拉深工序凸模圆角半径可按下式确定:

$$r_{T,n-1} = \frac{d_{n-1} - d_n - 2t}{2} \qquad (i=3,4,\cdots,n) \tag{1-63}$$

式中:d_{n-1},d_n 为各工序件的外径,mm。

最后一次拉深凸模圆角半径 $r_{Tn} \geqslant t$,即凸模圆角半径大于或等于工件圆角半径 r。但工件圆角半径如果小于拉深工艺性要求,则凸模圆角半径按工艺性的要求确定($r_{Tn} \geqslant t$),然后通过整形工序得到工件要求的圆角半径。

2. 拉深模间隙

拉深模间隙是指单边间隙,即凹模和凸模直径之差的一半。拉深模的凸、凹模之间的间隙对拉深力、拉深件质量、模具寿命等都有影响。间隙小,与模具表面间的摩擦磨损严重,使拉深力增加,工件变薄严重,甚至拉裂,模具寿命降低。但间隙小,冲件回弹小,精度高;间隙过大,坯料容易起皱,工件锥度大、回弹大、精度差。但对坯料的校直和挤压作用减小,拉深降低,模具的使用寿命提高。因此,应根据板料厚度及公差、拉深过程板料的增厚情况、拉深次数、拉深件的形状及精度要求等,正确确定拉深模间隙。

① 无压边圈的拉深模,其单边间隙为

$$Z = (1 \sim 1.1) t_{max} \tag{1-64}$$

式中:Z 为拉深模单边间隙,mm;t_{max} 为板料的最大厚度,mm。

对于系数 $1 \sim 1.1$,小值用于末次拉深或精密零件的拉深;大值用于首次和中间各次拉深或精度要求不高零件的拉深。

② 有压边圈的拉深模,其单边间隙可按表 1-39 确定。

表 1-39 有压边圈拉深时单边间隙值

mm

总拉深次数	拉深工序	单边间隙 Z	总拉深次数	拉深工序	单边间隙 Z
1	一次拉深	$(1 \sim 1.1)t$	4	第一、二次拉深	$1.2t$
2	第一次拉深	$1.1t$		第三次拉深	$1.1t$
	第二次拉深	$(1 \sim 1.05)t$		第四次拉深	$(1 \sim 1.05)t$
3	第一次拉深	$1.2t$	5	第一~三次拉深	$1.2t$
	第二次拉深	$1.1t$		第四次拉深	$1.1t$
	第三次拉深	$(1 \sim 1.05)t$		第五次拉深	$(1 \sim 1.05)t$

注:1 t 为材料厚度,取材料允许偏差的中间值,mm;

2 当拉深精密工件时,对最末一次拉深间隙取 $Z = t$。

对于精度要求高的零件,为了减少拉深后的回弹,常采用负间隙拉深模。其单边间隙值为

$$Z = (0.9 \sim 0.95)t$$

3. 凸、凹模工作部分尺寸及公差

工件的尺寸精度由末次拉深的凸、凹模的尺寸及公差决定,因此除拉深模需要考虑尺寸公差外,首次及中间各次的模具尺寸公差和拉深半成品的尺寸公差没有必要作严格限制,这时模具的尺寸只要取等于毛坯的过渡尺寸即可。

凹模尺寸为

$$D_A = D_0^{+\delta_A} \tag{1-65}$$

凸模尺寸为

$$D_T = (D - 2Z)_{-\delta_T}^0 \tag{1-66}$$

对于最后一道工序的拉深模,其凸、凹模尺寸及公差应按工件的要求来确定。

当工件尺寸标注在外形时(见图 1-120(a)),则

凹模尺寸为

$$D_A = (D_{max} - 0.75\Delta)_0^{+\delta_A} \tag{1-67}$$

凸模尺寸为

$$D_T = (D_{max} - 0.75\Delta - 2Z)_{-\delta_T}^0 \tag{1-68}$$

当工件尺寸标注在内形时(见图 1-120(b)),则

凹模尺寸为

$$d_{\mathrm{T}} = (d_{\min} + 0.4\Delta + 2Z)_{-\delta_{\mathrm{T}}}^{0} \qquad (1-69)$$

凸模尺寸为

$$d_{\mathrm{A}} = (d_{\min} + 0.4\Delta)_{0}^{+\delta_{\mathrm{A}}} \qquad (1-70)$$

式中：D_{A}，d_{A} 为凹模的径向尺寸；D_{T}，d_{T} 为凸模的径向尺寸；$D_{\max}$，$d_{\min}$ 为拉深件外径的最大极限尺寸和内径的最大极限尺寸；Δ 为工件的公差；Z 为拉深模单边间隙；δ_{A}、δ_{T} 为凹、凸模制造公差，见表 1-40。

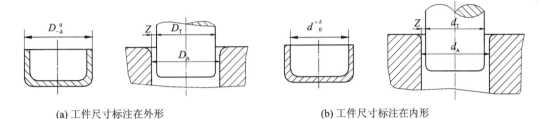

(a) 工件尺寸标注在外形　　　　　　　　　(b) 工件尺寸标注在内形

图 1-120　工件尺寸与凸、凹模尺寸

表 1-40　凸模制造公差 δ_{T} 与凹模制造公差 δ_{A}

mm

材料厚度 t	拉深件直径 d					
	≤20		20~100		>100	
	δ_{A}	δ_{T}	δ_{A}	δ_{T}	δ_{A}	δ_{T}
≤0.5	0.02	0.01	0.03	0.02	—	—
>0.5~1.5	0.04	0.02	0.05	0.03	0.08	0.05
>1.5	0.06	0.04	0.08	0.05	0.10	0.06

注：凸模的制造公差在必要时可提高至 IT6~IT8 级（GB 1800—79）。若工件公差在 IT13 级以下，则制造公差可以采用 IT10 级。

凸、凹模的制造公差 δ_{T} 和 δ_{A} 可根据工件的公差来选定，工件公差为 IT13 级以上时，δ_{A} 和 δ_{T} 可按 IT6~IT8 级取，工件公差在 IT14 级以下时，则 δ_{A} 和 δ_{T} 可按 IT10 级取。

4. 凸、凹模的结构

拉深凸、凹模的结构形式取决于工件的形状、尺寸以及拉深方法、拉深次数等工艺要求。而不同的结构形式对拉深的变形情况、变形程度的大小及产品质量均有不同的影响。常见的凸、凹模结构形式如下：

（1）不用压边圈的拉深模

首次拉深的凸、凹模结构形式如图 1-121 所示。当毛坯的相对厚度较大，不易起皱、不需压边时，应采用锥形凹模、渐开线凹模或等切面曲线形状凹模（见图 1-121(b)(c)(d)）。这种模具在开始拉深时，就使坯料呈曲面形状，因而较平端圆弧形拉深凹模（见图 1-121(a)）具有更大的抗失稳能力，可以有效地克服起皱。此外，凹模锥面减少了凹模圆角半径造成的摩擦阻力和弯曲变形，从而降低了拉深力，使拉深系数可以取得更小。

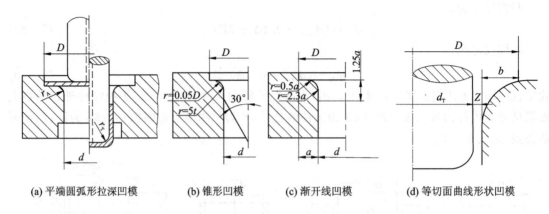

(a) 平端圆弧形拉深凹模   (b) 锥形凹模   (c) 渐开线凹模   (d) 等切面曲线形状凹模

图 1 - 121　无压边圈一次拉深成形的凹模结构

如图 1 - 122 所示,深拉深(两次以上拉深)凸、凹模结构,其中尺寸 $a=5\sim10$ mm,$b=2\sim5$ mm。

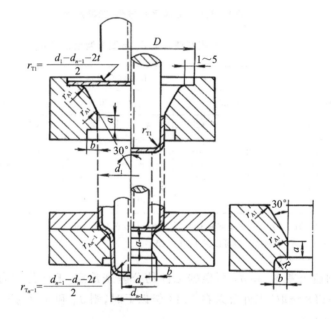

图 1 - 122　不带压边多次拉深模及两次拉深尺寸配合

(2) 有压边圈的拉深模

图 1 - 123 为有压边圈多次拉深的凸、凹模结构。其中图 1 - 123(a)用于直径小于 100 mm 时首次拉深和以后各次拉深的拉深件,图 1 - 123(b)用于直径大于 100 mm 的拉深件。这种结构不仅具有改善金属的流动,减少变形抗力,材料不易变薄等一般锥形凹模的特点,而且还可以减轻坯料的反复弯曲变形,以提高冲件侧壁质量,使坯料在下次工序中容易定位。

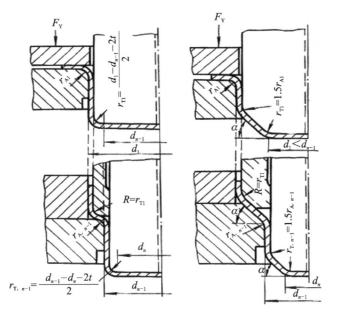

(a) 用于直径小于100 mm的拉深件　　(b) 用于直径大于100 mm的拉深件

图 1-123　带压边多次拉深模及其尺寸配合

任务五　压力设备的选取

任务实施

1. 拉深力与压边力的计算

这里仅计算出最后一次拉深时的拉深力和压边力。

（1）拉深力

拉深力根据式（1-72）计算，查得 08 钢的强度极限 $\sigma_b = 400$ MPa，由 $m_4 = 0.844$ 查表 1-42 得 $K_2 = 0.70$，则

$$F = K_2 \pi d_4 t \sigma_b = 0.70 \times 3.14 \times 20.1 \times 400 = 17\ 672 \text{ N}$$

（2）压边力

压边力根据式（1-79）计算，查表 1-43 取 $p = 2.5$ MPa，则

$$F_Y = \pi [d_3^2 - (d_4 + 2r_{d4})^2] p/4 =$$
$$3.14 \times [26^2 - (22.1 + 2)^2] \times 2.5/4 = 279 \text{ N}$$

（3）压力机公称压力

根据式（1-81）和 $F_\Sigma = F + F_Y$，取 $F_g \geqslant 1.8 F_\Sigma$，则

$$F_g \geqslant 1.8 \times (17\ 672 + 279) = 32.3 \text{ kN}$$

2. 压力机选择

根据公称压力 $F_g \geqslant 32.3$ kN，滑块行程 $s \geqslant 2h = 2 \times 32 = 64$ mm 及模具闭合高度 $H = 270$ mm，查冲压设备表，采用型号为 JC23-35 型开式双柱可倾压力机。

知识链接

一、拉深力与拉深功的计算

1. 拉深力的计算

在生产中常用以下经验公式进行计算：

采用压边圈拉深时

首次拉深

$$F = \pi d_1 t \sigma_b K_1 \qquad (1-71)$$

以后各次拉深

$$F = \pi d_i t \sigma_b K_2 \qquad (i = 2, 3, \cdots, n) \qquad (1-72)$$

不采用压边圈拉深时

首次拉深

$$F = 1.25 \pi (D - d_1) t \sigma_b \qquad (1-73)$$

以后各次拉深

$$F = 1.3 \pi (d_{i-1} - d_i) t \sigma_b \qquad (i = 2, 3, \cdots, n) \qquad (1-74)$$

式中：F 为拉深力；t 为板料厚度；D 为坯料直径；$d_1, \cdots, d_n$ 为各次拉深后的工序件直径；σ_b 为拉深件材料的抗拉强度；K_1，K_2 为修正系数，其值见表 1-41。

表 1-41 修正系数 K_1 及 K_2 之值

m_1	0.55	0.57	0.60	0.62	0.65	0.67	0.70	0.72	0.75	0.77	0.80	—	—	—
K_1	1.0	0.93	0.86	0.79	0.72	0.66	0.60	0.55	0.50	0.45	0.40	—	—	—
$m_2 m_3 \cdots m_n$	—	—	—	—	—	—	0.70	0.72	0.75	0.77	0.80	0.85	0.90	0.95
K_2	—	—	—	—	—	—	1.0	0.95	0.90	0.85	0.80	0.70	0.60	0.50

2. 拉深功的计算

拉深功按下式计算：

$$W = \frac{CF_{max} h}{1\ 000} \qquad (1-75)$$

式中：W 为拉深功，J；F_{max} 为最大拉深力（包含压边力），N；h 为凸模工作行程，mm；C 为系数，与拉深力曲线有关，C 值可取 0.6～0.8。

压力机的电动机功率可按下式计算：

$$P = \frac{KWn}{60 \times 1\ 000 \times \eta_1 \eta_2} \qquad (1-76)$$

式中：P 为电动机功率，kW；K 为不均衡系数，$K = 1.2 \sim 1.4$；η_1 为压力机效率，$\eta_1 = 0.6 \sim 0.8$；η_2 为电动机效率，$\eta_2 = 0.9 \sim 0.95$；n 为压力机每分钟行程数。

若所选压力机的电动机功率小于计算值，则应另选更大的压力机。

二、压边力的计算

压边力的取值应适当，F_Y 值太小，则防皱效果不好；F_Y 值太大，则会增大传力区危险端面上的拉应力，从而引起严重变薄甚至拉裂。因此，应在保证变形区不起皱的前提下，尽量选用小的压边力，且压边力的大小应允许在一定范围内调节。

在模具设计时,压边力可按下式计算:

任何形状的拉深件

$$F_Y = Ap \qquad (1-77)$$

圆筒形件首次拉深

$$F_Y = \frac{\pi}{4} \left[D^2 - (d_1 + 2r_{A1})^2 \right] p \qquad (1-78)$$

圆筒形件以后各次拉深

$$F_Y = \frac{\pi}{4} \left[d_{i-1}^2 - (d_i + 2r_{Ai})^2 \right] p \qquad (i=2,3,\cdots,n) \qquad (1-79)$$

式中:A 为压边圈下坯料的投影面积;P 为单位面积压边力,p 值可查表 1-42;D 为坯料直径;$d_1,\cdots,d_i$ 为各次拉深工序件直径;$r_{A1},\cdots,r_{Ai}$ 为各次拉深凹模的圆角半径。

表 1-42 单位面积压边力

材料名称		p/MPa	材料名称	p/MPa
铝		0.8~1.2	镀锡钢板	2.5~3.0
纯铜、硬铝(以退火的)		1.2~1.8	耐热钢(软化状态)	2.8~3.5
黄铜		1.5~2.0		
软钢	$t<0.5\text{ mm}$	2.5~3.0	高合金钢、高锰钢、不锈钢	3.0~4.5

三、压力机公称压力的确定

对于单动压力机,其公称压力应大于工艺总压力。工艺总压力为

$$F_z = F + F_Y$$

式中:F 为拉深力;F_Y 为压边力。

由于压力机的公称压力是指在接近下死点时的压力机压力,当拉深工作行程较大,尤其落料拉深复合时,不能简单地应用公式将压边力与拉深力叠加进行计算并选择压力机。生产中可以按下面的经验公式来确定压力机的公称压力:

浅拉深

$$F_z \leqslant (0.7 \sim 0.8) F_g \qquad (1-80)$$

深拉深

$$F_z \leqslant (0.5 \sim 0.6) F_g \qquad (1-81)$$

式中:F_g 为压力机公称压力。

思考与训练

项目一

1. 什么是冷冲压加工?它与其他加工方法相比有什么特点?

2. 为什么冲压加工的优越性只有在批量生产的情况下才能得到充分体现?

3. 冲压工序可分为哪两大类?它们的主要特点和区别是什么?

4. 如何选择冲压设备?

5. 板料普通冲裁时,其切断面具有什么特征?影响冲裁件断面质量的因素有哪些?

6. 分析冲裁间隙对冲裁件质量的影响。

7. 什么是材料的利用率？在冲裁工作中如何提高材料的利用率？

8. 什么是压力中心？压力中心在冲裁模设计中起什么作用？

9. 什么是冲裁力、卸料力、推件力和顶件力？如何根据冲裁模结构确定总冲压力？

10. 冲裁模一般由哪几类零部件组成？它们在冲裁模中分别起什么作用？

11. 试比较单工序模、级进模和复合模的结构特点及应用。

12. 冲裁模的卸料方式有哪几种？分别适应于何种场合？

13. 计算冲裁如图 1-124 所示零件的凸、凹模刃口尺寸及其公差。图(a)按分别加工法，图(b)按配作加工法。

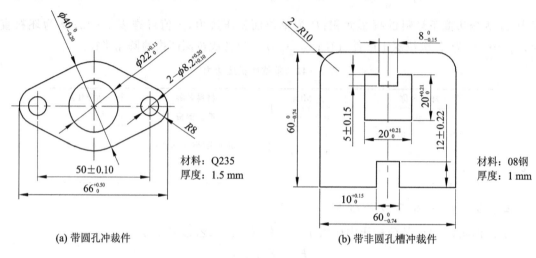

(a) 带圆孔冲裁件

(b) 带非圆孔槽冲裁件

图 1-124 冲裁件零件图

14. 用复合冲裁方式冲裁如图 1-125 所示零件(材料 10 钢,厚度 2.2 mm),生产批量为大批量。试确定冲裁工艺方案并完成冲裁模设计。

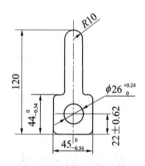

图 1-125 冲裁件零件图

项目二

1. 弯曲的变形程度用什么来表示？弯曲变形一般要经历哪几个阶段？

2. 什么是弯曲回弹现象？生产中减少回弹的措施有哪些？

3. 弯曲时的坯料产生偏移的原因有哪些？如何减小和克服偏移？

4. 弯曲如图 1-126 所示零件,材料为 35 钢,已退火,厚度 $t=4$ mm,完成以下工作内容:

(1) 分析弯曲件的工艺性;

(2) 计算弯曲件的展开长度和弯曲力(采用校正弯曲);

（3）绘制弯曲模总装图；

（4）确定弯曲凸、凹模工作部位尺寸，绘制凸、凹模零件图。

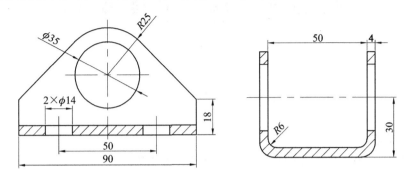

图 1 - 126 弯曲零件图

项目三

1. 什么是拉深？用拉深方法可以制成哪些类型的零件？

2. 拉深件的主要质量问题有哪些？如何进行控制？

3. 什么是拉深系数？什么是极限拉深系数？影响拉深系数的因素主要有哪些？

4. 拉深件的坯料尺寸计算遵循哪些原则？

5. 有凸缘圆筒形件需多次拉深时的拉深方法有哪些？

6. 图 1 - 127 所示圆筒形件需大批量生产，材料为 08F 钢，料厚为 1 mm，采用压边圈压料。试确定：

（1）该拉深件的坯料形状及尺寸；

（2）拉深次数及各工序件的工序尺寸；

（3）该工件的冲压工艺过程。

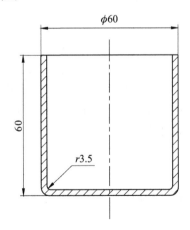

图 1 - 127 圆筒形件零件图

模块二　塑料模具设计

项目一　注射模设计

● **项目描述**

设计如图 2-1 所示的冰盒的塑料模具。材料为聚乙烯,生产批量为 40 万件。

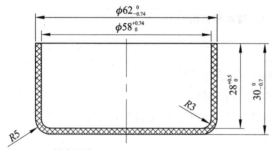

技术要求:
1. 塑件不允许有裂纹和变形缺陷;
2. 脱模斜度为0.5°;
3. 内表面粗糙度Ra为0.8 μm,其余部分为1.6 μm。

图 2-1　冰　盒

任务一　塑件分析

任务实施

1. 塑件材料分析

塑件为冰盒,是生活中常用的冻冰块的器具,要求无毒、无味,使用温度较低。冰盒材料选用聚乙烯,聚乙烯是一种用途最广的热塑性塑料,是无味、无毒的白色粉末。具有优良的绝缘性、耐低温性;化学稳定性很好;还有很好的耐水性,长期与水接触,其性能保持不变。可以采用挤出、注射、中空吹塑、滚塑等多种成型方法成型塑料制品。

2. 塑件的工艺性分析

(1)塑件的尺寸精度分析

该塑件有尺寸精度的要求,精度等级为 MT5 级。

(2)塑件表面质量分析

塑件不允许有裂纹、变形等缺陷,内表面粗糙度 Ra 为 0.8 μm,其余部分为 1.6 μm,表面粗糙度要求不高。

(3)塑件的结构工艺性分析

冰盒形状结构简单,壁厚均匀一致,转角处有圆角过渡,有一定的脱模斜度,有利于成型和脱模。

综上所述,本设计可优先考虑采用注射成型。

知识链接

一、塑料概述

1. 塑料的组成及特性

（1）塑料的基本组成

塑料是以合成树脂为主要成分,加入适量的添加剂(助剂)组成的。合成树脂属于高分子聚合物,是塑料组成中基本的、必不可少的成分。它决定了塑料的类型和基本性能,如物理性能、化学性能、力学性能和电性能等。添加剂包括填充剂、增塑剂、稳定剂、润滑剂和着色剂等。

（2）塑料的特性

1）密度小,质量轻

塑料密度一般在 $0.83 \sim 2.2 \ kg/dm^3$ 之间,只有钢的 $1/8 \sim 1/4$,铝的 $1/2$。

2）比强度和比刚度高

塑料的强度和刚度比金属差,但塑料密度小,比强度(σ_b/ρ)相当高,尤其以各种高强度的纤维状、片状的金属或非金属为填料制成的增强塑料,其强度比一般钢材的比强度还高。塑料的比刚度(又称比弹性模量,E/ρ 表示)也较高。

3）化学稳定性好

塑料对酸、碱、盐、气体和蒸汽具有良好的抗腐蚀作用。

4）电绝缘性能好

塑料具有优良的电绝缘性能和耐电弧性。

5）绝热、隔声性能好

塑料具有良好的绝热保温和隔声性能。

6）耐磨性、自润滑性好

塑料的摩擦系数小、磨损率低、耐磨性高、自润滑性好。

7）成型性能好

塑料在一定条件下具有良好的塑性,可用高生产率的成型方法制造各种塑料制品。

8）粘结性能好

塑料一般都具有一定的粘结性能,可以与其他非金属或金属材料牢固粘结而制成复合材料和结构零件。

9）具有多种防护性能

除上述的耐腐蚀性和绝缘性能外,塑料还具有防水、防潮、防透气、防辐射和防震等多种防护性能。有些塑料还具有特殊防护性能,如耐高温、耐超低温等。

塑料也存在着一些不足之处:机械强度和硬度比金属材料低,耐热性和导热性比金属材料差;吸水性大,易老化,膨胀和收缩性较大等。

2. 塑料的分类

塑料的品种很多,分类的方法也很多。

（1）按塑料中树脂的分子结构及其特性分类

1）热塑性塑料

热塑性塑料中树脂的分子是线型或支链型结构。受热后能软化或熔融,可进行成型加工,冷却后硬化,成型为一定形状的制品。若再加热,又可软化并熔融,可再次进行成型加工,如此可反复进行多次,可回收再利用。其成型过程一般只有物理变化。常见的热塑性塑料有聚乙烯、聚丙烯、聚氯乙烯、聚苯乙烯、ABS 塑料、聚酰胺和聚甲醛等。

2)热固性塑料

热固性塑料中树脂的分子是呈立体网状结构。受热之初,其分子结构为线型或支链型,可以软化或熔融,成型一定的形状,继续加热时,分子发生交联反应,最终呈体型结构,即固化成型。如果再加热,不再软化,也不可回收再利用。其成型过程既有物理变化又有化学变化。常见的热固性塑料有酚醛塑料、氨基塑料、环氧塑料和脲醛塑料等。

(2)按塑料的用途分类

1)通用塑料

通用塑料一般只能作为非结构材料使用,它的产量大,用途广,价格低,性能一般。主要有聚乙烯、聚丙烯、聚氯乙烯、酚醛塑料和氨基塑料 6 大品种,约占塑料总产量的 80%。

2)工程塑料

工程塑料可作为工程结构材料。与通用塑料相比,产量小,价格较高,但具有优良的力学性能、电性能、化学性能以及耐热性、耐磨性和尺寸稳定性,能在较广温度范围内承受机械应力和较为苛刻的化学及物理环境中使用。常见的工程塑料有聚甲醛、聚酰胺、聚碳酸酯、ABS 塑料、聚砜和有机玻璃等。

3)功能塑料

功能塑料是指用于特种环境中,具有某一方面的特殊性能的塑料。主要有医用塑料、光敏塑料、导磁塑料、高耐热性塑料及高频绝缘性塑料等。这类塑料产量小,价格较高,性能优异。

3. 塑料的工艺性能

(1)热塑性塑料的工艺性能

1)收缩性

塑件从温度较高的模具中取出冷却到室温后,其尺寸或体积会发生收缩的现象,称为收缩性。收缩性的大小可用相对收缩量的百分率表示,即收缩率。收缩率分为实际收缩率 S_s 和计算收缩率 S_j 两种,其计算公式如下:

$$S_s = \frac{a-b}{b} \times 100\% \qquad (2-1)$$

$$S_j = \frac{c-b}{b} \times 100\% \qquad (2-2)$$

式中:a 为模具或塑件在成型温度时的尺寸;b 为塑件在室温时的尺寸;c 为模具在室温时的尺寸。

在成型温度下塑件尺寸不便测量,再加上实际收缩率和计算收缩率相差很小,所以生产中常采用计算收缩率进行计算。但对于大型及精密模具成型零件尺寸计算时则采用实际收缩率。

2)流动性

塑料在一定的温度和压力作用下,充满模具型腔能力,称为塑料的流动性。不同的塑料流动性各异,同一种塑料不同牌号其流动性也不同。塑料的流动性差,成型时就不易充满模具型腔,故需要较大的成型压力才能成型;相反,塑料的流动性好,可以用较小的成型压力便可充满型腔。但流动性太好,会在成型时产生严重的溢边。热塑性塑料可用熔融指数和阿基米德螺旋线长度来表示流动性大小。

3）结晶性

热塑性塑料按其冷凝时有无结晶现象,可分为结晶型塑料和非结晶型塑料(又称无定型塑料)两大类。所谓结晶现象就是塑料由熔融态到冷凝过程中,分子由无次序的自由运动状态而逐渐排列成为正规模型倾向的一种现象。属于结晶型塑料的有聚乙烯、聚丙烯、聚四氟乙烯、聚甲醛、聚酰胺和氯化聚醚等;属于非结晶型的塑料有聚苯乙烯、聚碳酸酯、ABS、聚砜和聚甲基丙烯酸甲酯等。

一般来说,结晶型塑料是不透明的或半透明的,非结晶型塑料是透明的。但也有例外,如聚 4 - 甲基戊烯 - 1 为结晶型塑料,却有高度的透明性;ABS 塑料属于非结晶型塑料,却不透明。

结晶型塑料一般使用性能较好,结晶时不大可能形成完全的晶体,一般只能有一定程度的结晶。结晶度大的塑料密度大,强度、硬度和刚度高,耐磨性、耐化学性和电性能好;结晶度小的塑料柔软性、透明性好,伸长率和冲击韧性较大。

4）热敏性

热敏性是指某些塑料对热较为敏感,在高温下受热时间长或受剪切作用力大时,料温增高而产生变色、降解、分解的特性。具有这种特性的塑料称为热敏性塑料。如硬聚氯乙烯、醋酸乙烯共聚物、聚甲醛和聚三氟氯乙烯等。

热敏性对塑料的成型加工影响很大。为了防止热敏性塑料在成型过程中出现分解等现象,一方面在塑料中加入一些抗热敏性的热稳定剂,并控制成型加工的温度和加工周期;另一方面合理设计模具结构、选择合适的成型设备。

5）吸湿性

吸湿性是指塑料对水分子的亲疏程度。按吸湿能力大小,塑料大致可分为吸湿、粘附水分及不吸水也不易粘附水分的两种。塑料中含水量必须控制在允许范围内,不然在高温、高压下水分变成气体或发生水解作用,导致塑料起泡、流动性下降、外观及力学性能不良。因此对吸湿性强的塑料必须在成型前进行干燥处理。

6）应力开裂及熔体破裂

有些塑料如聚苯乙烯、聚碳酸酯和聚砜等对应力敏感,成型时易产生内应力并质脆易裂,塑件在外力或溶剂作用下即发生开裂,这种现象称为应力开裂。为防止这种缺陷产生,一方面可在塑料中加入增强添加剂加以改性;另一方面应合理安排成型工艺过程和设计模具,如成型前的预热干燥,正确确定成型工艺条件,对塑件进行后处理,合理设计模具浇注系统和推出装置等。还要注意提高塑件的结构工艺性。

当一定融熔指数的塑料熔体,在恒温下通过喷嘴孔时,其流速超过一定值后,熔体表面发生明显横向裂纹,这种现象称为熔体破裂。发生熔体破裂有损塑件外观及性能。故在选用熔融指数较大的塑料时,应增大喷嘴、流道、浇口截面以减小注射速度,提高料温,从而防止熔体破裂现象的产生。

（2）热固性塑料的工艺性能

1）收缩性

热固性塑料成型收缩的形式及影响因素与热塑性塑料基本相同。在模具设计时应根据影响因素综合考虑选取塑料的收缩率,其收缩率的计算方法与热塑性塑料相同。

2）流动性

热固性塑料的流动性通常用拉西格流动性来表示。图 2 - 2 是拉西格流动性测定模。将一定重量的热固性塑料预压成圆锭,将圆锭放入压模中,在一定的温度和压力下,测定塑料自模孔中挤出的长度(单位为 mm),此即为拉西格流动性,数值越大流动性越好。每一品种的塑料的流动性通常分为 3 个不同的等级,以供不同的塑件及成型工艺选用。

3) 固化特性

热固性塑料在成型过程中,树脂发生交联反应,分子结构由线型变为体型,塑料由既可熔又可溶变为既不熔又不溶的状态,在成型工艺中把这一过程称为固化。固化速度通常以固化 1 mm 厚的塑料试样所需的时间来表示,单位为 s/mm。固化速度与塑料品种、塑件壁厚、结构形状、成型温度、是否预热和预压等因素有关。

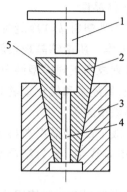

1—凸模;2—凹模;3—模套;
4—流料槽;5—加料室
图 2-2 拉西格流动性测定模

4) 比容与压缩率

比容是指单位质量的松散塑料所占的体积,单位为 cm^3/g。压缩率是指塑料的体积与塑件的体积之比,其值恒大于 1。

比容和压缩率都表示粉状或纤维状塑料的松散程度,都可作为确定模具加料室的大小的依据。比容和压缩率大,则要求加料腔大,塑料内部充气多,成型时排气困难,成型周期长,生产率低;比容和压缩率小,情况则相反。但比容和压缩率太小,以容积法装料则会造成加料量不准确。

5) 水分及挥发物

塑料中水分及挥发物来自两个方面:一是塑料生产过程中残留下来的,以及贮存、运输中吸收的;二是成型过程中发生化学反应的副产物。

塑料中适量的水分及挥发物含量,在成型过程中可起增塑作用,利于提高塑料流动性,便于成型;塑料中水分及挥发物含量过多时,会引起塑料流动性过大,易产生溢料,成型周期加长,收缩率增大,塑件易发生翘曲、变形、组织疏松及裂纹等缺陷,性能降低;塑料中水分及挥发物含量不足时,会导致流动性不良,成型困难。

二、塑料制件的设计

塑料制件设计视塑料成型方法和塑料性能不同而有所差异,本节主要讨论具有代表性的、产量最大、结构复杂的注射、压缩和压注成型塑件的设计。

塑料制件主要是根据使用要求进行设计。为了得到合格的塑料制件,除合理选用塑料材料外,还必须考虑塑件的结构工艺性。在满足使用要求的前提下,塑件形状、结构应尽可能地做到简化模具结构,符合成型工艺特点,从而既保证塑件顺利成型,又降低成本,提高生产效率。在设计塑料制件时必须考虑以下几方面的因素:

① 塑料的物理机械性能、化学性能、电性能和热性能,如强度、吸水性、耐老化性和耐热性等。

② 塑料的成型工艺性,如流动性、收缩性等。

③ 塑件的形状结构应力求简单,且有利于充模流动、排气、补缩,同时能适应高效冷却硬化(热塑性塑料制品)或快速受热固化(热固性塑料制品)。

④ 模具的总体结构,特别是抽芯与脱模的复杂程度。

⑤ 模具零件的形状及其制造工艺。

塑料制件设计的主要内容包括塑件的尺寸、精度、表面质量、形状、壁厚、斜度、加强肋、支承面、圆角、孔、螺纹、齿轮、嵌件、标记、符号及文字等。

1. 塑件的尺寸、精度和表面质量

（1）尺　寸

这里的尺寸是指塑件的总体尺寸，而不是壁厚、孔径等结构尺寸。

塑件尺寸的设计受塑料流动性的影响。对于流动性差的塑料（如玻璃纤维增强塑料）和薄壁塑件，在注射模塑和压注模塑时塑件尺寸不宜设计得过大，以免不能充满型腔或形成熔接痕，影响塑件的外观和强度。另外，压缩模塑的塑件尺寸受到压机最大压力及台面尺寸的限制；注射模塑的塑件尺寸受到注射机的注射量、锁模力及模板尺寸的限制。

（2）精　度

塑件的尺寸精度是指所获得的塑件尺寸与设计尺寸的符合程度。影响塑件精度的因素十分复杂，除与模具制造精度和模具磨损有关外，还与塑料收缩率的波动、成型时工艺条件的变化、飞边厚度的变化、脱模斜度等因素有关。因此塑件精度确定应合理，尽可能选用低精度等级。

表 2-1 为我国工程塑料模塑塑件尺寸公差的国家标准 GB/T 14486—2008。塑件尺寸公差的代号为 MT，公差等级分为 7 级，每一级又分为 A、B 两部分，其中 A 为不受模具活动部分影响尺寸的公差，B 为受模具活动部分影响尺寸的公差。该标准只规定标准公差值，上、下偏差可根据塑件的配合性质来分配。

塑件公差等级的选用与塑料品种有关，见表 2-2。

（3）表面质量

塑件的表面质量包括有无斑点、条纹、凹痕、起泡及变色等缺陷，还有表面光泽性和表面粗糙度。表面缺陷必须避免；表面光泽性和表面粗糙度应根据塑件的使用要求而定。

塑件的表面粗糙度主要取决于模具型腔表面的粗糙度。一般来说，塑件表面粗糙度 Ra 的值为 $0.8\sim0.2\ \mu m$，模具的表面粗糙度要比塑件高 $1\sim2$ 级。

2. 塑件的结构设计

（1）形　状

塑件的形状应有利于成型，尽量简单，结构上应尽可能避免垂直于脱模方向的侧向凹凸或侧孔，以免采用瓣合分型或侧抽芯等复杂的模具结构。表 2-3 所示为塑件形状有利于塑件成型的典型实例。

有的塑件内侧或外侧凹凸形状较浅并带有圆角（或梯形斜面）时，如图 2-3(a)(b)所示 $(A-B)/B\leqslant5\%$ 或 $(A-B)/C\leqslant5\%$，可采用强制脱模方式脱出塑件。如聚乙烯、聚丙烯和聚甲醛等塑料的制件，当凹凸不超过 5% 时即可强制脱模。

（2）壁　厚

塑料制件的壁厚对塑件的质量影响很大。壁厚过小，成型时流动阻力大，大型复杂塑件难以充满型腔，塑件的强度和刚度难以保证；壁厚过大，不但浪费材料，而且增加了热固性塑料的受热固化和热塑性塑料的冷却硬化时间，使生产效率大大降低。此外，壁厚过大也易产生气泡、缩孔和翘曲等缺陷，从而影响塑件质量。

热固性塑料的小型塑件，一般壁厚取 $1.5\sim2.5\ mm$；大型塑件取 $3\sim8\ mm$。热塑性塑料易于成型薄壁塑件，最薄可达 $0.25\ mm$，但一般不宜小于 $0.6\sim0.9\ mm$，通常选取 $2\sim4\ mm$。设计时可参阅常用热塑性塑料和热固性塑料壁厚推荐值。

表 2-1 塑件公差数值表（GB/T 14486—2008）

公差等级	公差种类	基本尺寸																								
		>0~3	3~6	6~10	10~14	14~18	18~24	24~30	30~40	40~50	50~65	65~80	80~100	100~120	120~140	140~160	160~180	180~200	200~225	225~250	250~280	280~315	315~355	355~400	400~450	450~500
标注公差的尺寸公差值																										
MT1	A	0.07	0.08	0.09	0.10	0.11	0.12	0.14	0.16	0.18	0.20	0.23	0.26	0.29	0.32	0.36	0.40	0.44	0.48	0.52	0.56	0.60	06.4	0.70	0.78	0.86
	B	0.14	0.16	0.18	0.20	0.21	0.22	0.24	0.26	0.28	0.30	0.33	0.36	0.39	0.42	0.46	0.50	0.54	0.58	0.62	0.66	0.70	0.74	0.80	0.88	0.96
MT2	A	0.10	0.12	0.14	0.16	0.18	0.20	0.22	0.24	0.26	0.30	0.34	0.38	0.42	0.46	0.50	0.54	0.60	0.66	0.72	0.76	0.84	0.92	1.00	1.10	1.20
	B	0.20	0.22	0.24	0.26	0.28	0.30	0.32	0.34	0.36	0.40	0.44	0.48	0.52	0.56	0.60	0.64	0.70	0.76	0.82	0.86	0.94	1.02	1.10	1.20	1.30
MT3	A	0.12	0.14	0.16	0.18	0.20	0.24	0.28	0.32	0.36	0.40	0.46	0.52	0.58	0.64	0.70	0.78	0.86	0.92	1.00	1.10	1.20	1.30	1.44	1.60	1.74
	B	0.32	0.34	0.36	0.38	0.40	0.44	0.48	0.52	0.56	0.60	0.66	0.72	0.78	0.84	0.90	0.98	1.06	1.12	1.20	1.30	1.40	1.50	1.64	1.80	1.94
MT4	A	0.16	0.18	0.20	0.24	0.28	0.32	0.36	0.42	0.48	0.56	0.64	0.72	0.82	0.92	1.02	1.12	1.24	1.36	1.48	1.62	1.80	2.00	2.20	2.40	2.60
	B	0.36	0.38	0.40	0.44	0.48	0.52	0.56	0.62	0.68	0.76	0.84	0.92	1.02	1.12	1.22	1.32	1.44	1.56	1.68	1.82	2.00	2.20	2.40	2.60	2.80
MT5	A	0.20	0.24	0.28	0.32	0.38	0.44	0.50	0.56	0.64	0.74	0.86	1.00	1.14	1.28	1.44	1.60	1.76	1.92	2.10	2.30	2.50	2.80	3.10	3.50	3.90
	B	0.40	0.44	0.48	0.52	0.58	0.64	0.70	0.76	0.84	0.94	1.06	1.20	1.34	1.48	1.64	1.80	1.96	2.12	2.30	2.50	2.70	3.00	3.30	3.70	4.10
MT6	A	0.26	0.32	0.38	0.46	0.54	0.62	0.70	0.80	0.94	1.10	1.28	1.48	1.72	2.00	2.20	2.40	2.60	2.90	3.20	3.50	3.80	4.30	4.70	5.30	6.00
	B	0.46	0.52	0.58	0.68	0.74	0.82	0.90	1.00	1.14	1.30	1.48	1.68	1.92	2.20	2.40	2.60	2.80	3.10	3.40	3.70	4.00	4.50	4.90	5.50	6.20
MT7	A	0.38	0.48	0.58	0.68	0.78	0.88	1.00	1.14	1.32	1.54	1.80	2.10	2.40	2.70	3.00	3.30	3.70	4.10	4.50	4.90	5.40	6.00	6.70	7.40	8.20
	B	0.58	0.68	0.78	0.88	0.98	1.08	1.20	1.34	1.52	1.74	2.00	2.30	2.60	3.10	3.20	3.50	3.90	4.30	4.70	5.10	5.60	6.20	6.90	7.60	8.40
未注公差的尺寸允许偏差																										
MT5	A	±0.10	±0.12	±0.14	±0.16	±0.19	±0.22	±0.25	±0.28	±0.32	±0.37	±0.43	±0.50	±0.57	±0.64	±0.72	±0.80	±0.88	±0.96	±1.05	±1.15	±1.25	±1.40	±1.55	±1.75	±1.95
	B	±0.20	±0.22	±0.24	±0.26	±0.29	±0.32	±0.35	±0.38	±0.42	±0.47	±0.53	±0.60	±0.67	±0.74	±0.82	±0.90	±0.98	±1.06	±1.15	±1.25	±1.35	±1.50	±1.65	±1.85	±2.05
MT6	A	±0.13	±0.16	±0.19	±0.23	±0.27	±0.31	±0.35	±0.40	±0.47	±0.55	±0.64	±0.74	±0.86	±1.00	±1.10	±1.20	±1.30	±1.45	±1.60	±1.75	±1.90	±2.15	±2.35	±2.65	±3.00
	B	±0.23	±0.26	±0.29	±0.33	±0.37	±0.41	±0.45	±0.50	±0.57	±0.65	±0.74	±0.84	±0.96	±1.10	±1.20	±1.30	±1.40	±1.55	±1.70	±1.85	±2.00	±2.25	±2.45	±2.75	±3.10
MT7	A	±0.19	±0.24	±0.29	±0.34	±0.39	±0.44	±0.50	±0.57	±0.66	±0.77	±0.90	±1.05	±1.20	±1.35	±1.50	±1.65	±1.85	±2.05	±2.25	±2.45	±2.70	±3.00	±3.35	±3.70	±4.10
	B	±0.29	±0.34	±0.39	±0.44	±0.49	±0.54	±0.60	±0.67	±0.76	±0.87	±1.00	±1.15	±1.30	±1.45	±1.60	±1.75	±1.95	±2.15	±2.35	±2.55	±2.80	±3.10	±3.45	±3.80	±4.20

表 2 - 2　精度等级的选用

类　别	塑料品种	公差等级		
		标注公差尺寸		未注公差尺寸
		高精度	一般精度	
1	聚苯乙烯(PS) 聚丙烯(PP,无机填料填充) ABS 丙烯腈—苯乙烯共聚物(AS) 聚甲基丙烯酸甲酯(PMMA) 聚碳酸酯(PC) 聚醚砜(PESU) 聚砜(PSU) 聚苯醚(PPO) 聚苯硫醚(PPS) 聚氯乙烯(硬)(RPVC) 尼龙(PA,玻璃纤维填充) 聚对苯二甲酸丁二醇酯(PBTP,玻璃纤维填充) 聚邻苯二甲酸二丙烯酯(PDAP) 聚对苯二甲酸乙二醇酯(PBTP,玻璃纤维填充) 环氧树脂(EP) 酚醛塑料(PF,无机填料填充) 氨基塑料和氨基酚醛塑料(VF/MF,无机填料填充)	MT2	MT3	MT5
2	醋酸纤维素塑料(CA) 尼龙(PA,无填料填充) 聚甲醛(≤150 mm POM) 聚对苯二甲酸丁二醇酯(PBTP,无纤维填充) 聚对苯二甲酸乙二醇酯(PBTP,无纤维填充) 聚丙烯(PP,无填料填充) 氨基塑料和氨基酚醛塑料(VF/MF,有机填料填充) 酚醛塑料(PF,有机填料填充)	MT3	MT4	MT6
3	聚甲醛(>150 mm POM)	MT4	MT5	MT6
4	聚氯乙烯(软)(SPVC) 聚乙烯(PE)	MT5	MT6	MT7

表 2 - 3　塑件形状有利于成型的典型实例

序　号	不合理	合　理	说　明
1		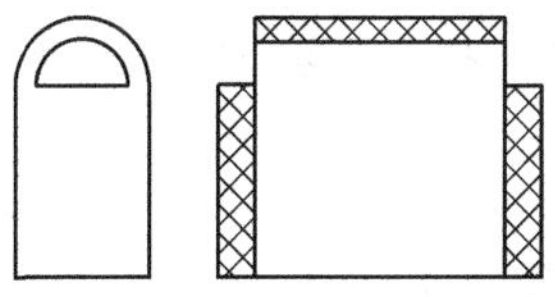	塑件侧孔改为右图形式,避免了侧向抽芯机构

序 号	不合理	合 理	说 明
2			增加塑件侧壁斜度,可采用组合型芯成型,避免了侧向抽芯机构
3			塑件结构在保证侧孔长度不变的情况下,避免了内侧凹,便于脱模
4			将横向侧孔改为竖向侧孔,避免了侧向抽芯机构

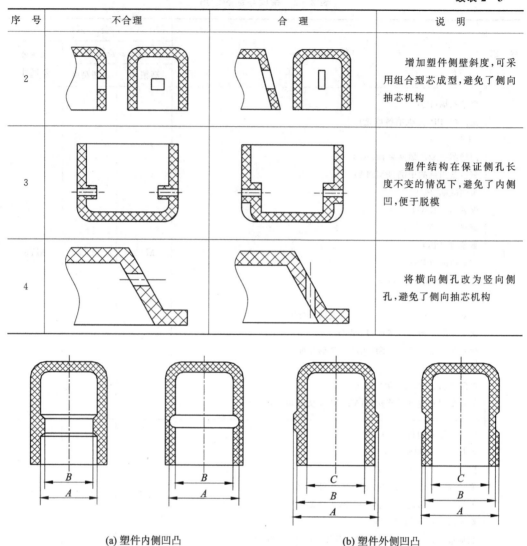

(a) 塑件内侧凹凸　　　　　　　　　　　　(b) 塑件外侧凹凸

图 2 - 3　可强制脱模的侧向凹凸

同一塑件壁厚应尽可能均匀一致,否则会因冷却硬化或固化速度不均而产生内应力,影响塑件的质量。对于壁厚不均匀的塑件结构,可加以改进。图 2 - 4(a)所示为壁厚不合理的塑件,图 2 - 4(b)所示为壁厚得到改善的塑件。

（3）斜　度

塑件在模具型腔中冷却收缩,会紧紧包住模具型芯或型腔中凸出部分,为了使塑件易于从模具内脱出,必须在塑件内外表面沿脱模方向设计足够的脱模斜度,如图 2 - 5 所示。斜度的大小与塑料的收缩率,塑件的形状、结构、壁厚及成型工艺条件都有关系,脱模斜度一般取 $30' \sim 1°30'$。

（4）加强筋

在塑件的适当位置上设置加强筋,可实现在不增加塑件壁厚的情况下,提高塑件的强度和刚度,避免气泡、缩孔、凹痕和翘曲变形等缺陷,沿着料流方向的加强筋还能降低塑料的充模阻

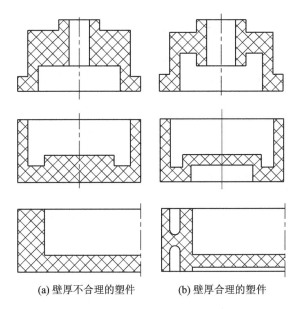

(a) 壁厚不合理的塑件　　　(b) 壁厚合理的塑件

图 2 - 4　塑件壁厚不均的改善

力。图 2 - 6(b)所示为采用加强筋来增加塑件的强度,避免了因壁厚不均匀而产生缩孔(见图 2 - 6(a))。平板塑件加强筋的布置图 2 - 7(b)比图 2 - 7(a)合理,加强筋与料流方向平行,降低了塑料的充模阻力。

对于图 2 - 8 所示的薄壁塑件,容器的盖可设计成球面(见图 2 - 8(a)),容器的底可设计成拱形曲面(见图 2 - 8(b)),容器的边缘设计成图 2 - 8(c)所示的形状。这都可以有效地增加刚性和减小变形。

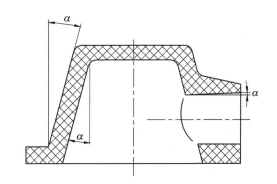

图 2 - 5　塑件的脱模斜度

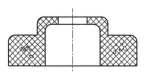

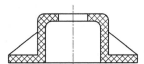

(a) 产生缩孔的塑件　　(b) 采用加强筋的塑件

图 2 - 6　采用加强筋改善壁厚

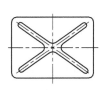

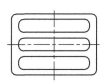

(a) 与料流方向不平行　(b) 与料流方向平行

图 2 - 7　加强筋的布置

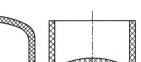

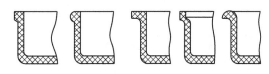

(a) 球面容器盖　(b) 拱形曲面容器底　　　　　　(c) 加强的容器边缘

图 2 - 8　薄壁塑件的设计

（5）支承面

以塑件的整个底面作为支承面是不合理的（图 2 - 9（a）），塑件稍有翘曲或变形就会造成底面不平。通常采用凸出的边框或凸出的底脚（3 点或 4 点）来作支承面，如图 2 - 9（b）和图 2 - 9（c）所示。当塑件底部有加强筋时，应使加强筋与支承面至少相差 0.5 mm 的高度，如图 2 - 9（d）所示。

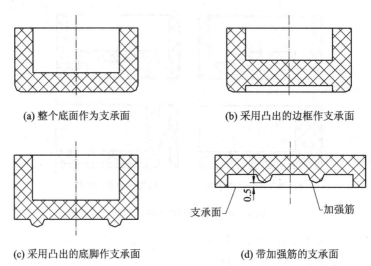

(a) 整个底面作为支承面　　　　　(b) 采用凸出的边框作支承面

(c) 采用凸出的底脚作支承面　　　　　(d) 带加强筋的支承面

图 2 - 9　支承面的结构形式

（6）圆　角

塑件除了使用上要求必须采用尖角之外，其余转角处均应尽可能采用圆弧过渡。采用圆弧过渡不仅避免了应力集中，提高了强度，而且还增加了塑件的美观程度，大大改善了塑料的充模流动特性。另外，相应的带圆角的模具在热处理或使用时，不会因应力集中而导致开裂。圆角半径一般不应小于 0.5 mm，塑件内壁圆角半径可取壁厚的一半，外壁圆角半径可取壁厚的 1.5 倍，壁厚不等的两壁转角可按平均壁厚确定内、外圆角的半径。

（7）孔

塑件上常见的孔有通孔、盲孔、异形孔和螺纹孔等。孔的位置应开设在不减弱塑件强度的部位，在孔与孔之间、孔与边缘之间应留有足够的距离，一般应大于孔径。塑件上固定用孔和其他受力孔的周围可设计出凸边或凸台来加强，如图 2 - 10 所示。

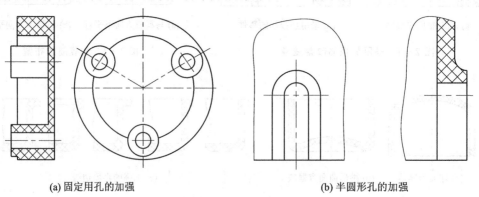

(a) 固定用孔的加强　　　　　　　　　(b) 半圆形孔的加强

图 2 - 10　孔的加强

1）通　孔

通孔不宜设计得太深,否则型芯的刚度和孔的同轴度不易保证。通孔成型常用以下几种方法,如图 2 - 11 所示。图 2 - 11(a)结构简单,但会出现不易修整的横向飞边,且当孔较深或孔径较小时易弯曲;图 2 - 11(b)由两端分别固定一个型芯来成型,并使其中一个型芯径向尺寸比另一个大 0.5～1 mm,这样即使稍有不同心,也能保证安装和使用,此法型芯长度缩短,稳定性增加,适用于孔较深且直径要求不高的场合;图 2 - 11(c)型芯一端固定,一端支撑,此法使型芯有较好的刚度和强度,又能保证同轴度,飞边易修整。

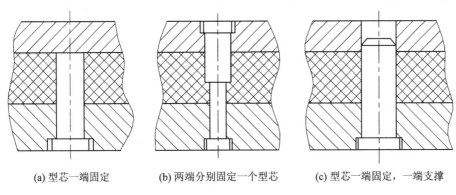

(a) 型芯一端固定　　　　(b) 两端分别固定一个型芯　　　　(c) 型芯一端固定,一端支撑

图 2 - 11　通孔的成型方法

2）盲　孔

盲孔是用一端固定的型芯来成型,故孔的深度应浅于通孔。注射或压注成型时,孔深应不超过孔径的 4 倍;压缩成型时,平行于压制方向的孔深一般不超过直径的 2.5 倍,垂直于压制方向的孔深不超过直径的 2 倍。

3）异形孔

异形孔的成型常常采用拼合型芯的方法,这样可以简化模具的设计,图 2 - 12 为典型的例子。

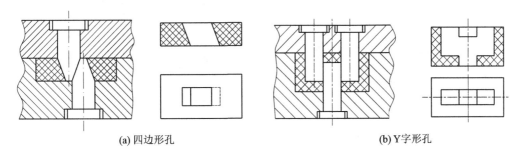

(a) 四边形孔　　　　　　　　　　　　(b) Y字形孔

图 2 - 12　拼合型芯成型异形孔

（8）标记、符号及文字

塑件上的标记、符号及文字有凸形、凹形和凹坑凸形 3 种结构形式。图 2 - 13(a)为凸形的结构形式,在模具上即为凹形,制模比较容易,但使用过程中凸形的标记、符号或文字易磨损;图 2 - 13(b)为凹形的结构形式,在模具上即为凸形,模具制造麻烦;图 2 - 13(c)为凹坑凸形的结构形式,这种形式无论是在研磨、抛光或是使用时都不易损坏,制造时可采用镶块,在镶块中加工凹形,再镶入模体中,制造方便。

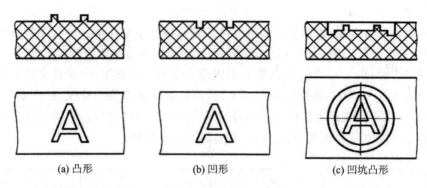

(a) 凸形　　　　　　(b) 凹形　　　　　　(c) 凹坑凸形

图 2 - 13　塑件上的标记、符号和文字

3. 螺纹的设计

塑件上的螺纹既可以用模具成型,也可以成型后由机械加工获得,对于经常拆装或受力较大的螺纹,则应采用金属螺纹嵌件。设计塑件上的螺纹应考虑以下几个方面:

① 塑件上的螺纹应选用螺牙尺寸较大的,螺纹直径较小时不宜采用细牙螺纹,否则会影响其使用强度。

② 塑料螺纹不能达到很高的精度,一般低于 3 级。

③ 塑件上螺纹的直径不宜过小,一般螺纹外径不宜小于 4 mm,内径不宜小于 2 mm。

④ 若模具上螺纹的螺距未考虑收缩率,则塑件螺纹与金属螺纹的配合长度不能太长,一般不大于螺纹直径的 1.5 倍。

⑤ 为防止螺纹最外圈崩裂或变形,应使其始末两端各留有一台阶,如图 2 - 14 所示。同时,始末两端不能突然开始和结束,必须有一个过渡段 l,其数值可按表 2 - 4 选取。

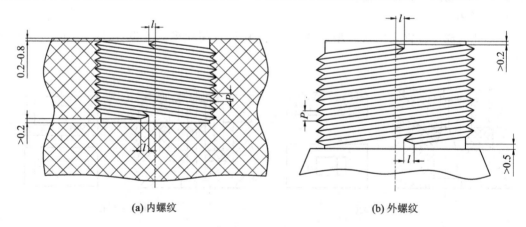

(a) 内螺纹　　　　　　　　　　(b) 外螺纹

图 2 - 14　塑料内、外螺纹的结构形状

⑥ 在同一型芯或型环上有前后两段螺纹时,应使两段螺纹的旋向相同,螺距相等,才可使塑件从型芯或型环上旋下来,如图 2 - 15(a)所示;若螺距不等或旋向不同,则要采用两段型芯或型环组合在一起,成型后分别旋下来,如图 2 - 15(b)所示。

4. 齿轮的设计

塑料齿轮目前主要用于精度和强度要求不太高的传动机构,塑料齿轮常用的塑料有尼龙、聚碳酸酯、聚甲醛和聚砜等。为使塑料齿轮适应注射成型工艺,对齿轮各部分尺寸有如下一些要求(见图 2-16):轮缘宽度 t_1 至少应为全齿高的 3 倍;辐板厚度 H_1 应不大于齿宽 H;轮毂厚度 H_2 应不小于齿宽 H,并相当于轴孔直径 D;轮毂外径 D_1 最小应为轴孔直径 D 的 1.5~3 倍。

表 2-4　塑件上螺纹始末端的过渡长度

螺纹直径/mm	螺距 P/mm		
	<0.5	0.5~1	>1
	始末端过渡长度 l/mm		
≤10	1	2	3
>10~20	2	3	4
>20~34	2	4	6
>34~52	3	6	8
>52	3	8	10

注:始末端的过渡长度相当于车制金属螺纹型芯或型腔的退刀长度。

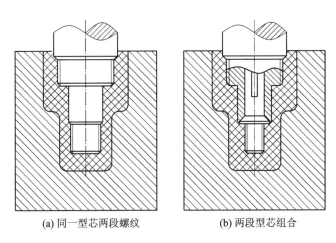

(a) 同一型芯两段螺纹　　　　(b) 两段型芯组合

图 2-15　两段同轴螺纹的设计

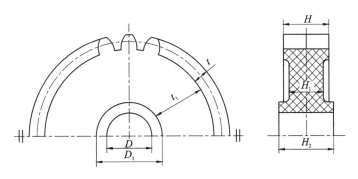

图 2-16　齿轮的各部分尺寸

为了减少尖角处的应力集中及成型时应力的影响,塑料齿轮应尽量避免截面的突然变化,圆角和过渡圆弧的半径尽可能加大。为避免装配时产生内应力,轴与孔的配合最好不采用过盈配合,而采用过渡配合。

5. 带嵌件塑件的设计

在成型时嵌入在塑件内的其他零件,并形成不可拆卸的连接,嵌入的零件称为嵌件。嵌件最常用的材料是金属,也有玻璃、木材和已成型的塑件等非金属材料。

塑件中镶入嵌件能够提高塑件局部的强度、硬度、耐磨性、导电性及导磁性等,也可以增加塑件的尺寸和形状的稳定性,降低塑料材料的消耗。常见的嵌件如图 2-17 所示。

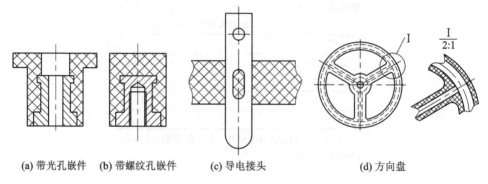

(a) 带光孔嵌件　(b) 带螺纹孔嵌件　　(c) 导电接头　　　　　(d) 方向盘

图 2-17　常见嵌件的形式

金属嵌件设计的要求:

(1) 嵌件与塑料必须牢固连接

为防止嵌件使用时在塑件内转动或脱出,嵌件表面必须设计有适当的起伏形状,如开沟槽、滚花和折弯等。

(2) 嵌件在模具内应可靠定位

模具中嵌件在成型时受高压熔体的冲击,可能移位或变形,同时熔体还可能挤入嵌件上预制的孔或螺纹线中,影响嵌件使用,因此嵌件要可靠定位,嵌件的高度不宜超过其定位部分直径的 2 倍。

(3) 嵌件周围塑料层应有足够的厚度

由于金属嵌件冷却时尺寸变化与塑料的热收缩值相差很大,导致嵌件周围产生较大的内应力,可能会造成塑件的开裂。保证嵌件周围足够的塑料层厚度是防止塑件开裂的一个很有效的方法。

任务二　塑件基本参数的计算和注射机的选取

任务实施

1. 塑件体积和质量的计算

根据塑件的三维模型,利用三维软件直接可查得塑件的体积为 $V = 16.59 \text{ cm}^3$。

初步估算浇注系统的体积为 $V_j = 0.95 \text{ cm}^3$。

计算塑件的质量。查手册取塑料密度为 $\rho = 0.92 \text{ g/cm}^3$;塑件体积为 $V = 16.59 \text{ cm}^3$。

所以塑件的质量为 $m = V \times \rho = 16.59 \times 0.92 = 15.26 \text{ g}$。

浇注系统的质量为 $m_j = V_j \times \rho = 0.95 \times 0.92 = 0.88 \text{ g}$。

2. 确定型腔数并初步选取注射机

先确定型腔数,再选取注射机。根据塑件的结构及尺寸精度要求,注射模可采用一模两腔。

根据式(2-19)可得

$$V_{\max} \geqslant \frac{nV + V_j}{k} = \frac{(2 \times 16.59 + 0.95)\ \text{cm}^3}{0.8} = 42.67\ \text{cm}^3$$

查表2-5得,XS-ZY-125注射机最大注射量$V_{\max} = 125\ \text{cm}^3$,初选XS-ZY-125型注射机。

知识链接

一、注射成型原理及工艺

1. 注射成型原理

注射成型又称注塑成型,是塑料成型的一种重要方法,主要适用于热塑性塑料成型。注射成型原理如图2-18所示(以螺杆式注射机为例),将加入到料斗1中的粉料或粒料送入注射机的料筒中,经过加热和旋转的螺杆对塑料的剪切摩擦作用而逐渐塑化,并在转动着的螺杆的作用下不断输送至料筒前端的喷嘴附近,螺杆的转动使塑料塑化得更加均匀。当料筒前端的熔料堆积形成的压力,达到能够克服注射液压缸活塞退回的阻力时,螺杆在转动的同时,逐步向后退回,当螺杆退到预定位置时,即停止转动和后退,然后注射液压缸开始工作,带动螺杆按一定的压力和速度,将熔体经喷嘴注入模具型腔,保压一定时间并冷却成型,便可获得模具型腔赋予的形状和尺寸。开合模机构将模具打开,在推出机构的作用下取出塑件,即完成一个工作循环。

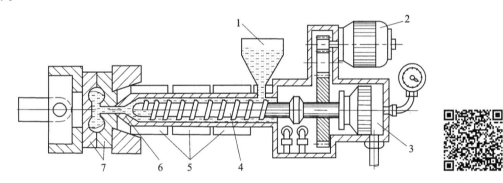

1—料斗;2—传动装置;3—注射油缸;4—螺杆;5—加热器;6—喷嘴;7—模具

图2-18　螺杆式注射机注射成型原理

2. 注射成型工艺过程

注射成型工艺过程包括成型前的准备、注射过程和塑件的后处理。

(1) 成型前的准备

在注射成型前准备工作主要有:对原料外观和工艺性能的检验、预热和干燥处理;注射机料筒的清洗或更换;对于脱模困难的塑件,合理选用脱模剂;嵌件的预热,有的模具也需要预热。

(2) 注射过程

注射过程是塑料转变成塑件的主要阶段。它包括加料、塑化、注射、保压、冷却定型和脱模等几个阶段。

(3) 塑件的后处理

后处理能够消除塑件存在的一些内应力,并可改善塑件的性能,提高尺寸的稳定性。塑件的后处理包括退火和调湿处理。退火处理是使塑件在定温的加热液体介质(如热水、热矿物油和液体石蜡等)或热空气循环烘箱中静置一段时间,然后缓慢冷却。其目的是消除塑件的内应力,稳定尺寸。调湿处理是将刚脱模的塑件放在热水中,以隔绝空气,防止塑件氧化,并加快达到吸湿平衡的一种处理方法。其目的是使塑件的颜色和尺寸达到稳定,性能得到改善。

3. 注射成型工艺条件

注射成型工艺条件中最主要的因素是温度、压力和时间。

(1) 温　度

注射成型过程需要控制的温度主要有料筒温度、喷嘴温度和模具温度。

1) 料筒温度

料筒温度的选择与塑料的品种、特性有关。料筒温度过低,塑化不充分;料筒温度过高,则可能会使塑料过热分解。料筒的温度分布一般采用前高后低的原则,即料筒的后端温度低,靠近喷嘴处的前端温度高,以防塑料因剪切摩擦热而产生降解现象。

2) 喷嘴温度

喷嘴温度一般略低于料筒的最高温度,以防温度过高熔料在喷嘴处产生流涎现象。

3) 模具温度

模具温度对熔体的充模流动、冷却速度及成型后塑件的性能影响很大。模具温度的高低取决于塑料结晶性有无、塑件尺寸、结构和性能的要求以及其他工艺条件(如熔料温度、注射速度、注射压力)。

(2) 压　力

注射成型工艺过程中压力包括塑化压力和注射压力两种,它们直接影响塑料的塑化和塑件的质量。

塑化压力又称背压,是指采用螺杆式注射机时,螺杆头部熔料在螺杆转动后退时所受到的压力。一般在保证塑件质量的前提下,塑化压力越低越好。注射压力是指柱塞或螺杆头部对塑料熔体所施加的压力。注射压力的大小取决于塑料品种、注射机类型、模具结构、塑件壁厚及其他工艺条件等。

(3) 时　间

完成一次注射成型过程所需的时间称为成型周期。它包括充模时间、保压时间、模内冷却时间和其他时间等,其他时间有开模、脱模、涂脱模剂、安放嵌件及合模等时间。

4. 注射成型的特点

注射成型具有成型周期短,生产效率高,能一次成型形状复杂、尺寸精确、带有金属或非金属嵌件的塑件,易于实现自动化生产,生产适应性强等特点。但注射成型所需设备昂贵,模具结构较复杂,制造成本高,不适合单件小批量塑件的生产。

二、注射机简介

注射机是注射模塑的成型设备,如图 2-19 所示,主要由注射装置、合模装置、电气控制系统、液压传动系统和机架等组成。

根据注射机外形结构特征,可将注射机分为卧式、立式和角式三种,其中卧式注射机最为常用。

1. 卧式注射机

卧式注射机如图 2-19 所示,注射装置与合模装置的轴线重合,并与设备安装底面平行。

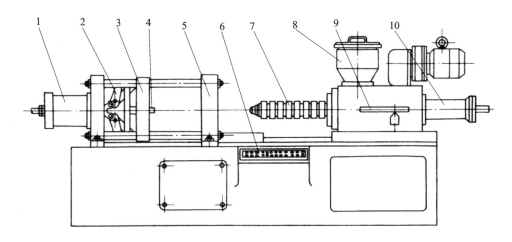

1—锁模液压缸;2—锁模机构;3—移动模板;4—顶杆;5—固定模板;6—控制台;
7—料筒及加热器;8—料斗;9—定量供料装置;10—注射液压缸

图 2 - 19　注射机的结构组成

优点是重心低,操作维修方便,塑件推出后可自行下落,便于实现自动化生产。缺点是模具的装拆及嵌件安放不方便,且设备占地面积较大。常用的卧式注射机型号有:XS - ZY - 30、XS - ZY - 60、XS - ZY - 125、XS - ZY - 500、XS - ZY - 1000、XS - Z - 60 等,其中,XS——塑料成型机械,Z——注射成型,Y——螺杆式(无 Y 表示柱塞式),30,60 等数字——最大注射量(cm^3 或 g)。也有用合模力或合模力与注射量来表示注射机的主参数。

2. 立式注射机

注射装置与合模装置的轴线重合,并与设备安装底面垂直。优点是占地面积小,模具装拆方便,安放嵌件和活动型芯简便可靠。缺点是重心高,不够稳定,加料不太方便,塑件推出后要人工取出,不易实现自动化生产。多用于注射量小于 $60~cm^3$ 的多嵌件塑件成型。

3. 角式注射机

注射装置与合模装置的轴线相互垂直。常见的角式注射机是沿水平方向合模,沿垂直方向注射。其特点是注射机的结构形式兼顾卧式和立式注射机的某些优缺点,占地面积介于二者之间,适用于生产形状不对称的塑件、带螺纹的塑件及使用侧浇口的模具。

表 2 - 5 是常用国产注射机的规格和性能,供模具设计时参考。

表 2 - 5　常用国产注射机的规格和性能

项　目 \ 型　号	XS - Z - 30	XS - Z - 60	XS - ZY - 125	XS - ZY - 250	XS - ZY - 500	XS - ZY - 1000	XS - ZY - 4000
注射量/cm^3	30	60	125	250	500	1 000	4 000
螺杆(柱塞)直径/mm	28	38	42	50	65	85	130
注射压力/MPa	119	122	119	130	104	121	106
注射行程/mm	130	170	115	160	200	260	370
注射时间/s	0.7	2.9	1.6	2	2.7	3	6
螺杆转速/($r \cdot min^{-1}$)	—	—	29,43,56,69,86,101	25,31,39,58,32,89	20,25,32,38,42,50,63,80	21,27,35,40,45,50,65,83	16,20,32,41,51,74

型号 项目	XS-Z-30	XS-Z-60	XS-ZY-125	XS-ZY-250	XS-ZY-500	XS-ZY-1000	XS-ZY-4000
注射方式	柱塞	柱塞	螺杆式	螺杆式	螺杆式	螺杆式	螺杆式
锁模力/kN	250	500	900	1 800	3 500	4 500	10 000
最大成型面积/cm²	90	130	320	500	1 000	1 800	3 800
模板最大行程/mm	160	180	300	500	500	700	1 100
模具厚度/mm 最大	180	200	300	350	450	700	1 000
模具厚度/mm 最小	60	70	200	200	300	300	700
拉杆空间/mm	235	190×300	260×290	448×370	540×440	650×550	1 050×950
模板尺寸/mm	250×280	330×440	428×450	598×520	700×850	—	—
锁模方式	液压-机械	液压-机械	液压-机械	液压-机械	液压-机械	稳压式	稳压式
油泵 流量/(L·min⁻¹)	50	70,12	100,12	180,12	200,25	200,18,18	50,50
油泵 压力/MPa	6.5	6.5	6.5	6.5	6.5	14	20
电动机功率/kW	5.5	11	10	18.5	22	40,5.5,5.5	17,17
螺杆驱动功率/kW	—	—	—4	5.5	7.5	13	30
加热功率/kW	1.75	2.7	5	9.83	14	16.5	37
机器外形尺寸/m	2.34×0.8 ×1.46	3.61×0.85 ×1.55	3.34×0.75 ×1.55	4.7×1.0 ×1.815	6.5×1.3 ×2.0	7.67×1.74 ×2.38	11.5×3.0 ×4.5
机器质量/kg	900	2 000	3 500	4 500	12 000	20 000	65 000
模具定位孔尺寸/mm	$\phi 63.5^{+0.064}_{0}$	$\phi 55^{+0.06}_{0}$	$\phi 100^{+0.054}_{0}$	$\phi 125^{+0.06}_{0}$	$\phi 150^{+0.06}_{0}$	$\phi 150^{+0.06}_{0}$	$\phi 200^{+0.06}_{0}$
喷嘴球径/mm	SR12	SR12	SR12	SR18	SR18	SR18	SR18
喷嘴孔径/mm	$\phi 4$	$\phi 4$	$\phi 4$	$\phi 4$	$\phi 5$	$\phi 7.5$	$\phi 7.5$
顶出 中心孔径/mm	—	$\phi 50$					
顶出 两侧 孔径/mm	$\phi 20$	—	$\phi 22$	$\phi 40$	$\phi 24.5$	$\phi 20$	—
顶出 两侧 孔距/mm	170	—	230	280	530	850	—

任务三　注射模总体结构方案的确定

任务实施

根据产品结构特点,模具结构可有两种方式:一种是采用中间板、动、定模板三板模,双分型面结构,模具结构较为复杂;另一种是采用动、定模两板式的结构,单分型面结构,模具易于加工制造。此种模具机构对浇注系统,冷却系统和推出机构的设计都较第一种方式有利,综合考虑,模具结构采用两板式结构更为合适。

1. 确定成型位置

如图 2 - 20 所示,根据塑件的结构特点,采用了一模两腔,并将塑件的回转轴线与模具的主流道衬套的轴线平行布置,型腔设置在定模部分。

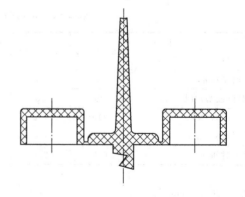

图 2 - 20　型腔的布置方案

2.　确定分型面

模具采用单分型面,考虑塑件的外观质量,同时考虑塑件的结构,将分型面设在塑件的底部。

3.　浇注系统的设计

采用普通的浇注系统。因为一模两腔,单分型面机构,故浇口的类型可采用侧浇口;主流道小端直径为 4.5 mm,锥度为 3°;采用平衡式分流道,分流道选用半圆形截面,直径为 3 mm,长度为 7 mm;冷料穴选用"Z"形。

4.　确定成型零部件结构

模具的成型零件主要由型芯和型腔构成,型芯选用整体式,嵌入在动模板中,型腔选择整体式,开设在定模板中。

5.　确定推出方式

结合塑件的结构特点,采用推杆推出的方式,由一根推杆推出制品,由拉料杆推出浇注系统的凝料。推出机构设置于动模一侧,所需脱模力为 192.08 kN。

6.　温度调节系统的设计

为了使冷却效果好、缩短成型周期,在模具的定模型腔板内开设了直通式冷却水道。冷却管道直径可取 8 mm。模具上开设的冷却水孔数为 4 个。

聚乙烯成型时需要模温为 30～55℃,可不考虑模具的加热。

7.　排气系统的设计

可利用分型面间隙以及推杆、拉料杆与孔的配合间隙排气,故不再单独设置排气系统。

8.　结构零部件的结构形式

模具的成型零件主要由型芯和型腔构成,其中型腔是在定模板中。模架按照国家标准GB/T 12555—2006 选取,选用模架型号为 A1820－60×25×70。

知识链接

一、注射模的结构组成及分类

1.　注射模的基本组成

注射模具的结构各不相同,但其基本结构都是由动模和定模两大部分组成,定模部分安装在注射机的固定模板上,动模部分安装在注射机的移动模板上,并可随移动模板的来回移动实现模具的开合。

注射模的结构如图 2-21 所示。根据注射模各个零部件所起的作用,可将模具分为以下几个组成部分:

(1) 成型零部件

成型零部件是指构成模具型腔、直接成型塑件的那部分零件,由凸模(型芯)、凹模和镶块等组成。凸模(型芯)成型塑件的内表面形状,凹模成型塑件的外表面形状。图 2-21 所示的定模板 8、动模板 9、型芯 3 等都是成型零部件。

(2) 浇注系统

浇注系统是指塑料由注射机喷嘴进入模具型腔所流经的通道,由主流道、分流道、浇口和

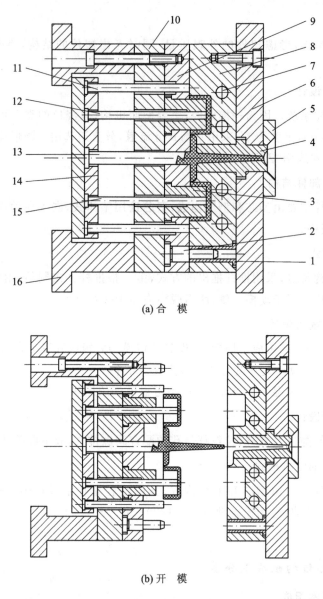

(a) 合 模

(b) 开 模

1—导套;2—导柱;3—型芯;4—主流道衬套;5—定位圈;6—定模座板;7—冷
却水道;8—定模板;9—动模板;10—支承板;11—复位杆;12—推杆;13—拉料
杆;14—推杆固定板;15—推板;16—模脚

图 2-21 注射模的结构

冷料井等组成。

（3）导向机构

导向机构是用于保证动、定模合模时准确对合。导向机构主要有导柱导向机构和在动、定模分别设置互相吻合的内外锥面导向。图 2-21 所示的导套 1 和导柱 2 构成了合模导向机构。此外,有的注射模的推出机构也设有导柱导向机构。

（4）支承零部件

支承零部件是用来安装固定或支承成型零部件以及模具上其他零部件的,与导向机构组合构成模架。图 2 - 21 所示的定模座板 6、支承板 10、模脚 16 等均为支承零部件。

（5）推出机构

推出机构是将成型后的塑件及浇注系统的凝料从模具中推出的装置，由推杆、推杆固定板、推板、拉料杆、复位杆、推板导柱和推板导套等组成。图 2 - 21 中的推出机构由复位杆 11、推杆 12、拉料杆 13、推杆固定板 14 和推板 15 等零件组成。

（6）侧向分型与抽芯机构

当塑件带有侧凹、侧凸或侧孔时，开模推出塑件之前，必须将成型侧凹、侧凸或侧孔的型芯或瓣合模块从塑件上脱开或抽出，合模时又须将其复位。实现这一功能的装置便是侧向分型与抽芯机构。

（7）温度调节系统

为了满足注射工艺对模温的要求，模具常常设有加热或冷却系统。图 2 - 21 所示的模具冷却系统开设了冷却水道 7。

（8）排气系统

在注射成型过程中，为了将型腔内的气体排出模外，常常需要开设排气系统。常用的方法是在分型面上开设排气沟槽，也可以利用推杆或活动型芯与模板之间的配合间隙来排气。小型模具可直接利用分型面来排气。

2. 注射模的分类

注射模具的种类很多。按所加工塑料的性质分类，可分为热塑性塑料注射模和热固性塑料注射模；按所用注射机的类型可分为卧式注射机用注射模、立式注射机用注射模和角式注射机用注射模；按模具型腔数目可分为单型腔注射模和多型腔注射模；按浇注系统的结构形式可分为普通流道注射模和热流道注射模；按注射模具总体结构特征分类，可分为单分型面注射模、双分型面注射模、侧向分型抽芯注射模、带有活动镶件的注射模、定模设推出装置的注射模和自动卸螺纹注射模等。

二、注射模典型结构

1. 单分型面注射模

单分型面注射模又称双板式注射模，是注射模中最简单、最常用的一种结构形式，只有一个分型面，其典型结构如图 2 - 21 所示。

工作原理如下：合模时，在导向机构的引导下，注射机的合模系统带动动模部分向前移动，使模具闭合，并在注射机提供的锁模力作用下，动、定模紧密贴合；注射时，塑料熔体经模具浇注系统进入型腔，充满型腔后经保压、补缩和冷却定型等过程后开模，如图 2 - 21(a) 所示；开模时，注射机开合模系统带动动模向后移动，模具从动、定模分型面打开，塑件包在型芯 3 上随动模一起后移，同时拉料杆 13 将浇注系统的凝料拉向动模一侧；当模具的推出机构碰到注射机的顶出装置时，动模继续后退，推出机构停止不动，推杆 12 和拉料杆 13 分别将塑件及浇注系统的凝料从型芯 3 和冷料井中推出，如图 2 - 21(b) 所示，从而完成一次注射过程。再合模时，复位杆 11 使推出机构复位，模具准备下一次注射。

2. 双分型面注射模

双分型面注射模具有两个分型面，浇注系统和塑件由不同的分型面取出，也叫三板式注射模，如图 2 - 22 所示。它与单分型面注射模相比，在动模和定模之间增加了一个可移动的中间板（又称流道板）。这类模具结构复杂，主要用点浇口浇注系统的注射模、侧向分型抽芯机构设在定模一侧的注射模以及因塑件结构特殊需要顺序分型的注射模。

工作原理如下：合模及注射过程同单分型面注射模相同。开模时，动模部分后移，由于弹簧9的作用，使中间板14随动模一起后移，模具首先在A—A分型面分型，主流道凝料随之拉出。当动模部分移动到一定距离后，固定在中间板14上的限位销8与定距拉板10左端接触，中间板14停止移动，A—A分型面分型结束。动模继续后移，B—B分型面开始分型。由于塑件包紧在型芯11上，浇注系统的凝料在浇口处与塑件分离，然后在A—A分型面自行脱落或由人工取出。动模继续后移，当注射机的顶杆接触推板2时，推出机构开始工作，推件板6在推杆16的推动下将塑件从型芯11上推出，塑件在B—B分型面自行落下。

3. 侧向分型抽芯注射模

当塑件带有侧凹、侧凸或侧孔时，在注射模里设有斜导柱或斜滑块等侧向分型抽芯机构，此类模具称为侧向分型抽芯注射模。图2-23所示为斜导柱侧向抽芯注射模。

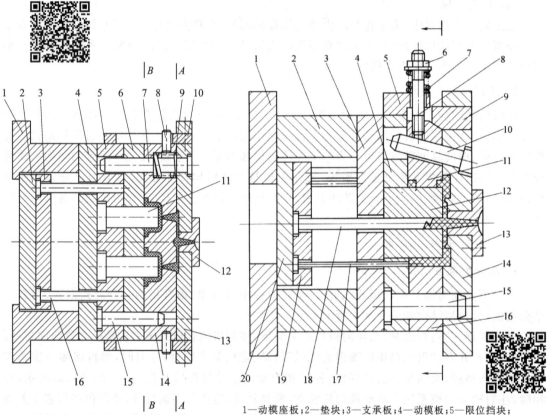

1—模脚；2—推板；3—推杆固定板；4—支承板；5—动模板；6—推件板；7、15—导柱；8—限位销；9—弹簧；10—定距拉板；11—型芯；12—主流道衬套；13—定模座板；14—中间板；16—推杆

1—动模座板；2—垫块；3—支承板；4—动模板；5—限位挡块；6—螺母；7—弹簧；8—滑块拉杆；9—楔紧块；10—斜导柱；11—侧型芯滑块；12—型芯；13—主流道衬套；14—定模座板；15—导柱；16—定模板；17—推杆；18—拉料杆；19—推杆固定板；20—推板

图2-22 双分型面注射模　　　　**图2-23 斜导柱侧向抽芯注射模**

工作原理如下：开模时，由于斜导柱10的限制作用，迫使侧型芯滑块11随动模向后移动时，会在动模板4的导滑槽内向外侧滑动，直至滑块与塑件完全脱开，完成侧向抽芯，滑块则由定位装置限制在挡块5上，塑件则包紧在型芯12上随动模继续后移，直至注射机顶杆与模具

推板 20 接触,推出机构开始工作,推杆将塑件从型芯上推出。合模时,复位杆使推出机构复位,斜导柱 10 使侧型芯滑块 11 向内移动复位,最后由楔紧块 9 锁紧。

4. 带有活动镶件的注射模

有些塑件带有内侧凸、内侧凹或螺纹孔等结构,这种结构的塑件成型时,模具无法用侧向抽芯机构来实现脱模。为简化模具结构,可以在型腔的局部设置活动镶件。脱模时这些活动镶件随塑件一起被推出模外,然后通过手工或用专门的工具将它与塑件分离,在下一次合模之前再重新将活动镶件放入模内。图 2 - 24 所示为带有活动镶件的注射模,成型带有内侧凸的塑件。

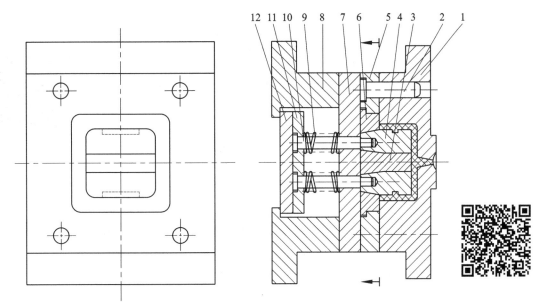

1—定模板;2—导柱;3—型芯;4—活动镶件;5—动模板;6—型芯座;7—支承板;
8—模脚;9—弹簧;10—推杆;11—推杆固定板;12—推板

图 2 - 24　带有活动镶件的注射模

工作原理如下:开模时,包在型芯和活动镶件上的塑件和浇注系统凝料一起随动模部分向后移。当移动到一定距离后,推出机构开始工作,推杆将活动镶件连同塑件一起推出模外,由人工将活动镶件与塑件分离。合模时,推出机构在弹簧的作用下先行自动复位,然后人工将活动镶件安放到模具内合模,进行下一次注射成型。

5. 定模设推出装置的注射模

一般注射模脱模时,塑件均留在动模一侧,但有时因塑件的特殊要求或受塑件形状的限制,脱模时塑件留在定模上或有可能留在定模上,则应在定模一侧设置推出机构。图 2 - 25 所示为定模设推出装置的注射模,成型形状特殊的塑料衣刷。

工作原理如下:开模时,动模部分后移,同时动模板 5 上的拉板固紧螺钉 4 也带动拉板 8 一起后移,塑件留在定模一侧。当移动到拉板 8 与固定在推件板 7 上的螺钉 6 接触时,推件板 7 将塑件从型芯 11 上推出。

三、分型面的设计

为了取出塑件和浇注系统凝料以及安放嵌件的需要,将模具型腔分成两个或多个可分离的部分,这些部分的接触表面称为分型面。

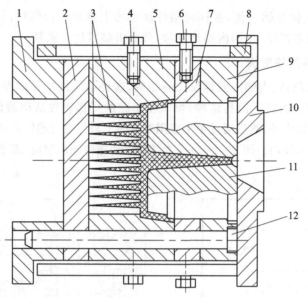

1—模脚；2—支承板；3—成型镶片；4—拉板固紧螺钉；5—动模板；6—螺钉；
7—推件板；8—拉板；9—定模板；10—定模座板；11—型芯；12—导柱

图 2-25　定模设推出装置的注射模

1. 分型面的形式

注射模有单个分型面和多个分型面之分。在多个分型面的模具中，用于取出塑件的那个分型面为主分型面，其他的分型面为辅助分型面。

分型面的形状有平直分型面、倾斜分型面、阶梯分型面、曲面分型面和瓣合分型面等，如图 2-26 所示。

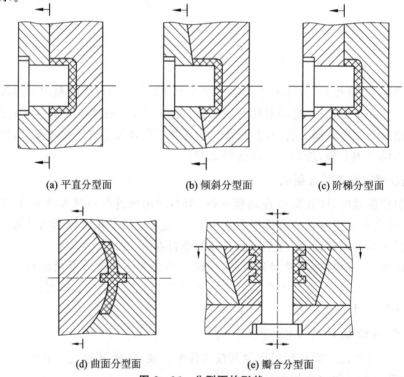

(a) 平直分型面　　　　　(b) 倾斜分型面　　　　　(c) 阶梯分型面

(d) 曲面分型面　　　　　　　(e) 瓣合分型面

图 2-26　分型面的形状

2. 分型面的设计原则

影响分型面的因素很多,选择分型面一般应遵循以下几个基本原则:

(1) 分型面应选择在塑件外形最大轮廓处

将分型面选在最大轮廓处,这是最基本的原则,否则塑件无法从型腔中取出。

(2) 分型面的选择应有利于塑件顺利脱模

一般注射模的脱模机构均设置在动模一侧,因此分型面的选择应尽可能使塑件在开模后留在动模一侧,以便塑件顺利脱模。图 2-27(a)所示的分型,由于塑件收缩包紧在型芯上,分型后塑件留在定模一侧,这就必须在定模部分设置推出机构,增加了模具的复杂程度;而图 2-27(b)所示的分型,分型后塑件留在动模一侧,利用推出机构很容易推出塑件。

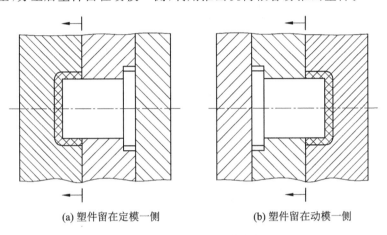

(a) 塑件留在定模一侧　　　　　(b) 塑件留在动模一侧

图 2-27　分型面对脱模的影响

(3) 分型面的选择应保证塑件的精度要求

如图 2-28 所示的塑件,两外圆柱面有较高的同轴度要求,若按图 2-28(a)设置分型面,两圆柱面分别在动、定模两侧,同轴度很难保证;若采用图 2-28(b)的形式,塑件均在定模一侧的型腔内,其同轴度得以保证。

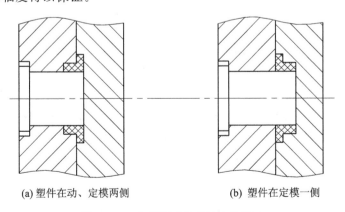

(a) 塑件在动、定模两侧　　　　　(b) 塑件在定模一侧

图 2-28　分型面对塑件精度的影响

(4) 分型面的选择应考虑塑件外观质量

分型面最好不要选在塑件光滑的表面和产生飞边不易修整的部位。图 2-29(a)所示的分型面选在光滑表面处,飞边不易清除且影响塑件外观;而图 2-29(b)的分型面正好处在大、

小圆柱面的交接处,即不影响塑件外观,飞边也易清除。

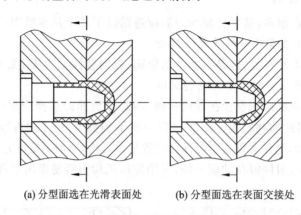

(a) 分型面选在光滑表面处   (b) 分型面选在表面交接处

图 2 - 29　分型面对塑件外观质量的影响

(5) 分型面的选择应有利于排气

为了便于排气,一般分型面应尽可能与熔体流动的末端重合。图 2 - 30(a)中的结构,料流末端被封堵,排气效果差;图 2 - 30(b)中的结构合理。

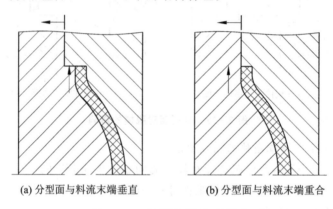

(a) 分型面与料流末端垂直   (b) 分型面与料流末端重合

图 2 - 30　分型面对排气的影响

(6) 分型面的选择应便于模具制造

如图 2 - 31 所示的塑件,若采用图 2 - 31(a)的形式,推管的工作端部需要加工出阶梯形状,且需要考虑止转,制造麻烦,另外合模时还需与定模型腔配合,模具制造难度加大;而图 2 - 31(b)所示的形式,模具制造容易。

分型面的设计,除上述原则要求之外,还要考虑锁模力的方向、侧向抽芯是否方便等因素。在实际设计中,很难做到全部满足上述原则,应考虑主要问题,合理地确定分型面。

四、浇注系统和排气系统设计

1. 普通浇注系统设计

浇注系统是指模具中由注射机喷嘴与模具接触处到型腔为止的塑料熔体流动通道。它的作用是将塑料熔体均匀地引入模具型腔,在充填和定型过程中,将型腔内气体排出,并将注射压力传递到型腔各个部位,以获得形状完整、尺寸稳定的合格塑件。

普通浇注系统一般由主流道、分流道、浇口和冷料井等部分组成,如图 2 - 32 所示。其中,图(a)所示为卧式或立式注射机上用的注射模的浇注系统,图(b)所示为角式注射机上用的注射模的浇注系统。

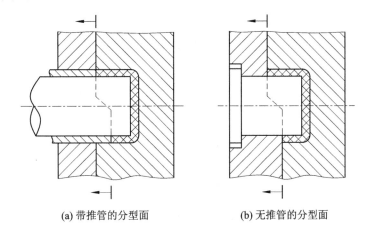

(a) 带推管的分型面　　　　　　　(b) 无推管的分型面

图 2 - 31　分型面对模具制造的影响

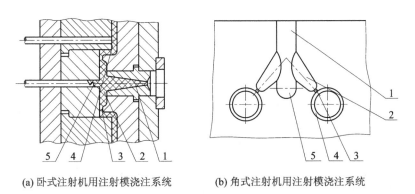

(a) 卧式注射机用注射模浇注系统　　　(b) 角式注射机用注射模浇注系统

1—主流道；2—分流道；3—浇口；4—塑件；5—冷料井

图 2 - 32　普通浇注系统的组成

（1）主流道

主流道是指从注射机喷嘴与模具接触处到分流道为止的一段流道，是塑料熔体进入模具型腔最先流经的部位，通常设计在注射模的主流道衬套中。主流道轴线一般位于模具中心线上，与注射机喷嘴轴线重合。主流道结构及与注射机喷嘴的连接关系如图 2 - 33 所示。

为了让主流道凝料能从主流道衬套中顺利取出，主流道设计成锥角 α 为 2°～ 6°的圆锥形，流道表面粗糙度 $Ra \leqslant 0.8\ \mu m$，长度一般不超过 60 mm，与分流道结合处需采用半径为 1～3 mm 的圆角过渡。主流道衬套一般选用碳素工具钢如 T8A、T10A 等材料，热处理淬火硬度 53～57HRC。

主流道与注射机喷嘴的对接处设计成球形凹面，其深度为 $(1/3～2/5)R$，球面半径 R 比喷嘴球面半径 R_1 大 2～3 mm，小端直径 d 比注射机喷嘴直径 d_1 大 0.5～1 mm。主流道衬套的结构形式，以及与模板、定位圈的固定形式如图 2 - 34 所示。主流道衬套与模板的配合采用 H7/m6，与定位圈的配合采用 H9/f9。在设计小型模具时，可将主流道衬套与定位圈设计成整体式，如图 2 - 34(a)所示。

（2）分流道

分流道是指主流道末端与浇口之间的一段流道。对于小型塑件的单型腔注射模，通常不

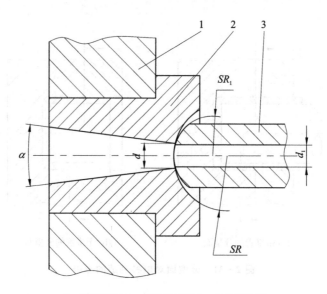

1—定模座板；2—主流道衬套；3—注射机喷嘴

图 2-33　主流道结构及与注射机的关系

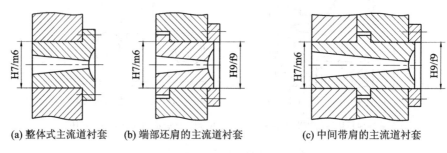

(a) 整体式主流道衬套　　　(b) 端部还肩的主流道衬套　　　(c) 中间带肩的主流道衬套

图 2-34　主流道衬套的结构及固定形式

设分流道。分流道作用是改变熔体流向，使其平稳、均衡地分配到各个型腔。

1）分流道的截面形状及尺寸

常用的分流道截面形状有圆形、梯形、U 形、半圆形及矩形等，如图 2-35 所示。圆形截面的比表面积（流道表面积与体积之比）最小，但需同时在分型面两侧模板上开设半圆截面，要使两者完全吻合，制造较困难；梯形和 U 形截面分流道加工较容易，且热量损失和流动阻力不大，为最常用的形式；半圆形和矩形截面分流道比表面积均较大，其中矩形最大，热量及压力损失大，故矩形截面分流道比半圆截面分流道更少采用。

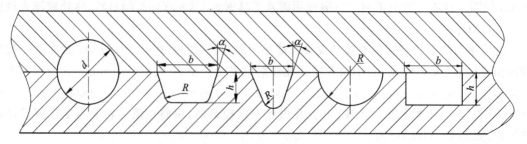

图 2-35　分流道截面形状

通常圆形截面分流道直径 d 为 $2\sim10$ mm,对于大多数塑料,常取 $5\sim6$ mm;梯形截面分流道的侧面斜角 α 常取 $5°\sim10°$,宽度 b 可在 $4\sim12$ mm 内选取,深度 $h=(2/3)b$;U 形截面分流道的宽度 b 可在 $5\sim10$ mm 内选取,半径 $R=0.5b$,深度 $h=1.25R$,斜角 $\alpha=5°\sim10°$;半圆形截面分流道半径 R 为 $0.5d$。

2) 分流道的布置形式

分流道的布置形式有平衡式和非平衡式两种。

平衡式布置是指主流道到各个型腔分流道的长度、截面形状及尺寸均相同,如图 2-36 所示。这种布置形式可实现各个型腔能同时均衡进料,但分流道较长。

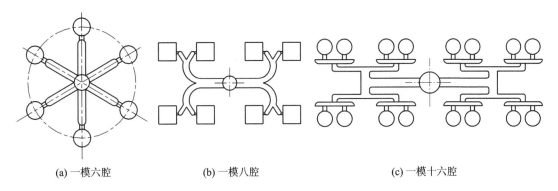

(a) 一模六腔　　　　　(b) 一模八腔　　　　　　　(c) 一模十六腔

图 2-36　分流道的平衡式布置

非平衡式布置则是指主流道到各个型腔分流道的长度不同,如图 2-37 所示。这种布置形式在型腔较多时,可缩短流道的长度,型腔排列紧凑,但为了实现同时充满各个型腔的要求,而采用调节各浇口尺寸的办法是相当复杂和困难的。因此,对于精度要求特别高的塑件,不宜采用非平衡式布置形式。

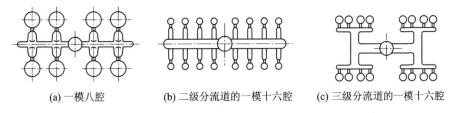

(a) 一模八腔　　　(b) 二级分流道的一模十六腔　　(c) 三级分流道的一模十六腔

图 2-37　分流道的非平衡式布置

分流道设计时应注意尽量减少熔体流动过程中的热量和压力损失。为便于分流道的加工和凝料脱模,分流道大都设在分型面上。分流道的表面不必很光,表面粗糙度 Ra 一般取 1.6 μm 即可,这样可使外层塑料的冷却皮层固定,形成绝热层。另外,当分流道较长时,在分流道末端应开设冷料井,以容纳前锋冷料,保证塑件的质量。

（3）浇　　口

浇口是连接分流道与型腔的熔体通道,它在大多数情况下是浇注系统中截面尺寸最小且长度最短的部分。浇口的作用主要表现为:对塑料熔体流入型腔起控制作用,有利于充模;当充模结束注射压力撤消后,浇口处熔体较早凝固,防止型腔内熔体的倒流;成型后也便于塑件与整个浇注系统凝料分离。

浇口形式、大小、数量及位置的确定在很大程度上决定了塑件的质量,也影响了成型周期的长短。常见的浇口形式、尺寸及特点见表 2-6。

表 2-6　浇口的形式及特点

序号	浇口形式	简图	特点及应用
1	（主流道型浇口）直接浇口	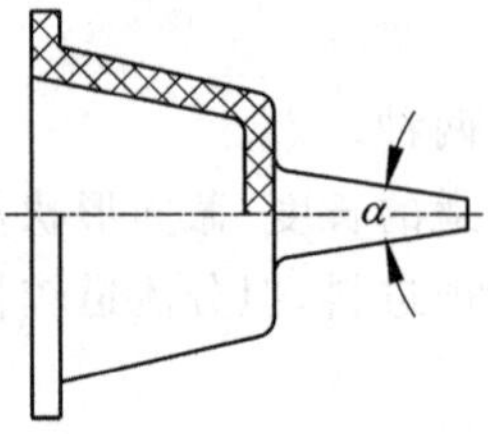 $\alpha=2°\sim 4°$	浇口尺寸较大,流程短,流动阻力小,进料速度快,补缩时间长,利于排气。但易产生残余应力和缩孔,浇口去除困难,且留有明显痕迹。 适用于大、中型深型腔筒形或壳形塑件、热敏性塑料和高粘度塑料
2	（边缘浇口）侧浇口	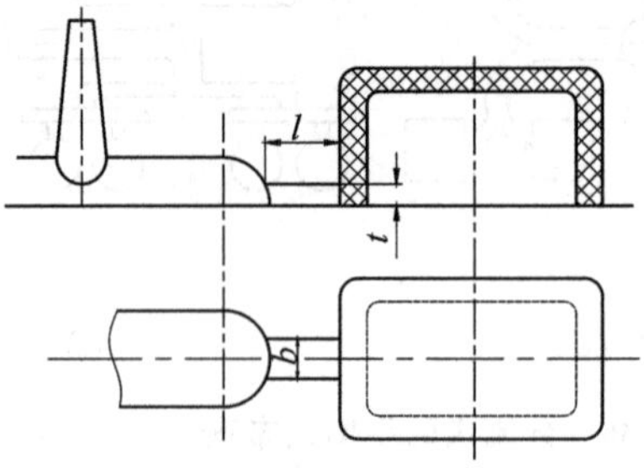 浇口宽 $b=1.5\sim 5$ mm,浇口深 $t=0.5\sim 2$ mm,浇口长 $l=0.7\sim 2$ mm	一般开设在分型面上,可以调整充模时的剪切速率和浇口封闭时间。浇口截面小,去除容易,且不留明显痕迹。但注射压力损失大,成型深型腔塑件时排气困难,易形成熔接痕。 适用于成型各种塑料、各种形状的塑件,应用广泛
3	扇形浇口	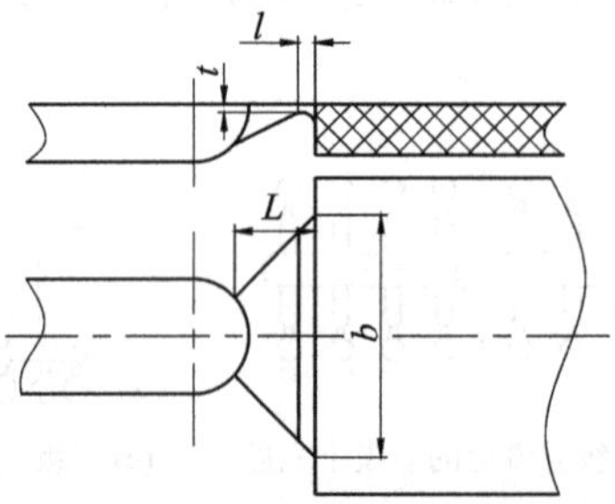 与型腔接合处浇口长 $l=1\sim 1.3$ mm,深 $t=0.25\sim 1$ mm,宽度 $b\geqslant 6$ mm,浇口总长 L 取 6 mm 左右	侧浇口的变异形式,沿宽度方向上进料更加均匀,可降低塑件的内应力,避免流纹及定向所带来的不良影响,减少带入空气的可能性。但浇口痕迹较明显。 适用于扁平而较薄的塑件成型
4	平缝浇口	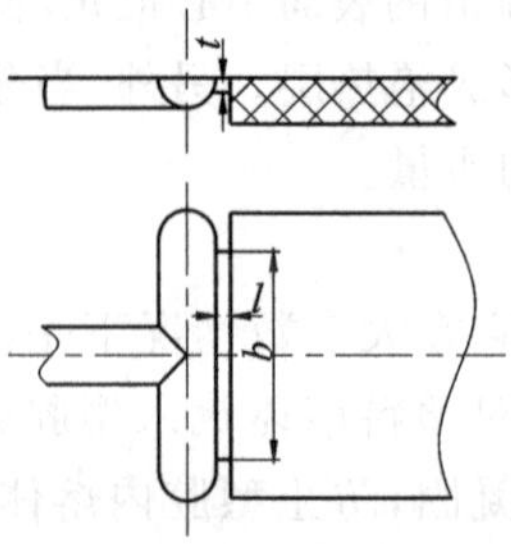 浇口长 $l=1.2\sim 1.5$ mm,深 $t=0.25\sim 0.65$ mm,宽度 b 取塑件宽度的 25%～100%	侧浇口的另一变异形式,熔体通过特别开设的平行流道与平缝浇口得到均匀分配,料流平稳均匀地进入型腔,无熔接痕,并可降低塑件内应力,减少翘曲变形。但去除浇口凝料的后加工量大。 主要用于成型面积较大的扁平塑件

序　号	浇口形式	简　图	特点及应用
5	环形浇口	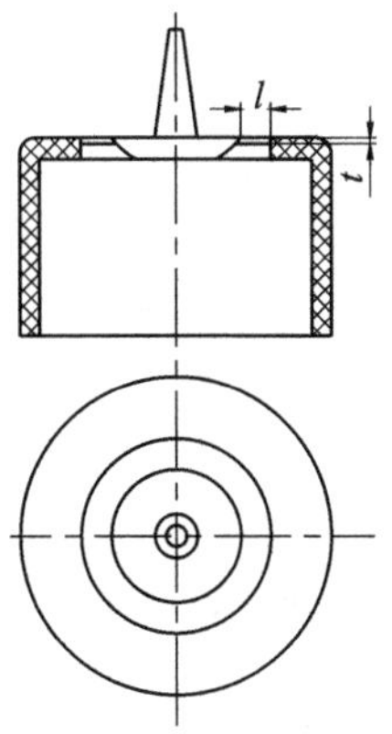 浇口深 $t=0.25 \sim 1.6$ mm,浇口长 $l=0.8 \sim 1.8$ mm	此浇口进料均匀,流动状态好,排气容易,塑件上无熔接痕。但浇口凝料去除困难。 主要用于成型圆筒形无底塑件
6	轮辐式浇口	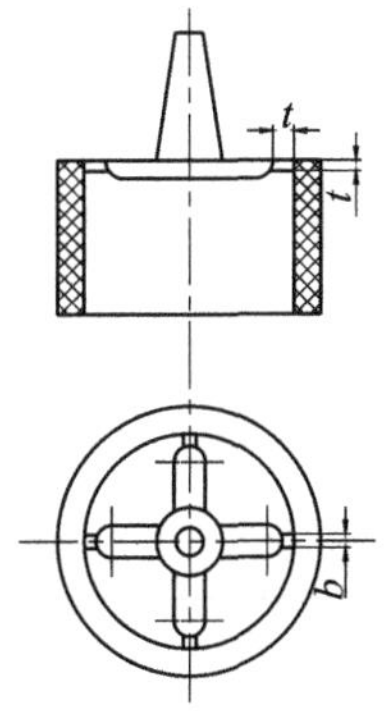 深 $t=0.5 \sim 1.5$ mm,长 $l=1 \sim 2$ mm, 宽度 b 视塑件大小而定	此浇口是环形浇口的改进形式,把整个圆周进料改为几小段圆弧进料,浇口凝料去除方便,回头料较少,同时型芯上部得到定位而增加了稳定性。但塑件上熔接痕增加了,对塑件强度有影响。 适用范围与环形浇口类似
7	爪形浇口	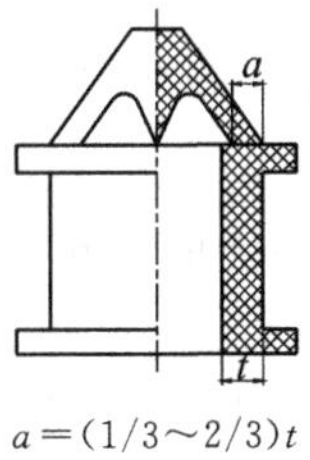 $a=(1/3 \sim 2/3)t$	该浇口是轮辐式浇口的变异形式,与轮辐式浇口的区别仅在于分流道与浇口不在一个平面内。 主要适用于内孔较小的管状件和同轴度要求高的塑件
8	（针点浇口或菱形浇口）点浇口	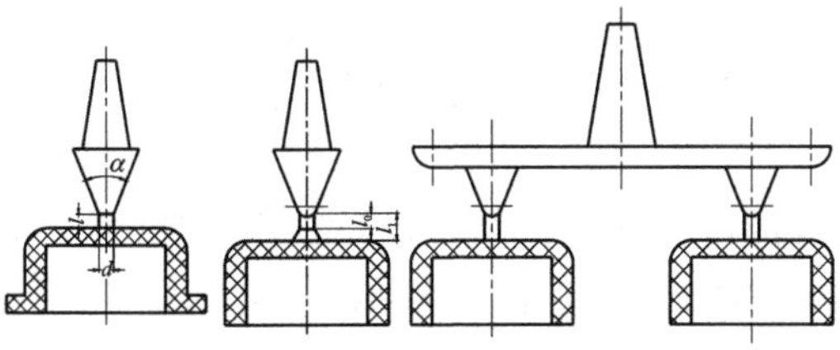 $d=0.5 \sim 2$ mm,$l=0.5 \sim 2$ mm,常取 $1 \sim 1.5$ mm, $l_0=0.5 \sim 1.5$ mm,$l_1=1 \sim 2.5$ mm,$a=6° \sim 15°$	该浇口俗称小浇口,是一种截面尺寸很小的浇口,有很高的剪切速率,塑件残余应力较小,浇口凝料在开模时可自动拉断,凝料去除后残留痕迹小。但注射压力损失大,浇口尺寸太小时,料流易产生喷射,对塑件质量不利。 适用于圆筒形、盒形、壳形等形状的塑件,应用广泛

序 号	浇口形式	简 图	特点及应用
9	潜伏式浇口（剪切浇口）	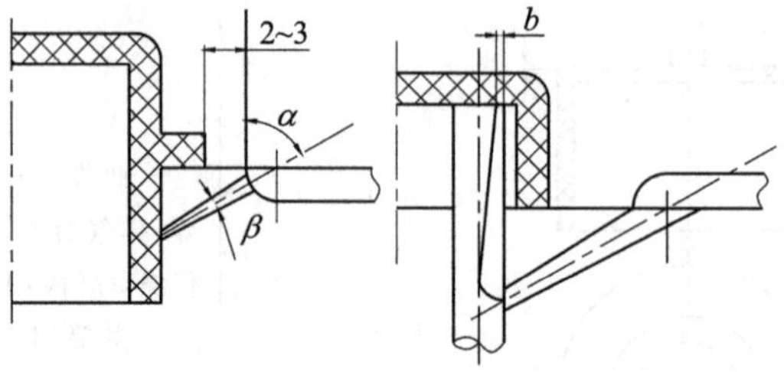 浇口锥角 $\beta=10°\sim 20°$，倾斜角 $\alpha=30°\sim 45°$， 推杆进料口宽度 $b=0.8\sim 2$ mm，具体视塑件大小而定	此浇口是由点浇口演变而来的，开设在内、外侧面的隐蔽处，它除了具有点浇口的特点之外，比点浇口的塑件表面质量更好。推出时塑件与浇口凝料可自动切断。但注射压力损失大，浇口加工困难。 主要用于表面质量要求高，大批量生产的塑件。因推出时需有较强的冲击力，故不适于成型较强韧的塑料
10	护耳式浇口（分接式浇口）	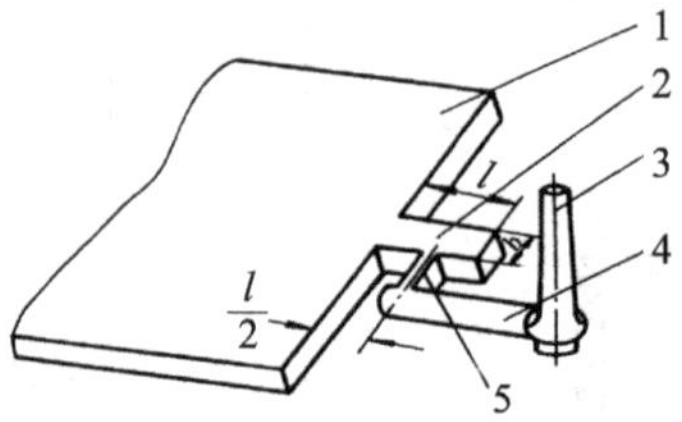 1—塑件；2—护耳；3—主流道；4—分流道；5—浇口 宽度 b 等于分流道的直径，长度 $l=1.5b$， 厚度约为塑件厚度的 90%	该浇口可以克服小浇口易产生喷射及在浇口附近产生较大内应力而引起塑件翘曲变形等缺陷。但浇口去除麻烦。 主要适用于聚碳酸酯、ABS、有机玻璃、硬聚氯乙烯等流动性差，对应力较敏感的塑料制品成型

浇口位置的选择一般应遵循以下原则：

① 浇口位置应设在塑件厚壁处，使塑料从厚壁流向薄壁。

② 浇口开设的位置应使塑料熔体填充型腔的流程最短、料流变向最少。

③ 浇口位置的选择应避免熔体破裂现象而导致塑件产生缺陷。

④ 浇口位置的选择应减少或避免产生熔接痕、提高熔接强度。

⑤ 浇口开设的位置应有利于排气和补缩。

⑥ 浇口位置的选择应考虑分子定向对塑件性能的影响。

（4）冷料井

冷料井一般都开设在主流道和分流道的末端，其作用是容纳浇注系统流道中料流的前锋冷料，以免这些冷料进入模具型腔，影响熔体充填速度和塑件质量。图 2 - 32(a)所示为卧式或立式注射机用注射模的冷料井，图 2 - 32(b)所示为角式注射机用注射模的冷料井。

为了使主流道凝料能顺利地从主流道衬套中脱出，往往设置拉料杆。常见的冷料井与拉料杆结构形式如图 2 - 38 所示。

图 2 - 38(a)是带 Z 形头拉料杆的冷料井，最常用的形式，开模时，由 Z 形钩将主流道凝料从主流道衬套拉出，再由推出机构带动拉料杆将主流道凝料推出模外，用手工沿侧向稍加移动即可取出塑件；图 2 - 38(b)(c)是带推杆的倒锥形冷料井和圆环槽形冷料井，开模时，倒锥、圆环槽起拉料作用，然后利用推杆强制推出凝料；图 2 - 38(d)为带球形头拉料杆的冷料井，这种拉料杆用于塑件以推件板推出的模具中，靠凝料对球形头的包紧力，将主流道凝料从主流道衬

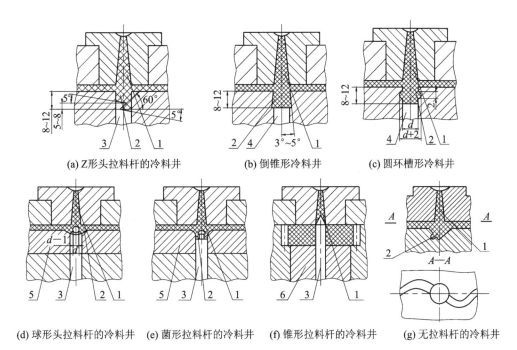

(a) Z形头拉料杆的冷料井　　(b) 倒锥形冷料井　　(c) 圆环槽形冷料井

(d) 球形头拉料杆的冷料井　(e) 菌形拉料杆的冷料井　(f) 锥形拉料杆的冷料井　(g) 无拉料杆的冷料井

1—主流道；2—冷料井；3—拉料杆；4—推杆；5—脱模板；6—推块

图 2-38　冷料井和拉料杆的形式

套中拉出，再由推件板推件时将凝料从球形头拉料杆上强制脱出；图 2-38(e)所示的菌形拉料杆和图 2-38(f)所示的锥形拉料杆是球形头拉料杆的变异形式，锥形拉料杆可起分流作用，但无储存凝料作用；图 2-38(g)是无拉料杆的冷料井，开模时，利用锥形凹坑上的小孔对凝料的拉动作用，将主流道凝料拉出，再借助推杆推塑件的作用力使凝料脱出。

2. 排气系统设计

当塑料熔体向模具型腔充填时，必须将浇注系统和型腔内的空气以及塑料因受热或凝固而产生的低分子挥发气体顺利排出模外，否则，不仅会引起物料注射压力过大，熔体填充困难，造成型腔无法充满，而且会使塑件产生气泡、熔接不良、表面轮廓不清晰等缺陷。因此在模具设计时，要充分考虑排气问题。

注射模常采用以下两种排气方式：

(1) 利用间隙排气

在大多数情况下可利用模具的分型面以及推杆、活动型芯、活动镶件等零件与模板的配合间隙进行排气，特别是对中小型模具。这种排气形式的配合间隙通常取 0.02～0.04 mm。

(2) 排气槽排气

利用排气槽排气是可靠而有效的排气方法。排气槽一般开设在料流的末端，最好设在分型面上。排气槽的宽度可取 1.5～6 mm，深度随塑料种类的不同有所差异，以熔体不进入排气槽为度，通常为 0.02～0.04 mm。图 2-39 的排气槽开设在分型面上，为防止排气口正对操作人员，将排气槽设计成 5～8 mm 长，再拐弯并适当增加深度。

五、成型零部件结构设计

成型零部件决定了塑件的几何形状和尺寸，是模具最主要的组成部分，主要包括凹模、凸模(型芯)、成型杆、镶块和成型环等。

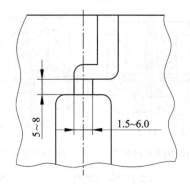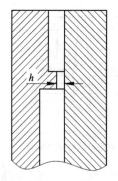

图 2－39　排气槽的形式

1. 凹模的结构设计

凹模是成型塑件外表面的主要零件,按其结构不同可分为整体式、整体嵌入式、局部镶拼式和四壁拼合式凹模。

（1）整体式凹模

整体式凹模结构如图 2－40 所示,它是在整块模板上加工而成的,具有牢固可靠,不易变形,成型的塑件质量较好等特点,但加工工艺性相对较差,因此常用于形状简单的塑件成型。

（2）整体嵌入式凹模

整体嵌入式凹模常用于多型腔模具。将每个型腔单独加工成整体式凹模,再采用 H7/m6 过渡配

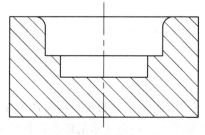

图 2－40　整体式凹模

合压入模板中。这种结构加工效率高,更换方便,可以保证各个型腔的形状尺寸一致,其结构形式如图 2－41 所示。图 2－41(a)(b)为通孔台肩式,凹模带有台肩,从下面嵌入凹模固定板,再用垫板与螺钉紧固;图 2－41(c)为通孔无台肩式,凹模嵌入固定板内,用垫板与螺钉紧固;图 2－41(d)为非通孔的固定形式。

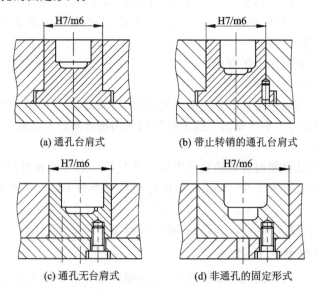

(a) 通孔台肩式　　　　　　　　(b) 带止转销的通孔台肩式

(c) 通孔无台肩式　　　　　　　(d) 非通孔的固定形式

图 2－41　整体嵌入式凹模

（3）局部镶拼式凹模

局部镶拼式主要用于形状复杂不易加工或局部易损坏的凹模,将难以加工或易损坏的部分设计成镶件形式,嵌入型腔主体上,其常见的结构如图 2-42 所示。

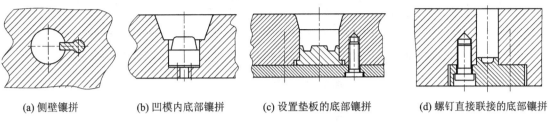

(a) 侧壁镶拼　　　　(b) 凹模内底部镶拼　　　(c) 设置垫板的底部镶拼　　　(d) 螺钉直接联接的底部镶拼

图 2-42　局部镶拼式凹模

（4）四壁拼合式凹模

对于大型和形状复杂的凹模,可将凹模的四壁和底部分别加工后压入模套中,如图 2-43 所示。

2. 凸模（型芯）的结构设计

凸模（型芯）是成型塑件内表面的主要零件,一般在注射模中称为型芯,而在压缩模中称为凸模。常见的结构形式有如下几种:

（1）整体式型芯

图 2-44 所示为整体式型芯,其结构牢固,成型的塑件质量好,但不便加工,消耗的模具钢较多,主要用于形状简单的型芯。

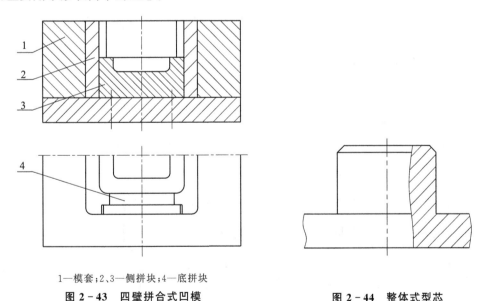

1—模套;2、3—侧拼块;4—底拼块

图 2-43　四壁拼合式凹模　　　　**图 2-44　整体式型芯**

（2）组合式型芯

组合式型芯又分为整体嵌入式和镶拼式,整体嵌入式型芯如图 2-45 所示。这种结构是将型芯单独加工后,再镶入模板中,也采用 H7/m6 的过渡配合。图 2-46 为镶拼式型芯,是将型芯分成容易加工的几个部分,然后拼装在模板中。

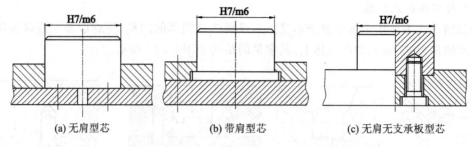

(a) 无肩型芯　　　　　　　(b) 带肩型芯　　　　　　　(c) 无肩无支承板型芯

图 2 - 45　整体嵌入式型芯

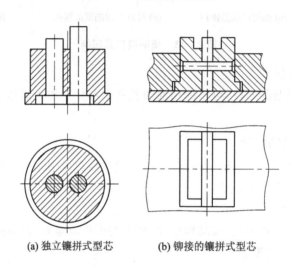

(a) 独立镶拼式型芯　　　　　　　(b) 铆接的镶拼式型芯

图 2 - 46　镶拼式型芯

（3）小型芯

小型芯又称成型杆,用来成型塑件上的小孔或槽。小型芯通常是单独加工后,再嵌入模板中固定,其固定方式如图 2 - 47 所示。图 2 - 47(a)是用台肩固定的形式;若固定模板太厚,可采用图 2 - 47(b)的形式,以减少配合长度;图 2 - 47(c)是型芯细小而固定板太厚的形式,型芯嵌入后,在下端用圆柱块垫平;图 2 - 47(d)是用于固定板厚而无垫板的场合,在型芯下端用紧定螺钉固定;图 2 - 47(e)是型芯嵌入后在另一端采用铆接固定的形式。

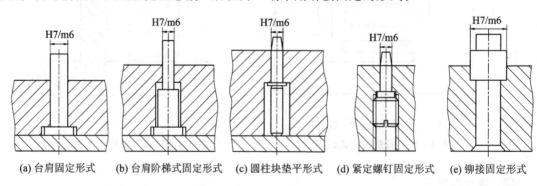

(a) 台肩固定形式　(b) 台肩阶梯式固定形式　(c) 圆柱块垫平形式　(d) 紧定螺钉固定形式　(e) 铆接固定形式

图 2 - 47　小型芯固定形式

3. 螺纹型芯和螺纹型环的结构设计

螺纹型芯和螺纹型环是分别用来成型塑件上的内螺纹和外螺纹的,此外它们还可用来固定带螺纹的嵌件。螺纹型芯和螺纹型环在模具上都有模内自动卸除和模外手动卸除两种类型。这里仅介绍手动卸除的结构及固定方式。

（1）螺纹型芯

螺纹型芯按用途可分为成型塑件上螺纹孔和固定螺母嵌件两种形式，这两种形式的螺纹型芯在结构上差别不大，但前者在设计时应考虑塑料的收缩率，表面粗糙度应小一些，螺纹始端和末端按塑料螺纹结构要求设计，后者仅按普通螺纹制造即可。为使螺纹型芯能从塑件或嵌件上顺利拧出，一般将其尾部做成四方形或相对的两边磨成两个平面，以便于夹持。

螺纹型芯在模具中安装固定形式如图 2 - 48 所示，安装时将螺纹型芯直接插入模板对应的配合孔内，通常采用 H8/f8 间隙配合。其中，图（a）（b）（c）用于成型塑件内螺纹，图（d）（e）（f）用来固定螺母嵌件。图（a）是利用锥面定位和密封的形式；图（b）是台阶起定位作用，并能防止成型螺纹时挤入塑料；图（c）是用圆柱面定位和垫板支承的形式；图（d）是利用嵌件与模具的接触面来防止型芯受压下沉；图（e）是将嵌件下端镶入模板中，以增加嵌件的稳定性，并防止塑料挤入嵌件螺孔中；图（f）是将小直径螺纹嵌件直接插入固定在模具上的光杆型芯上，因螺纹牙沟细小，塑料挤入不多，可省去模外卸螺纹的操作。

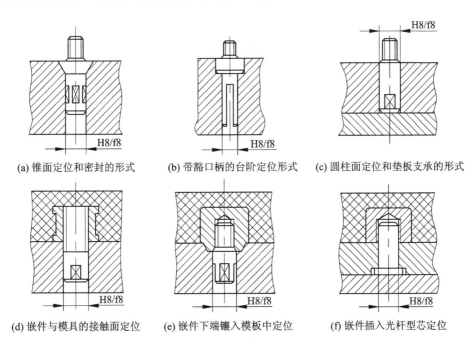

(a) 锥面定位和密封的形式　　(b) 带豁口柄的台阶定位形式　　(c) 圆柱面定位和垫板支承的形式

(d) 嵌件与模具的接触面定位　　(e) 嵌件下端镶入模板中定位　　(f) 嵌件插入光杆型芯定位

图 2 - 48　螺纹型芯结构及固定形式

（2）螺纹型环

螺纹型环也有成型塑件外螺纹和固定带有外螺纹的嵌件两种形式。图 2 - 49 所示为常见的一种组合式结构形式，螺纹型环由两个半瓣拼合而成，半瓣之间用定位销定位，拼合后镶入模板中。

六、结构零部件设计

注射模具的结构组成除成型零部件外，另一部分就是结构零部件。这里仅介绍合模导向机构、支承零部件以及由模具主要零部件构成的模架设计。

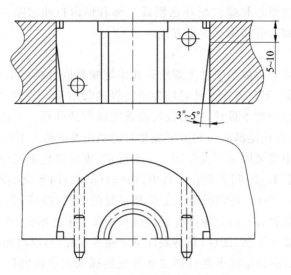

图 2-49 螺纹型环的结构及固定

1. 注射模的模架设计

模架是注射模的骨架和基体,通过它能够使模具各个部分有机地联系成为一个整体,其典型的结构形式如图 2-50 所示。注射模的模架一般由定模座板、动模座板、定模板、动模板、动模支承板、垫块、导柱、导套、推杆固定板、推板及复位杆等组成。

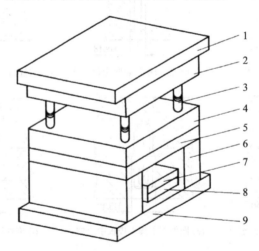

1—定模座板;2—定模板;3—导柱;4—动模板;5—动模支承
板;6—垫块;7—推杆固定板;8—推板;9—动模座板

图 2-50 注射模架的典型结构

为提高模具质量,缩短模具制造周期,降低成本,国内外已将模架标准化了。我国注射模架的国家标准有《塑料注射模模架》(GB/T 12555—2006),注射模架按结构特征分为基本型和派生型。下面以中小型模架为例进行简要介绍。

(1) 基本型

基本型模架如图 2-51 所示,分为 A1、A2、A3、A4 型 4 种。

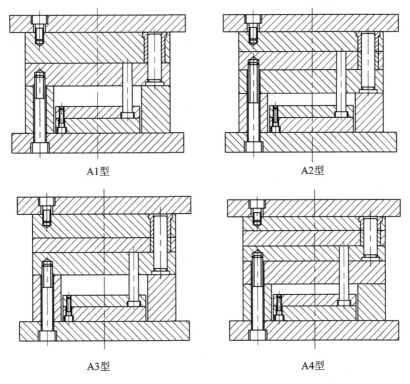

A1型　　　　　　　　　　　A2型

A3型　　　　　　　　　　　A4型

图 2 - 51　基本型的中小型注射模架

（2）派生型

派生型模架是在基本型的基础上派生而来的，分为 P1～P9 型 9 种，这里不再赘述，选用时可参考相关标准。

2. 支承零部件设计

支承零部件包括动模座板、定模座板、动模板、定模板、支承板和垫块等，其作用是用来安装、固定或支承成型零件及其他结构零件。

（1）动、定模座板

动模座板和定模座板分别是动模和定模的基座，也是模具与注射机连接的模板，如图 2 - 50 所示，件 1 和件 9 分别是定模座板和动模座板。设计或选用动、定模座板时，必须保证座板的轮廓形状、尺寸和定位孔与注射机的移动模板和固定模板相适应。为保证动、定模座板具有足够的刚度和强度，动、定模座板也应具有一定的厚度，对于小型模具，其厚度一般不小于15 mm，材料可选用碳素结构钢或合金结构钢。

（2）动、定模板

动模板和定模板在模具中的作用是安装和固定成型零件、合模导向机构以及脱模机构等零部件，图 2 - 50 所示的件 2 和件 4 分别为定模板和动模板。为了保证型芯、凹模等被安装零件固定牢靠，动、定模板应具有一定的厚度，材料一般采用碳素结构钢。

（3）支承板

支承板是垫在动、定模板背面的模板，其作用是防止型芯、凹模、导柱、导套等被固定零件脱出模板，增强被固定零件的稳固性并承受它们传递的成型压力，因此它应具有较高的平行度、强度和刚度。常用的材料有 45 钢、50 钢、40Cr、40MnB 以及结构钢 Q235～Q275 等。如

图 2 - 50 所示的件 5 便是支承板。

（4）垫块、支承柱

垫块的作用是使动模支承板与动模座板之间形成推出机构运动所需的空间，也能够起到调节模具总厚度，以适应注射机上模具安装空间对模具厚度要求的作用，常见的垫块结构形式如图 2 - 52 所示。其中，图（a）为普通垫块，适用于大中型模具；图（b）为模脚，垫块与动模座板合二为一，常用于中小型模具。垫块常用的材料是中碳钢、Q235 等。

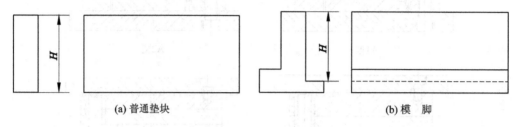

（a）普通垫块　　　　　　　　　　　　　（b）模　脚

图 2 - 52　垫块的结构形式

3. 合模导向机构设计

合模导向机构的作用是保证动模和定模或模内其他零件之间准确对合，确保塑件的形状和尺寸精度，并避免模内各零部件发生碰撞或干涉。由于成型时模具承受一定的侧压力，因此合模导向机构在模具装配时可起定位作用，避免模具动、定模错位。合模导向机构主要有导柱导向和锥面定位两种形式，通常采用导柱导向机构。

（1）导柱导向机构

导柱导向机构的主要零件是导柱和导套，有时也可不用导套，而在模板上直接加工出导向孔代替导套。导柱导向机构如图 2 - 53 所示。

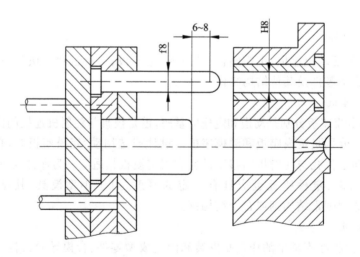

图 2 - 53　导柱导向机构

导柱与导套的配合形式可根据模具的结构及生产要求而定，常见的配合形式如图 2 - 54 所示。其中，图（a）为导柱与导向孔的配合形式，图（b）（c）（d）（e）（f）为导柱与导套的配合形式。导柱与导套（或导向孔）的配合精度通常采用 H7/f7 或 H8/f7。

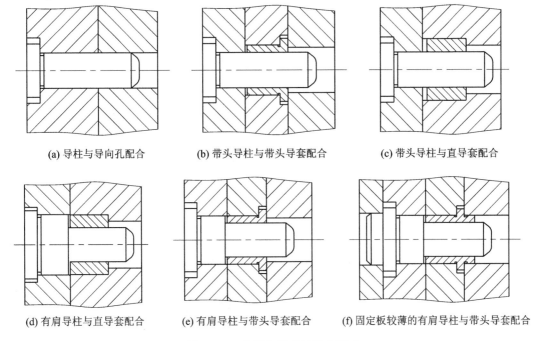

(a) 导柱与导向孔配合　　(b) 带头导柱与带头导套配合　　(c) 带头导柱与直导套配合

(d) 有肩导柱与直导套配合　　(e) 有肩导柱与带头导套配合　　(f) 固定板较薄的有肩导柱与带头导套配合

图 2-54　导柱与导套的配合形式

1) 导　柱

注射模常用的标准导柱有带头导柱和有肩导柱两种形式。带头导柱的结构形式如图 2-54(a)(b)(c)所示,其结构简单,制造容易;有肩导柱的结构形式如图 2-54(d)(e)(f)所示,常用于大型或精度要求高、生产批量大的模具,一般与导套配合使用,导柱的固定轴肩与导套外径直径相等,便于导柱固定孔与导套固定孔的同时加工,以保证同轴度的要求,其中图 2-54(f)中的导柱用于固定板较薄的情况。

导柱前端面应做成锥台形或半球形,以使导柱能顺利进入导套(或导向孔)。导柱的导滑部分可根据需要加工出油槽,以便润滑和集尘。导柱导向部分的长度应比凸模端面高出 6~8 mm,以免出现导柱未导正方向而型芯先进入型腔的情况。为使导柱表面具有良好的耐磨性,而芯部坚韧,导柱的材料多选用 20 钢(表面渗碳淬火处理)或 T8、T10 钢(淬火处理),硬度为 50~55HRC。导柱固定部分的表面粗糙度为 $Ra = 0.8~\mu m$,导向部分的表面粗糙度为 $Ra = 0.8~0.4~\mu m$。导柱固定部分与模板之间一般采用 H7/m6 或 H7/k6 的过渡配合。

2) 导　套

注射模常用的标准导套有直导套和带头导套两种形式。直导套的结构形式如图 2-54(c)(d)所示,其结构简单,制造方便,用于小型简单模具;带头导套的结构形式如图 2-54(b)(e)(f)所示,结构较复杂,主要用于精度要求高的大型模具。对于小批量生产、精度要求不高的模具,可直接采用导向孔。

导套的前端应倒圆角,以使导柱顺利进入导套。为保证孔中气体顺利排出,导套(或导向孔)最好做成通孔。导套可选用与导柱相同的材料或铜合金等耐磨材料,但其硬度应比导柱略低,以减轻磨损。导套固定部分表面粗糙度为 $Ra = 0.8~\mu m$。直导套固定部分与模板之间可采用 H7/n6 的过渡配合或较松的过盈配合,为保证导套的牢固性,可采用止动螺钉紧固,如图 2-55 所示。带头导套与模板之间则采用 H7/m6 或 H7/k6 的过渡配合。

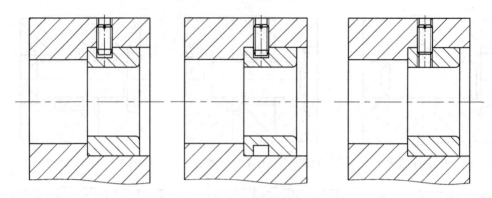

图 2-55　直导套的固定形式

（2）锥面定位机构

当成型大型深腔薄壁和高精度塑件时，动、定模之间需要较高的合模定位精度；另外，在注射成型过程中往往会产生较大的侧向压力，如果完全由导柱来承担，会造成导柱变形，甚至折断或卡死，这时均需增设锥面定位机构。图 2-56 所示为锥面定位机构，该机构有两种形式：一种是在两锥面之间镶上经过淬火的零件；另一种是两锥面直接配合，这时两锥面都需淬火处理，角度 5°～20°，高度为 15 mm 以上。

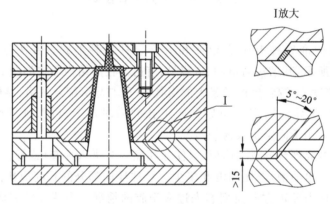

图 2-56　锥面定位机构

七、推出机构设计

1. 推出机构的组成

图 2-57 所示为典型推出机构的结构形式。一般推出机构由以下几部分组成：

（1）推出元件

推出元件的作用是推出塑件，并使塑件脱模。常用的有推杆、推管、推件板、成型推杆等。图 2-57 中的推杆 2、拉料杆 8 均为推出元件。

（2）复位元件

复位元件是为了使推出机构在合模时能回到原来的位置而设置的。复位元件有复位杆、能起复位作用的卸料板、复位弹簧等。图 2-57 中的复位杆 9 为复位元件。

（3）结构元件

使推出机构各元件装配成一体，起固定作用。结构元件有推板、推杆固定板、其他连接件

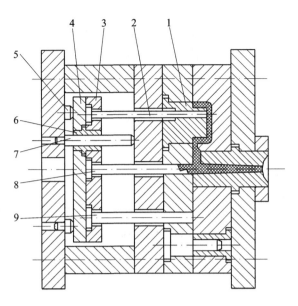

1—型芯;2—推杆;3—推杆固定板;4—推板;5—支承钉;
6—推板导套;7—推板导柱;8—拉料杆;9—复位杆

图 2 - 57　推出机构

等。图 2 - 57 中的推板 4 和推杆固定板 3 为结构元件。

（4）导向元件

引导推出机构的运动方向,支承推板和推杆固定板等零件。导向元件有推板导柱(导钉、导杆支柱)、推板导套等。图 2 - 57 中的推板导柱 7 和推板导套 6 是导向元件。

（5）限位元件

限位元件使推板与动模座板之间形成间隙,易保证平面度,还可以通过支承钉厚度的调节来调整推杆的位置及推出距离。图 2 - 57 中的支承钉 5 为限位元件。

2. 常见推出机构

（1）推杆推出机构

推杆推出机构是推出机构中最简单、最常用的一种形式,其典型结构如图 2 - 57 所示。工作过程是:开模时,动模部分向后移动,包在型芯 1 上的塑件与拉料杆拉动的浇注系统凝料一同随动模后移。若是机动顶出,则当推板 4 与注射机的顶杆接触时,推出机构停止不动,动模继续后移,推杆 2 与动模之间就产生了一个相对移动,将塑件从动模的型芯上推出。

常见的推杆形状结构如图 2 - 58 所示,其截面形状应根据塑件的几何形状、型腔和型芯结构的不同来设定,常用的推杆截面形状是圆形。设计时不管采用何种形状,都要考虑到要有足够的刚性,以防止推出时变形。

常用的推杆固定形式如图 2 - 59 所示。其中,图(a)的安装固定形式最为常用,可用于各种带台肩形式的推杆;图(b)是用垫块或垫圈来代替固定板上的沉孔,可使加工简化;图(c)是推杆后端用螺塞固定的形式,适用于固定板较厚的场合;图(d)是用螺钉紧固的形式,适用于粗大的推杆。

推杆的工作端与模板或型芯上推杆孔的配合常采用 H8/f7 或 H8/f8 的间隙配合,配合长度视推杆直径的大小而定,推杆配合部分的表面粗糙度 $Ra \leqslant 0.8\ \mu m$。推杆固定端与推杆固

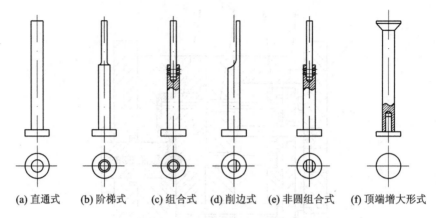

图 2-58　推杆的形状结构

(a) 直通式　(b) 阶梯式　(c) 组合式　(d) 削边式　(e) 非圆组合式　(f) 顶端增大形式

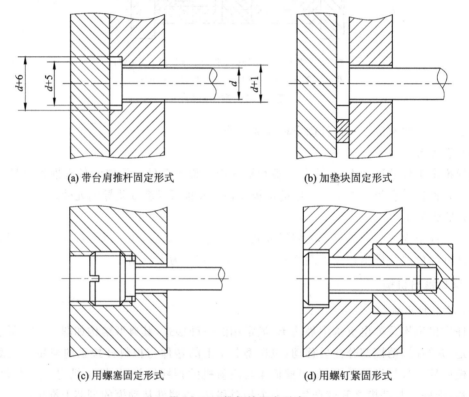

(a) 带台肩推杆固定形式　(b) 加垫块固定形式

(c) 用螺塞固定形式　(d) 用螺钉紧固形式

图 2-59　推杆的固定形式

定板通常采用单边 0.5 mm 的间隙。推杆的材料常用 T8、T10 等碳素工具钢（热处理要求硬度 50～54HRC）或 65Mn 弹簧钢（热处理要求硬度 46～50HRC）。

（2）推管推出机构

推管推出塑件的运动方式与推杆基本相同，它适用于环形、筒形塑件或局部是筒形塑件的推出，其特点是推出力均匀，塑件不易变形，也不会留下明显的推出痕迹，主型芯和凹模可同时设在动模一侧，有利于提高塑件的同轴度。

常见的推管推出机构如图 2-60 所示。图（a）所示的形式为推管固定在推杆固定板上，而型芯固定在动模座板上，这种形式结构可靠，型芯较长，多用于推出距离不大的场合；图（b）是推管上开长槽,用键或销将型芯固定在模板上,这种形式型芯较短,模具结构紧凑,适用于型芯较长的场合;图(c)所示的形式是推管在型腔板内移动,这种形式可缩短推管和型芯的长度。

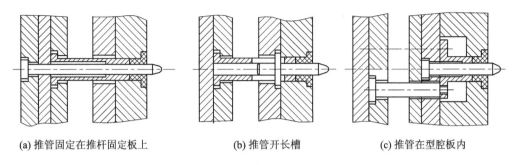

(a) 推管固定在推杆固定板上　　　　(b) 推管开长槽　　　　(c) 推管在型腔板内

图 2-60　推管推出机构

推管的固定与推杆的固定类似。推管的内径与型芯的配合,当直径较小时选用 H8/f7 的配合,当直径较大时选用 H7/f7 的配合;推管外径与模板上孔的配合,当直径较小时选用 H8/f8 的配合,当直径较大时选用 H8/f7 的配合。推管与型芯的配合长度应比推出行程长 3～5 mm,与模板的配合长度为推杆直径的 1.5～2 倍。推管的材料、硬度要求及配合部分的表面粗糙度要求与推杆相同。

（3）推件板推出机构

推件板推出机构是在型芯的根部安装了一块与之配合的推件板,工作时,由推杆推动推件板,在塑件的整个周边端面上进行推出,其工作过程与推杆推出机构类似。这种推出机构作用面积大,推出力大而均匀,运动平稳,并且在塑件上无推出痕迹,常用于薄壁容器及各种罩壳类塑件。推件板的常用材料为 45 钢,热处理硬度要求为 28～32HRC。图 2-61 所示为几种常见的推件板推出机构的结构形式。

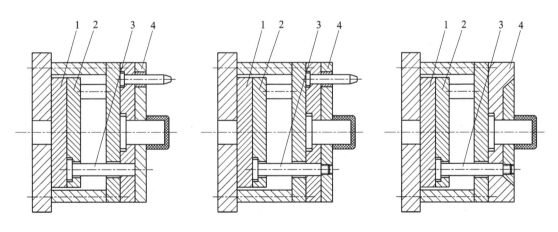

1—推板;2—推杆固定板;3—推杆;4—推件板
图 2-61　推件板推出机构

在推件板推出机构中,为了减少推件板与型芯的摩擦,可采用图 2-62 所示的结构形式,推件板与型芯间留有 0.2～0.25 mm 的间隙,并用锥面配合,以防止推件板因偏心而溢料。

（4）二级推出机构

有些塑件的形状特殊,一次推出动作完成后,塑件难以全部脱模,有时会造成塑件变形,其

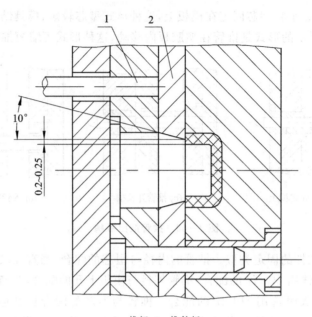

1—推杆；2—推件板

图 2-62　推件板推出机构的改进形式

至破坏，此时可采用二次推出，以分散脱模力。这类推出机构称为二级推出机构，这类推出机构的结构形式很多。

图 2-63 所示为摆杆拉板式二级推出机构。第一次推出由固定在动模的摆杆和固定在定模的拉板来实现，第二次推出由推杆来完成。其中，图(a)为合模状态；开模移动到一定距离后时，拉板 10 带动摆杆 7 迫使推件板 9 移动，塑件从型芯 3 上脱出，完成第一次推出，如图(b)所示；动模部分继续后移到一定距离，推杆 6 将塑件从动模型腔中推出，完成第二次推出，如图(c)所示。

八、侧向分型与抽芯机构设计

当塑件带有与开模方向不一致的侧凹、侧凸或侧孔时，在脱模之前必须先抽出侧向成型零件，否则无法脱模，合模时又要将其复位，实现这种侧向成型零件抽出与复位的机构称为侧向分型与抽芯机构。

1. 侧向分型与抽芯机构的类型

按动力来源的不同，侧向分型与抽芯机构可分为以下三大类：

（1）手动侧向分型与抽芯机构

手动侧向分型与抽芯机构是在开模前或开模后在模外由人工将侧向成型零件从塑件中抽出。这种方式的模具结构简单，制造方便，但劳动强度大，生产率低，只适用于小批量或试制性生产的场合。

（2）液压或气动侧向分型与抽芯机构

液压或气动侧向分型与抽芯机构是以液压力或压缩空气作为侧向分型与抽芯的动力。这种方式抽拔力大，抽芯距也较长，传动平稳，但需配置专门的液压或气动系统，成本较高，多用于大型注射模的抽芯。

（3）机动侧向分型与抽芯机构

机动侧向分型与抽芯机构是在开模时利用注射机的开模力，通过传动件使侧向成型零件

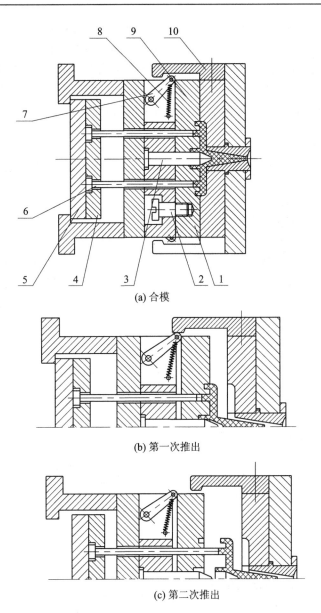

(a) 合模

(b) 第一次推出

(c) 第二次推出

1—型芯固定板；2—定距螺钉；3—型芯；4—推杆固定板；5—推板；
6—推杆；7—摆杆；8—弹簧；9—推件板；10—拉板

图 2-63　摆杆拉板式二级推出机构

完成侧向分型或抽芯。这种方式虽然使模具结构复杂，但抽拔力大，生产效率高，操作方便，容易实现自动化生产，且不需另外添加设备，实际生产中应用广泛。机动侧向分型与抽芯机构按结构形式不同又可分为斜导柱侧向分型与抽芯机构、斜滑块侧向分型与抽芯机构、弯销侧向分型与抽芯机构和齿轮齿条侧向分型与抽芯机构等。

2. 常见侧向分型与抽芯机构

（1）斜导柱侧向分型与抽芯机构

斜导柱侧向分型与抽芯机构是生产中最常用的一种抽芯机构，它是利用斜导柱等零件把开模力传递给侧型芯，使之产生侧向移动来完成抽芯动作。

图 2 - 64 所示为斜导柱在定模、滑块在动模的侧向分型与抽芯结构,其动作原理为:图(a)为注射结束合模状态,侧滑块 9 由楔紧块 1 锁紧。开模时,动模部分后移,开模力通过斜导柱作用于侧滑块,使滑块带动侧型芯 5 在动模板的导滑槽内向外移动,完成侧抽芯动作,塑件再由推管 11 推出,见图(b)。侧向分型与抽芯结束,斜导柱脱离侧滑块,侧滑块被弹簧拉紧靠在限位挡块上,以便合模时导柱能准确地插入侧滑块的斜导孔中,使其复位。

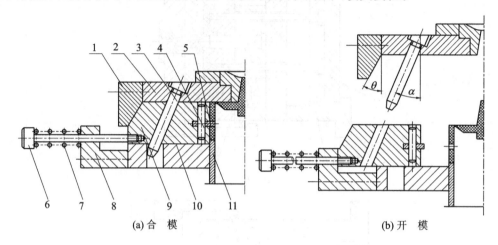

| (a) 合 模 | (b) 开 模 |

1—楔紧块;2—定模板;3—斜导柱;4—销钉;5—侧型芯;6—螺钉;7—弹簧;8—限位挡块;9—滑块;10—动模板;11—推管

图 2 - 64　斜导柱侧向分型与抽芯机构

1) 斜导柱的设计

斜导柱的结构形式主要有圆形断面和矩形断面两种,如图 2 - 65 所示。其中,图(a)是圆形断面的斜导柱,其特点是结构简单,制造方便,装配容易,故应用较广;图(b)是矩形断面的斜导柱,其特点是强度较高,承受的作用力较大,但制造难度大,不易装配。

斜导柱固定端与模板之间采用 H7/m6 的过渡配合,工作端与侧滑块之间留有 0.5～1 mm 的间隙。斜导柱的材料多为 45,T8,T10 钢以及 20 钢渗碳处理等,淬火硬度在 55HRC 以上,表面粗糙度 $Ra \leqslant 0.8\ \mu m$。

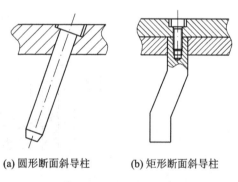

| (a) 圆形断面斜导柱 | (b) 矩形断面斜导柱 |

图 2 - 65　斜导柱的形式

① 斜导柱倾斜角 α 的确定

斜导柱倾斜角 α 是斜导柱轴向与开模方向的夹角。如图 2 - 66 所示,倾斜角 α 的大小关系到斜导柱的有效工作长度 L、抽芯距 S、开模行程 H 以及受力状况等,是决定其抽芯工作效果的重要参数。理论上 α 值取 22°30′ 比较理想,一般在设计时取 $\alpha < 25°$,常用为 $\alpha = 15° \sim 20°$。

② 斜导柱直径的计算

由于计算比较复杂,所以在实际设计当中,经常采用查表法确定斜导柱的直径。先按抽芯力 F_c(脱模力 F_t)和斜导柱的倾斜角 α 在表"最大弯曲力与抽芯力和斜导柱倾斜角的关系"中查出最大弯曲力 F_w,然后根据 F_w 和 H_w(侧型芯滑块所受的脱模力作用线与斜导柱中心线的交点到斜导柱固定板的距离)以及倾斜角 α 在表"斜导柱倾斜角 α、高度 H_w、最大弯曲力 F_w、

斜导柱直径 d 的关系"中查出斜导柱的直径。

③ 斜导柱长度的计算

圆形断面斜导柱长度可根据抽芯距 S、斜导柱直径 d、固定台肩直径 D、倾斜角 α 以及斜导柱固定板厚度 h 来确定。如图 2-67 所示,斜导柱的长度为

$$L = L_1 + L_2 + L_3 + L_4 + L_5 = \frac{D}{2}\tan\alpha + \frac{h}{\cos\alpha} + \frac{d}{2}\tan\alpha + \frac{S}{\sin\alpha} + (5\sim 10)\ \text{mm}$$

$$(2-3)$$

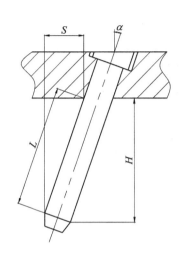

图 2-66　斜导柱的倾斜角、工作长度、抽芯距、开模行程

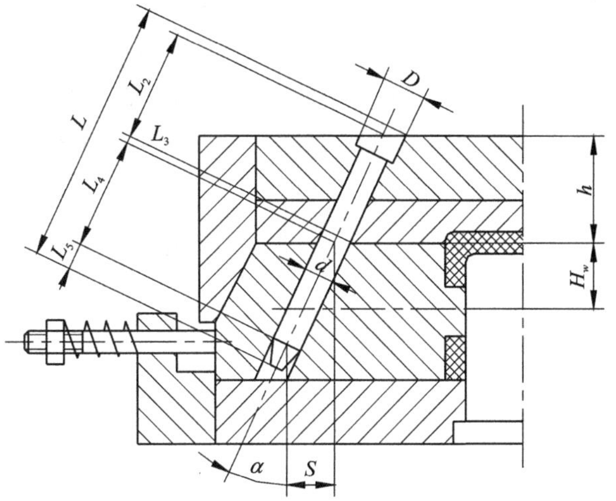

图 2-67　斜导柱的长度

2) 滑块的设计

滑块的结构有整体式和组合式两种。在滑块上直接加工出侧向成型零件的结构为整体式,这种结构仅适用于形状十分简单的侧向成型零件;组合式是将滑块与侧向成型零件分开加工,然后装配在一起,这种形式既节省优质钢材,又容易加工,应用较为广泛。常见的组合式滑块与侧型芯联接方式如图 2-68 所示。其中,图(a)适用于小型芯;图(b)采用螺纹配合,并用销钉止转,用于尺寸较大的圆型芯;图(c)采用螺钉顶紧的方式,用于直径较小的型芯;图(d)是侧型芯采用燕尾槽直接镶入滑块中的形式;图(e)是将薄片状侧型芯镶入通槽并加销钉固定;图(f)适用于多个小型芯的形式,可用固定板安装固定。

侧型芯是成型零件,材料多为 45 钢、T8 钢、T10 钢以及 CrWMn 等,淬火硬度在 50HRC 以上(45 钢应在 40HRC 以上),侧滑块采用 45 钢、T8 钢、T10 钢等制造,硬度要求 40HRC 以上。

3) 导滑槽的设计

为了实现侧向分型抽芯与复位,确保滑块在移动过程中平稳,无上下窜动和卡死现象,滑块在导滑槽内必须很好地配合和导滑。导滑槽的结构形式根据侧型芯的大小、结构及塑件产量的不同而不同,常用的结构形式如图 2-69 所示。

滑块与导滑槽导滑部分的配合一般采用 H8/f8 的间隙配合,为提高配合精度,可采用 H8/f7 或 H8/g7 的间隙配合,其余各处均应留 0.5 mm 左右的间隙。配合部分的表面粗糙度要求 $Ra \leqslant 0.8\ \mu m$。

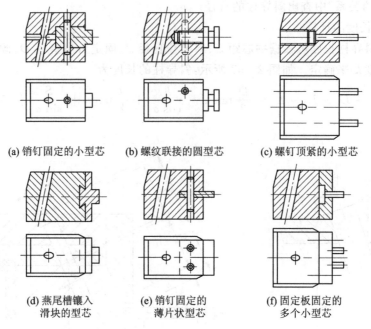

(a) 销钉固定的小型芯   (b) 螺纹联接的圆型芯   (c) 螺钉顶紧的小型芯

(d) 燕尾槽镶入   (e) 销钉固定的   (f) 固定板固定的
　　滑块的型芯   　薄片状型芯   　多个小型芯

图 2-68　侧型芯与滑块的联接方式

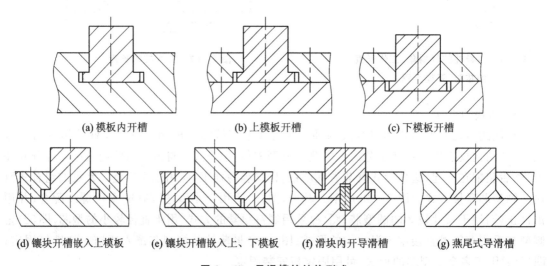

(a) 模板内开槽   (b) 上模板开槽   (c) 下模板开槽

(d) 镶块开槽嵌入上模板   (e) 镶块开槽嵌入上、下模板   (f) 滑块内开导滑槽   (g) 燕尾式导滑槽

图 2-69　导滑槽的结构形式

4）滑块定位装置的设计

为了保证合模时斜导柱能准确地插入侧滑块的斜导孔中,在开模时,侧滑块脱离斜导柱时必须停留在正确的位置上。常用的侧滑块定位装置如图 2-70 所示。其中,图(a)是向上抽芯的情况,为最常用的一种形式;图(b)所示为弹簧置于滑块内侧的形式,适用于侧抽芯距离较短的场合;图(c)是向下抽芯的情况,滑块靠自重定位;图(d)是利用弹簧定位销定位,其结构紧凑。

5）楔紧块的设计

在注射成型过程中,侧型芯会受到型腔内熔融塑件较大成型压力的作用,这个力会通过滑块传递给斜导柱,使斜导柱很容易发生弯曲变形;另一方面,由于斜导柱与侧滑块上的斜导孔

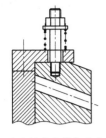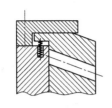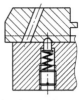

(a) 向上抽芯的结构形式　(b) 弹簧置于滑块内侧　(c) 向下抽芯的结构形式　(d) 弹簧定位销定位

图 2-70　滑块的定位装置

有较大的间隙,侧滑块的后移也会影响塑件的尺寸精度,因此,必须设置锁紧装置,常用为楔紧块。图 2-71 所示为楔紧块的结构形式。

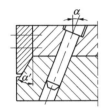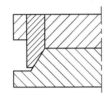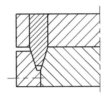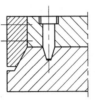

图 2-71　楔紧块的结构形式

设计楔紧块时,楔紧块的楔角 α' 应大于斜导柱的倾斜角 α,否则开模时,楔紧块会影响侧向分型抽芯的进行。当侧滑块抽芯方向与开、合模方向垂直时,$\alpha' = \alpha + (2° \sim 3°)$。

（2）斜滑块侧向分型与抽芯机构

当塑件的侧凹较浅或侧凸较短,成型面积较大,所需抽芯距不大,但需要较大的抽芯力,则可优先考虑斜滑块侧向分型与抽芯机构。该机构的特点是结构简单,安全可靠,制造方便,应用较广。一般可分为外侧分型抽芯和内侧分型抽芯两种形式。

图 2-72 所示为斜滑块导滑的侧向分型与抽芯机构的结构形式。图 2-72(a)为注射结束合模状态,斜滑块 2 为两块对开式凹模镶块,与模套上的斜向导滑槽成 H8/f8 的配合。开模时,塑件包紧在动模型芯 5 上与斜滑块一起后移,当推出机构工作时,在推杆 3 的作用下,斜滑

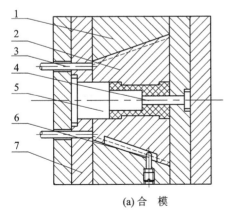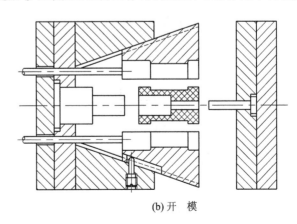

(a) 合　模　　　　　　　　　　　　(b) 开　模

1—模套;2—斜滑块;3—推杆;4—定模型芯;5—动模型芯;6—限位销;7—动模型芯固定板

图 2-72　斜滑块侧向分型与抽芯机构

块2相对向前运动的同时沿模套斜向导滑槽向两侧分型,在斜滑块的带动下,塑件从动模型芯脱出。合模时,斜滑块的复位是靠定模板压斜滑块的右侧端面进行的。限位销6的作用是防止斜滑块在推出时从模套中滑出。

九、温度调节系统设计

模具温度是指模具型腔和型芯的表面温度。注射模的温度对塑料熔体的充模流动、硬化(固化)定型、生产效率及塑件的形状和尺寸精度都有很大的影响。注射模中设置温度调节系统的作用是通过控制模具温度,保证塑件的质量和提高生产效率。

1. 冷却系统设计

(1) 冷却水道设置的基本原则

① 在满足冷却所需的传热面积和模具结构允许的前提下,冷却回路数量应尽量多,冷却水道孔径尽量大,以保证冷却均匀。

② 冷却水道的布置应与塑件的结构相适应。塑件壁厚均匀时,冷却水道与型腔表面距离最好相等,如图2-73(a)所示;塑件较厚的部位冷却水道至型腔表面的距离应近一些,如图2-73(b)所示。冷却水道的孔壁至型腔表面的距离一般为12~15 mm。

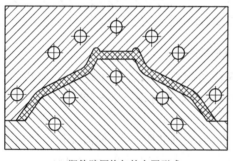 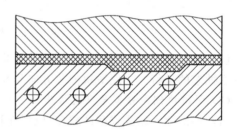

(a) 塑件壁厚均匀的布置形式　　　　　(b) 塑件壁厚不均匀的布置形式

图2-73　冷却水道的布置形式

③ 浇口处应加强冷却。浇口附近温度最高,因此浇口附近应加强冷却,冷却水入口设置在浇口的附近,如图2-74所示。

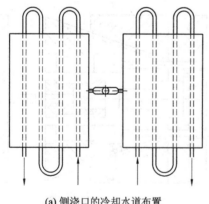 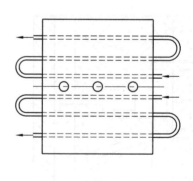

(a) 侧浇口的冷却水道布置　　　　　(b) 多点浇口的冷却水道布置

图2-74　冷却水道出、入口布置

④ 减小入水和出水的温差。如果冷却水道较长,则入水与出水的温差就较大,这就造成

模具温度分布不均匀。可以通过改变冷却水道的排列方式来减小这个温差,如图 2-75 所示。图(b)的形式比图(a)的形式好,降低了入水和出水的温差,提高了冷却效果。

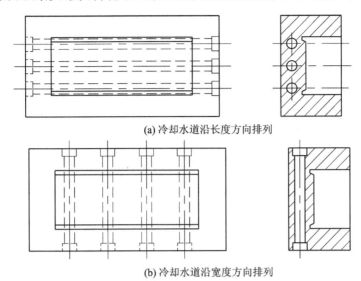

(a) 冷却水道沿长度方向排列

(b) 冷却水道沿宽度方向排列

图 2-75 冷却水道的排列形式

⑤ 冷却水道内不应有存水和产生回流的部位,应畅通无阻。冷却水道直径一般为 8~10 mm。

⑥ 冷却水道要避免接近熔痕部位,以免产生熔接痕,影响塑件的强度。

(2)常见冷却水道的形式

1)直流式

直流式冷却水道如图 2-76 所示。这种形式的冷却水道结构简单,加工容易,但模具冷却不够均匀,适于成型面积较大的塑件。

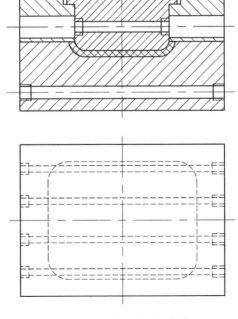

图 2-76 直流式冷却水道

2) 直流循环式

直流循环式冷却水道如图 2-77 所示。这种形式的冷却水道同样结构简单,加工容易,但冷却效果比直流式还要差,适用于成型面积较大的浅型塑件。

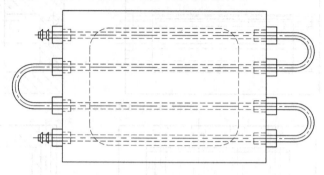

图 2-77　直流循环式冷却水道

3) 循环式

循环式冷却水道如图 2-78 所示。这种形式冷却效果较好,适用于中小型的型芯和型腔。

4) 喷流式

喷流式冷却水道如图 2-79 所示,冷却水从中心水管产生喷射进行冷却。这种形式结构简单,成本较低,冷却效果较好,既可用于小型芯的冷却,也可用于大型芯的冷却。

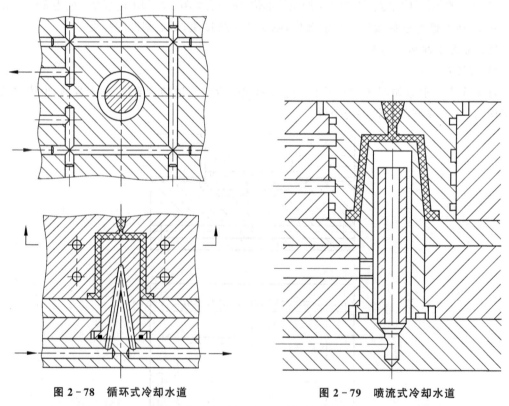

图 2-78　循环式冷却水道　　　　　图 2-79　喷流式冷却水道

2. 加热系统设计

对于粘度高、流动性差的塑料,注射成型时要求模具温度在 80 ℃ 以上的,则需要对模具型腔进行加热;对于热固性塑件,其模具温度要加热到 160～190 ℃。模具的加热方式有很多,如热水、热油、水蒸汽、煤气加热和电加热等。如果加热介质采用各种流体,那么其设计方法类似于冷却水道的设计,这里不再赘述。目前普遍采用的是电加热温度调节系统,其主要方式有:

（1）电热丝直接加热

将合适的电热丝放入绝缘瓷管中装入模板的加热孔中,通电后就可对模具进行加热。这种加热方法结构简单,成本低廉,但电热丝与空气接触后易氧化,寿命较短,同时也不太安全。

（2）电热圈加热

将电热丝绕在云母片上,再装夹在特制的金属外壳中,电热丝与金属外壳之间用云母片绝缘,将它围在模具外侧对模具进行加热,如图 2-80 所示。电热圈加热的优点是结构简单,更换方便,缺点是耗电量大。这种加热装置更适合于压缩模和压注模。

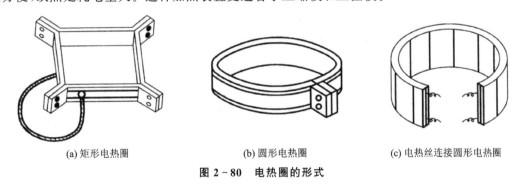

(a)矩形电热圈 (b)圆形电热圈 (c)电热丝连接圆形电热圈

图 2-80 电热圈的形式

（3）电热棒加热

电热棒是一种标准的加热元件,它是由具有一定功率的电阻丝和带有耐热绝缘材料的金属密封管组成,使用时只要将其插入模板上的加热孔内通电即可,如图 2-81 所示。电热棒加热的特点是使用和安装都很方便。

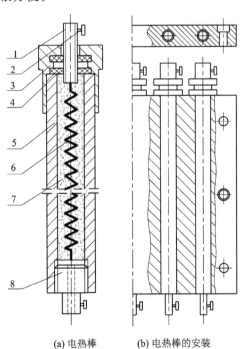

(a)电热棒 (b)电热棒的安装

1—接线柱;2—螺钉;3—帽;4—垫圈;5—外壳;6—电阻丝;7—石英砂;8—塞子

图 2-81 电热棒及其在加热板内的安装

任务四　注射模成型零部件的设计、选用及计算

任务实施

1. 成型零部件工作尺寸计算

查表可得塑件的收缩率为 $1.5\%\sim3\%$，取平均收缩率 $S_{cp}=0.0225\%$；δ_z 取塑件公差 Δ 的 $1/3$。

按式（2-5）计算塑件外径尺寸 $\phi62$ 对应的型腔径向尺寸，修正系数 x 取 0.75，则

$$(L_M)_0^{+\delta_z}=[(1+S_{cp})L_S-x\Delta]_0^{+\delta_z}=$$
$$[(1+0.0225)\times62-0.75\times0.74]_0^{+\delta_z}\ mm=62.84_0^{+0.25}\ mm$$

按式（2-6）计算塑件内径尺寸 $\phi58$ 对应的型芯径向尺寸，修正系数 x 取 0.75，则

$$(l_M)_{-\delta_z}^0=[(1+S_{cp})l_S+x\Delta]_{-\delta_z}^0=$$
$$[(1+0.0225)\times58+0.75\times0.74]_{-\delta_z}^0\ mm=59.86_{-0.25}^0\ mm$$

按式（2-7）计算塑件高度尺寸 30 对应的型腔深度尺寸，修正系数 x 取 0.5，则

$$(H_M)_0^{+\delta_z}=[(1+S_{cp})H_S-x\Delta]_0^{+\delta_z}=$$
$$[(1+0.0225)\times30-0.5\times0.70]_0^{+\delta_z}\ mm=30.33_0^{+0.23}\ mm$$

按式（2-8）计算塑件孔深尺寸 28 对应的型芯高度尺寸，修正系数 x 取 0.5，则

$$(h_M)_{-\delta_z}^0=[(1+S_{cp})h_S+x\Delta]_{-\delta_z}^0=$$
$$[(1+0.0225)\times28+0.5\times0.50]_{-\delta_z}^0\ mm=28.88_{-0.17}^0\ mm$$

成型零件工作尺寸计算结果如图 2-82 所示。

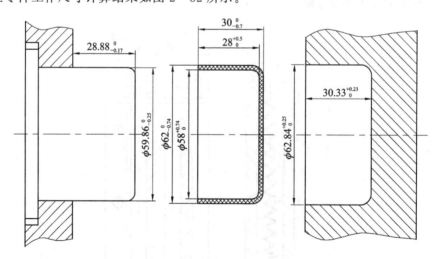

图 2-82　成型零件工作尺寸图

2. 型腔壁厚和型芯安装部分尺寸的确定

采用经验数据法，直接查阅设计手册中的有关表格，得模具型腔的推荐壁厚为 30 mm。

型芯高度尺寸为 28.88 mm，型芯固定板总体尺寸为 $L\times B\times H=200\ mm\times180\ mm\times25\ mm$，则型芯的总高度为 53.88 mm，台肩高度取 5 mm，台肩径向尺寸取 $\phi65$。

3. 型腔模板总体尺寸的确定

该模具型腔的直径为 $\phi 62.84$、深度为 30.33 mm,根据确定的型腔壁厚尺寸 30 mm,综合以上数据,确定型腔模板的总体尺寸为 $L \times B \times H = 200$ mm$\times 180$ mm$\times 60$ mm。

知识链接

成型零部件设计计算

1. 成型零部件工作尺寸的计算

成型零件工作尺寸是指成型零件上直接用以成型塑件部分的尺寸,主要有型腔和型芯的径向尺寸、型腔的深度和型芯的高度尺寸、中心距尺寸、型芯(或成型孔)中心到成型面距离尺寸等。

(1)影响成型零件尺寸的主要因素

1)塑件收缩率波动

塑件成型后的收缩变化与多种因素有关,收缩率波动越大,可能产生的成型收缩率估计误差也越大。因收缩率波动所引起的塑件尺寸误差可按下式计算:

$$\delta_s = (S_{max} - S_{min})L_s \tag{2-4}$$

式中:δ_s 为收缩率波动所引起的塑件尺寸误差;S_{max} 为塑料的最大收缩率;S_{min} 为塑料的最小收缩率;L_s 为塑件的基本尺寸。

2)模具成型零件的制造误差

成型零件制造精度直接影响塑件的尺寸精度,成型零件的制造精度高,则塑件的精度也高。成型零件的制造公差 δ_z 可取塑件公差 Δ 的 1/3~1/4 或取 IT7~IT8 级精度。

3)模具成型零件的磨损

模具在使用过程中,由于塑料熔体的冲刷、成型过程产生的腐蚀性气体的锈蚀、脱模时塑件与模具的摩擦以及模具维修时重新打磨抛光等原因,均可能造成成型零件的磨损。磨损量 δ_c 应根据塑件的产量、塑料的品种和模具材料等因素来确定。一般对中小型塑件,最大磨损量可取塑件公差 Δ 的 1/6,对于大型塑件则取塑件公差 Δ 的 1/6 以下。

此外,模具安装配合、塑件的脱模斜度等都会影响塑件的尺寸精度。

(2)成型零件工作尺寸的计算

成型零件工作尺寸的计算方法有两种,常用的是按平均收缩率、平均制造公差和平均磨损量进行计算的方法,成型零件工作尺寸与塑件尺寸的关系如图 2-83 所示。

1)型腔与型芯的径向尺寸计算

型腔径向尺寸为

$$(L_M)_0^{+\delta_z} = [(1 + S_{cp})L_s - x\Delta]_0^{+\delta_z} \tag{2-5}$$

型芯径向尺寸为

$$(l_M)_{-\delta_z}^0 = [(1 + S_{cp})l_s + x\Delta]_{-\delta_z}^0 \tag{2-6}$$

式中:L_M、l_M 为型腔、型芯的径向基本尺寸,mm;L_s、l_s 为塑件外廓、塑件孔的径向基本尺寸,mm;S_{cp} 为塑件的平均收缩率;Δ 为塑件的尺寸公差,mm;x 为修正系数:当塑件尺寸较大、精度级别较低时,$x = 0.5$;当塑件尺寸较小、精度级别较高时,$x = 0.75$。

2)型腔深度与型芯高度尺寸的计算

型腔深度尺寸为

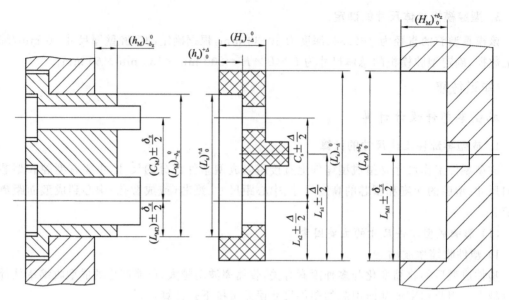

图 2－83　成型零件工作尺寸与塑件尺寸的关系

$$(H_{\mathrm{M}})^{+\delta_z}_{0} = \left[(1+S_{\mathrm{cp}})H_{\mathrm{s}} - x\Delta\right]^{+\delta_z}_{0} \tag{2－7}$$

型芯高度尺寸为

$$(h_{\mathrm{M}})^{0}_{-\delta_z} = \left[(1+S_{\mathrm{cp}})h_{\mathrm{s}} + x\Delta\right]^{0}_{-\delta_z} \tag{2－8}$$

式中：H_{M}、h_{M} 为型腔深度、型芯高度的基本尺寸，mm；H_{s}、h_{s} 为塑件高度、塑件孔深的基本尺寸，mm；x 为修正系数，当塑件尺寸较大、精度级别较低时 $x＝1/3$，当塑件尺寸较小、精度级别较高时 $x＝1/2$。

3）中心距尺寸的计算

模具上凸台之间、凹槽之间或凸台与凹槽之间的中心线距离等这一类尺寸称为中心距尺寸。因同时磨损的结果不会使中心距尺寸发生变化，在计算时不必考虑磨损量。

中心距尺寸为

$$(C_{\mathrm{M}}) \pm \frac{\delta_z}{2} = \left[(1+S_{\mathrm{cp}})C_{\mathrm{s}}\right] \pm \frac{\delta_z}{2} \tag{2－9}$$

式中：C_{M} 为模具中心距的基本尺寸，mm；C_{s} 为塑件中心距的基本尺寸，mm。

4）型芯（或成型孔）中心到成型面距离尺寸的计算

凹模内型芯（或孔）的中心线与凹模侧壁距离尺寸为

$$(L_{\mathrm{M1}}) \pm \frac{\delta_z}{2} = \left(L_{\mathrm{s1}} + L_{\mathrm{s1}}S_{\mathrm{cp}} - \frac{\delta_c}{4}\right) \pm \frac{\delta_z}{2} \tag{2－10}$$

凸模上型芯（或孔）的中心线与凸模侧壁距离尺寸为

$$(L_{\mathrm{M2}}) \pm \frac{\delta_z}{2} = \left(L_{\mathrm{s2}} + L_{\mathrm{s2}}S_{\mathrm{cp}} + \frac{\delta_c}{4}\right) \pm \frac{\delta_z}{2} \tag{2－11}$$

式中：L_{M1} 为凹模内型芯（或孔）中心线与凹模侧壁距离的基本尺寸，mm；L_{M2} 为凸模上型芯（或孔）中心线与凸模侧壁距离的基本尺寸，mm；L_{s1}、L_{s2} 为塑件中心线与侧壁距离的基本尺寸，mm。

由于 $\delta_c/4$ 的数值很小（一般磨损量 $\delta_c＝\Delta/6$），因此只有成型精密塑件时才考虑该磨损，通常此类尺寸仍可按中心距工作尺寸计算。

5）螺纹型芯和螺纹型环尺寸的计算

螺纹连接的种类很多,影响螺纹连接的因素比较复杂,这里只介绍普通螺纹型芯和型环的计算方法。

① 螺纹型芯尺寸的计算

螺纹型芯大径尺寸为

$$(d_{M大})^{0}_{-\delta_z} = [(1 + S_{cp}) d_{s大} + \Delta_{中}]^{0}_{-\delta_z} \qquad (2-12)$$

螺纹型芯中径尺寸为

$$(d_{M中})^{0}_{-\delta_z} = [(1 + S_{cp}) d_{s中} + \Delta_{中}]^{0}_{-\delta_z} \qquad (2-13)$$

螺纹型芯小径尺寸为

$$(d_{M小})^{0}_{-\delta_z} = [(1 + S_{cp}) d_{s小} + \Delta_{中}]^{0}_{-\delta_z} \qquad (2-14)$$

式中:$d_{M大}$,$d_{M中}$,$d_{M小}$为螺纹型芯的大径、中径和小径的基本尺寸,mm;$d_{s大}$,$d_{s中}$,$d_{s小}$为塑件内螺纹的大径、中径和小径的基本尺寸,mm;$\Delta_{中}$为塑件螺纹中径公差,mm,其值可参照金属螺纹公差标准中精度最低者选用;δ_z为螺纹型芯的中径制造公差,mm,其值一般取 $\Delta_{中}/5$ 或查表。

② 螺纹型环的尺寸计算

螺纹型环大径尺寸为

$$(D_{M大})^{+\delta_z}_{0} = [(1 + S_{cp}) D_{s大} - \Delta_{中}]^{+\delta_z}_{0} \qquad (2-15)$$

螺纹型环中径尺寸为

$$(D_{M中})^{+\delta_z}_{0} = [(1 + S_{cp}) D_{s中} - \Delta_{中}]^{+\delta_z}_{0} \qquad (2-16)$$

螺纹型环小径尺寸为

$$(D_{M小})^{+\delta_z}_{0} = [(1 + S_{cp}) D_{s小} - \Delta_{中}]^{+\delta_z}_{0} \qquad (2-17)$$

式中:$D_{M大}$,$D_{M中}$,$D_{M小}$为螺纹型环的大径、中径和小径的基本尺寸,mm;$D_{s大}$,$D_{s中}$,$D_{s小}$为塑件外螺纹的大径、中径和小径的基本尺寸,mm;δ_z为螺纹型环的中径制造公差,mm,其值一般取 $\Delta_{中}/5$ 或查表。

③ 螺纹型芯和螺纹型环螺距尺寸的计算

螺纹型芯和螺纹型环的螺距尺寸均采用下式计算:

$$(P_M) \pm \frac{\delta_z}{2} = P_s(1 + S_{cp}) \pm \frac{\delta_z}{2} \qquad (2-18)$$

式中:P_M为螺纹型芯或型环螺距的基本尺寸,mm;P_s为塑件内螺纹或外螺纹螺距的基本尺寸,mm;δ_z为螺纹型芯或型环螺距的制造公差,mm,其值可查表。

2. 成型零部件强度和刚度计算

塑料模具需要在一定温度和压力下工作,模具型腔受到塑料熔体压力的作用,必须具有足够的刚度和强度。如果型腔侧壁和底板的厚度过小,就可能因强度不够而产生塑性变形,也可能因刚度不够产生挠曲变形,导致溢料或出现飞边,使塑件产生缺陷。因此合理确定型腔侧壁和底板的厚度是非常重要的。

目前型腔壁厚计算主要有计算法和查表法两种方法。计算法中常用的有按强度和按刚度计算两大类,由于模具型腔的形状、结构形式是多种多样的,其计算方法也相应有多种;另外,模具在成型过程中受力情况也十分复杂,一些参数难以确定,因此对型腔壁厚的计算既很难做到精确,也比较复杂且繁琐。在一般的模具设计中,为简化模具设计,常采用经验数据或查有关表格,即查表法。

任务五　注射机有关工艺参数的校核

任务实施

对所选用的注射机的额定注射量、注射压力、锁模力、开模行程和推出装置及装模部分尺寸等有关参数进行校核,并最终确定注射模的结构及所选注射机。

1. 注射量的校核

由前面计算得成型塑件所需的总注射量为 42.67 cm^3,查表得注射机最大注射量为 125 cm^3。

按照式(2-19)校核,注射机的最大注射量为

$$125\ cm^3 \times 0.8 = 100\ cm^3 > 42.67\ cm^3\text{(满足要求)}$$

2. 注射压力的校核

经查表可知,聚乙烯成型注射压力为 60~100 MPa,可取 80 MPa,而 XS-ZY-125 注射机的额定注射压力为 119 MPa(查表 2-5),满足塑件成型的注射压力。

3. 锁模力的校核

锁模力可按式(2-22)校核:

塑件投影面积为 $A = 3.14 \times 31^2 = 3\ 017.54\ mm^3$;

浇注系统投影面积为 $A_1 = 3.14 \times 5.25^2 = 86.55\ mm^3$;

涨开力为

$$F_z = p(nA + A_1) = 80 \times 0.8(2 \times 3\ 017.54 + 86.55) = 39.18\ kN < F = 900\ kN\text{(满足要求)}$$

式中,p 可取注射压力的 80%;F 为注射机额定锁模力,查表 2-5 得,XS-ZY-125 注射机额定锁模力为 900 kN。

4. 模具厚度 H 的校核

模具厚度 H 可按式(2-26)校核:

注射模的厚度 $H = 225$ mm,查表 2-5 得,XS-ZY-125 注射机的最大模厚 $H_{max} = 300$ mm,最小模厚 $H_{min} = 200$ mm,所以 200 mm < 225 mm < 300 mm,满足 $H_{min} \leqslant H \leqslant H_{max}$ 的设计要求。

5. 注射机开模行程的校核

注射机开模行程可按式(2-27)进行校核:

注射模的开模行程:$H_1 + H_2 + 10 = 30 + 110 + 10 = 150$ mm。

查表 2-5 得,XS-Z-60 注射机的最大开模行程 $S = 300$ mm,所以 300 mm > 150 mm(满足设计要求)。

知识链接

注射机有关参数的校核

在设计注射模时,必须考虑所选用的注射机的技术参数,如注射机的最大注射量、锁模力、注射压力、模具最大和最小厚度、最大开模行程、拉杆间距、定位孔尺寸及喷嘴尺寸等,以使设

计的模具与所选注射机相适应。

1. 最大注射量的校核

最大注射量是指注射机对空注射条件下,注射螺杆或柱塞作一次最大注射行程时,注射装置所能达到的最大注射量。柱塞式注射机的允许最大注射量是以一次注射聚苯乙烯的最大克数为标准的,而螺杆式注射机是以容积来表示最大注射量的,与塑料品种无关。

选择注射机时,应保证成型塑件所需的总注射量(包括浇注系统凝料)小于注射机的最大注射量,即

$$nV + V_j \leqslant kV_{max} \quad \text{(最大注射量以容积来标定)} \quad (2-19)$$

$$nm + m_j \leqslant km_{max} \quad \text{(最大注射量以质量来标定)} \quad (2-20)$$

式中:n 为型腔数量;V 和 m 分别为单个塑件的体积(cm^3)和质量(g);V_j 和 m_j 分别为浇注系统的体积(cm^3)和质量(g);V_{max} 和 m_{max} 分别为注射机的最大注射容积(cm^3)和最大注射质量(g);k 为注射机最大注射量的利用系数,一般取 0.8。

2. 注射压力的校核

塑件成型时所需的注射压力应不大于注射机的最大注射压力,即

$$P \leqslant P_{max} \quad (2-21)$$

式中:P_{max} 为注射机的最大注射压力,MPa;P 为塑件成型时所需的注射压力,MPa。

塑件成型时所需的注射压力是由注射机的类型、喷嘴的形式、塑料的流动性、浇注系统及塑件的形状等因素决定的,一般为 60～140 MPa。设计时可根据经验估算成型时所需的注射压力,对于粘度较大、形状细薄、流程较长的塑件,注射压力应取大些。

3. 锁模力的校核

当高压的塑料熔体充满模具型腔时,会产生使模具分型面涨开的力,这个力的大小等于塑件和浇注系统在分型面上的投影面积之和乘以型腔内的压力,它应小于注射机的额定锁模力 F,才能保证注射时不发生涨模现象,即

$$F_z = p(nA + A_1) < F \quad (2-22)$$

式中:n 为型腔数量;F_z 为塑料熔体在分型面的涨开力,N;p 为型腔内的压力,MPa,一般为注射压力的 80% 左右;A 为单个塑件在模具分型面上的投影面积,mm^2;A_1 为浇注系统在模具分型面上的投影面积,mm^2;F 为注射机的额定锁模力,N。

4. 模具与注射机安装部分相关尺寸的校核

(1)喷嘴尺寸

注射机喷嘴前端球面半径 r 应比主流道衬套始端的球面半径 R 略小一些,以防止熔料从缝隙溢出;注射机喷嘴前端孔径 d_1 应比主流道衬套始端的孔径 d 也略小一些,以防止主流道口部积存凝料而影响脱模,如图 2-84 所示。一般应满足下列关系:

$$R = r + (2 \sim 3)mm \quad (2-23)$$

$$d = d_1 + (0.5 \sim 1)mm \quad (2-24)$$

(2)定位圈尺寸

为保证模具主流道中心线与注射机喷嘴中心线重合,模具定模板上的定位圈应与注射机固定模板上的定位孔采用间隙配合。

(3)最大、最小模具厚度

模具设计时,模具的总厚度 H 必须在注射机允许安装的最大模具厚度 H_{max} 与最小模具

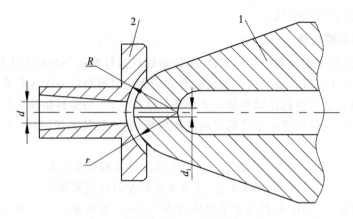

1—注射机喷嘴；2—主流道衬套

图 2-84　主流道衬套与喷嘴的关系

厚度 H_{min} 之间，即满足下列关系：

$$H_{max} = H_{min} + \Delta H \tag{2-25}$$

$$H_{min} \leqslant H \leqslant H_{max} \tag{2-26}$$

式中：ΔH 为注射机在模厚方向长度的调节量。

（4）模具外形尺寸

图 2-85 为注射机模板及拉杆间距的尺寸。模板尺寸为 $L \times H$，拉杆间距为 $L_0 \times H_0$。模具的外形尺寸必须在注射机模板尺寸及拉杆间距尺寸规定范围之内。

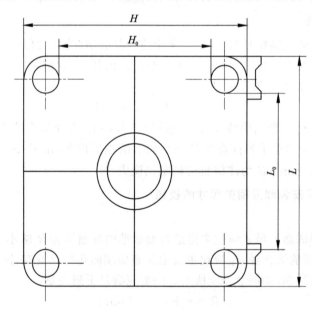

图 2-85　注射机模板及拉杆间距的尺寸

（5）安装螺孔尺寸

模具在注射机上的安装方法有两种：一种是用螺钉直接固定，另一种是用压板固定。用螺钉直接固定，则要求模具动、定模座板与注射机移动模板、固定模板上的螺孔完全吻合；而用压板固定时，只要压板附近有螺孔即可。

5．开模行程的校核

注射机的最大开模行程必须大于取塑件或有其他要求时所需分开模具的距离。开模行程的校核可分为下面几种情况。

（1）注射机的最大开模行程与模具厚度无关的校核

对于液压和机械联合作用的锁模机构的注射机，最大开模行程是由连杆机构的冲程或其他机构的冲程所决定，不受模具厚度的影响。

1）对于单分型面注射模（图 2 - 86 所示），其开模行程可按下式校核：

$$S \geqslant H_1 + H_2 + (5 \sim 10)\text{mm} \tag{2-27}$$

式中：S 为注射机最大开模行程（移动模板行程），mm；H_1 为塑件脱模所需的推出距离，mm；H_2 为包括浇注系统凝料在内的塑件高度，mm。

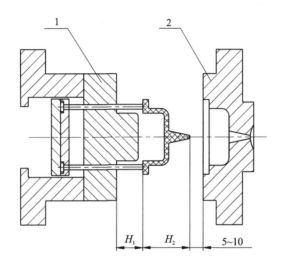

1—动模；2—定模

图 2 - 86　单分型面注射模开模行程

2）对于双分型面注射模（图 2 - 87 所示），其开模行程可按下式校核：

$$S \geqslant H_1 + H_2 + a + (5 \sim 10)\text{mm} \tag{2-28}$$

式中：H_2 为塑件高度（不包括浇注系统凝料高度），mm；a 为取出浇注系统凝料所需的分模距离，mm。

（2）注射机的最大开模行程与模具厚度有关的校核

对于合模机构为全液压式的注射机以及带有丝杆传动的直角式注射机，其最大开模行程 S 等于注射机的移动模板与固定模板之间的最大开距 S_k 减去模具闭合厚度 H_m，即

$$S = S_k - H_m \tag{2-29}$$

① 对于单分型面注射模，其开模行程按下式校核：

$$S_k \geqslant H_m + H_1 + H_2 + (5 \sim 10)\text{mm} \tag{2-30}$$

② 对于双分型面注射模，其开模行程可按下式校核：

$$S_k \geqslant H_m + H_1 + H_2 + a + (5 \sim 10)\text{mm} \tag{2-31}$$

（3）有侧向抽芯机构时开模行程的校核

图 2 - 88 所示为有侧向抽芯的开模行程，开模行程的校核需要考虑侧向抽芯所需的开模

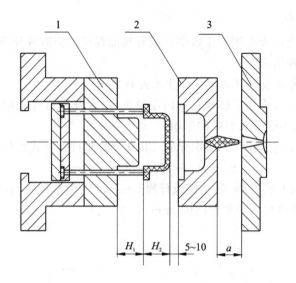

1—动模板；2—中间板；3—定模座板

图 2-87　双分型面注射模开模行程

距离 H_c。若 $H_c \leqslant H_1 + H_2$，则 H_c 对开模行程没有影响，仍按前述各公式进行校核；若 $H_c > H_1 + H_2$，则可用 H_c 代替前述校核公式中的 $H_1 + H_2$ 进行校核。

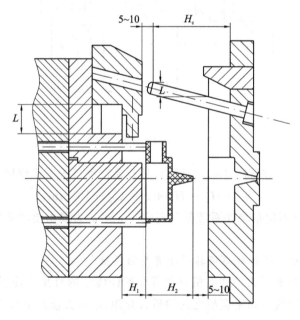

图 2-88　有侧向抽芯的开模行程

6. 推出装置的校核

不同型号注射机的推出装置和最大推出距离各不相同，设计模具时，必须了解注射机推出形式（中心推出还是两侧双杆推出）、顶杆直径、顶出距离和顶杆中心距等，以使模具的推出机构与注射机的推出机构相适应。

任务六　绘制注射模总装图和零件图

任务实施

模具总装图的绘制必须符合国家机械制图标准,应清楚地表达模具总体结构、各零部件之间的装配关系以及模具中塑件的形状、浇口位置等。本实例采用1:1比例绘制冰盒注射模总装图。在绘制俯视图时,将定模部分移走,只绘制动模部分。总装图上除标注必要的尺寸外,还需要填写技术要求、使用说明和编写明细表(这里省略)。冰盒注射模总装图如图2-89所示。

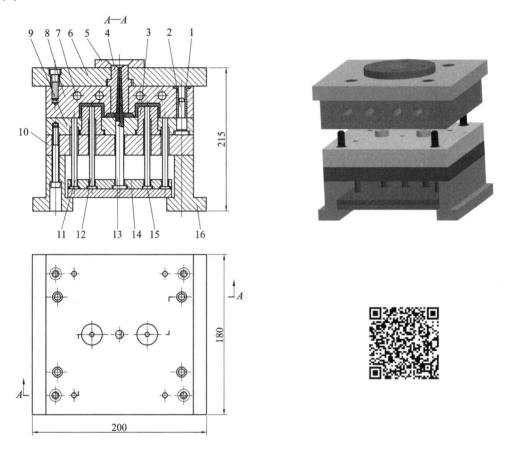

1—导套;2—导柱;3—型芯;4—主流道衬套;5—定位圈;6—定模座板;

7—冷却水道;8—定模板;9—动模板;10—支承板;11—复位杆;

12—推杆;13—拉料杆;14—推杆固定板;15—推板;16—模脚

图2-89　冰盒注射模总装图

注射模的标准零件需给定型号和规格,直接外购;非标准零件均需要绘制零件图,零件图的绘制也应符合国家标准。

总装图和零件图绘制之后需进行审核,在所有审核正确无误后,再将设计结果送达生产部门组织生产。

模具设计人员还应参加零件加工、组装、试模和投产的全过程。

项目二　压缩模设计

● 项目描述

设计如图 2-90 所示的儿童台灯灯座压盖的压缩模。该制品要求外观光亮,部分透明,端面平整光洁,零件无后续处理,表面粗糙度 Ra 为 1.6 μm,制品材料为 UF,小批量生产。

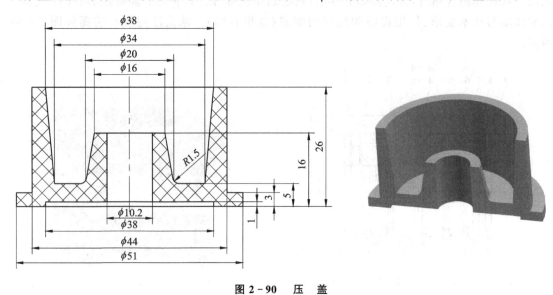

图 2-90　压　盖

任务一　塑件分析

任务实施

1. 塑件的原材料分析

塑件采用热固性塑料-UF(脲-甲醛)压塑粉。其价格便宜,着色性好,塑料制品外观好,有优良的电绝缘性和耐电弧性,表面硬度高,耐油、耐磨、耐弱碱和有机溶剂,吸水性较大。

2. 塑件的工艺分析

压盖外形结构相对较为简单,整体为圆形结构,最大直径为 51 mm,总高度为 26 mm,大部分壁厚为 3 mm 左右;所有尺寸均为无公差要求的自由尺寸;塑件表面粗糙度要求不高;生产批量小。

综合上述因素,优先考虑采用压缩成型。

知识链接

一、塑料材料与塑料制件设计

参见本模块项目一中任务一的知识链接。

二、压缩成型简介

压缩成型模具简称压缩模、压模,又称压制模,是塑料压缩成型所采用的模具,主要用于热固性塑料的成型。其基本成型过程是将塑料粉料或粒料直接加在敞开的模具加料室内,再将模具闭合,通过加热、加压使塑料呈流动状态并充满型腔,然后由于化学或物理变化使塑料固化(或硬化)定型。

压缩成型的特点是塑料直接加入型腔内,压力机压力通过凸模直接传递给塑料,模具是在塑料最终成型时才完成闭合。其优点是无需设置浇注系统,耗料少,使用的设备和模具都比较简单,适用于流动性差的塑料,宜成型大型塑件,塑料的收缩率小,变形小,各向异性比较均匀;其缺点是生产周期长,效率低,不易压制形状复杂、壁厚相差较大、尺寸精度高且带有精细或易碎嵌件的塑件。

任务二 压缩模总体结构方案的确定

任务实施

结合对塑件的结构及工艺性分析,可采用手动移动式压缩模。塑件在模具中的布置方式是将塑件料多的部分放在上侧,采用上压式液压机,要求模具中的凸模安装在上模,加料室要布置在下模。根据塑件的结构,选择把主型芯安置在下模中。

根据塑件的结构特点及要求,采用了单型腔半溢式结构,并将塑件的回转轴线与模具的轴线布置在同一轴线上,结构简单,有利于压力的传递,并使之均匀。加压方向采用上压式。

考虑塑件的外观质量,同时考虑塑件的结构,选择了两个水平分型面,如图 2-110 所示的 Ⅰ—Ⅰ、Ⅱ—Ⅱ 两个分型面。

加料室采用了单型腔的加料室,以型腔的延伸部分及扩大部分作为加料室。

脱模取件的方式是成型后移出模具,用卸模架分型后从凹模中取出制品。

模具由装在机床上下工作台上的加热板来加热,配合热固性塑料成型时的排气需要,在凹模上表面开设了 4 个排气槽。

模具的成型零件主要由凸模、型芯和凹模构成,其中型腔是由凹模和嵌入下模固定板的镶件构成,型芯采用镶拼组合式。模架选用移动式通用模架。

知识链接

一、压缩模的结构组成

压缩模的典型结构如图 2-91 所示。模具的上模和下模分别安装在压力机的上、下工作台上,上、下模通过导柱导套导向定位。上工作台下降,使上凸模 3 进入下模加料室 4 与装入的塑料接触并对其加热。当塑料成为熔融状态后,上工作台继续下降,熔料在受热受压的作用下充满型腔。塑件固化(或硬化)成型后,上工作台上升,模具分型,同时压力机下面的辅助液压缸开始工作,脱模机构将塑件脱出。压缩模按各零部件的功能作用可分为以下几大部分。

(1) 成型零件

成型零件是直接成型塑件的零件,加料时与加料室一同起装料的作用,模具闭合时形成所要求的型腔。图 2-91 中模具型腔由上凸模 3、凹模 4、型芯 8 和下凸模 9 等构成。

(2) 加料室

图 2-91 中凹模 4 的上半部,为凹模截面尺寸扩大的部分。由于塑料与塑件相比具有较大的比容,塑件成型前单靠型腔往往无法容纳全部原料,因此一般需要在型腔之上设有一段加料腔室。

(3) 导向机构

导向机构的作用是保证上模和下模两大部分或模具内部其他零部件之间准确对合。图 2-91

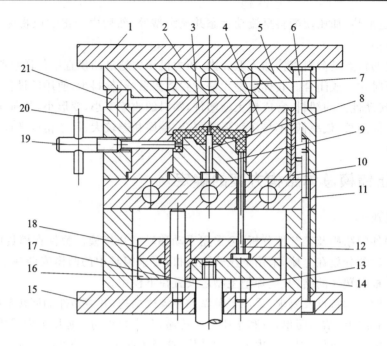

1—上模座板；2—螺钉；3—上凸模；4—加料室(凹模)；5、11—加热板；6—导柱；7—加热孔；
8—型芯；9—下凸模；10—导套；12—推杆；13—支承钉；14—垫块；15—下模座板；16—推板；
17—连接杆；18—推杆固定板；19—侧型芯；20—型腔固定板；21—承压板

图 2-91　压缩模结构

中,由布置在模具上周边的四根导柱 6 和导套 10 组成导向机构,为保证推出机构上下运动平稳,该模具在下模座板 15 上设有两根推板导柱,在推板上还设有推板导套。

（4）侧向分型与抽芯机构

当压缩塑件带有侧孔或侧向凹凸时,模具必须设有各种侧向分型与抽芯机构,塑件方能脱出。图 2-91 中的塑件有一侧孔,在推出塑件前用手动丝杠(侧型芯 19)抽出侧型芯。

（5）脱模机构

压缩模中一般都需要设置脱模机构(推出机构),其作用是使塑件脱模。图 2-91 中的脱模机构由推板 16、推杆固定板 18、推杆 12 等零件组成。

（6）加热系统

在压缩热固性塑件时,模具温度必须高于塑料的交联温度,因此模具必须加热。常见的加热方式是电加热。图 2-91 中加热板 5,11 中设计有加热孔 7,加热孔中插入加热元件(如电热棒)分别对上凸模、下凸模和凹模进行加热。

（7）支承零部件

压缩模中的各种固定板 、支承板(加热板)以及上、下模座等均称为支承零部件,主要作用是固定和支承模具中各种零部件,并且将压力机的压力传递给成型零部件和成型物料。如图 2-91 中的上模座板 1、加热板 5 和 11、垫块 14、下模座板 15、型腔固定板 20 和承压板 21 等。

二、压缩模的分类

压缩模分类方法很多,可按模具在压力机上的固定方式分类,可按模具加料室的形式进行分类,也可按型腔数目的多少分类。这里介绍两种常见的分类方法。

1. 按模具在压力机上的固定形式分类

(1) 移动式压缩模

移动式压缩模如图 2-92 所示,模具不固定在压力机上。压缩成型前,打开模具把塑料加入型腔,然后将上下模合拢,送入压力机工作台上对塑料进行加热、加压固化成型。成型后将模具移出压力机,使用专门卸模工具开模脱出塑件。这种模具结构简单,制造周期短,但因加料、开模、取件等工序手工操作,劳动强度大、生产率低、易磨损,适用于压缩成型批量不大的中小型塑件以及形状复杂、嵌件较多、加料困难及带有螺纹的塑件。

(2) 半固定式压缩模

半固定式压缩模如图 2-93 所示,一般将上模固定在压力机上,下模可沿导轨移动,移进时用定位块定位,合模时靠导向机构定位。在压力机外进行加料并在卸模架上脱出塑件。这种模具结构便于放嵌件和加料,且上模不移出机外,从而减轻了劳动强度,也可按需要采用下模固定的形式,工作时移出上模,用手工取件或卸模架取件。

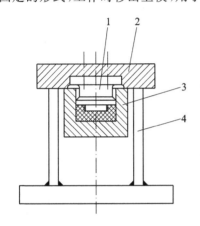

1—凸模;2—凸模固定板;3—凹模;4—U 型支架

图 2-92 移动式压缩模

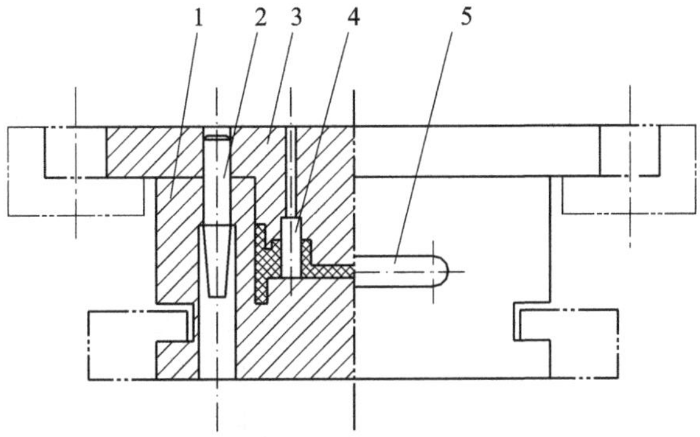

1—凹模(加料室);2—导柱;3—凸模(上模);4—型芯;5—手柄

图 2-93 半固定式压缩模

(3) 固定式压缩模

固定式压缩模如图 2-91 所示。上、下模分别固定在压力机的上、下工作台上。开合模与塑件脱出均在压力机上靠操作压力机完成,因此生产率较高、操作简单、劳动强度小、模具振动小、模具寿命长,但缺点是模具结构复杂、成本高,且安放嵌件不方便,适用于成型批量较大或形状较大的塑件。

2. 根据模具加料室形式分类

(1) 溢式压缩模

溢式压缩模如图 2-94 所示。这类压缩模没有加料室,型腔总高度 h 基本上就是塑件高度。由于凸模与凹模无配合部分,完全靠导柱定位,故塑件的径向尺寸精度不高。环形挤压面 B 的宽度较窄,可减小塑件的飞边。溢式压缩模结构简单,造价低廉、耐用,塑件易取出,对加料量的精度要求不高,加料量一般仅大于塑件质量的 5% 左右,常用预压型坯进行压缩成型,它适用于精度不高且尺寸小的浅型腔塑件。

(2) 不溢式压缩模

不溢式压缩模如图 2-95 所示。这种模具的加料室为型腔上部延续,其截面形状和尺寸与型腔完全相同,无挤压面。塑件径向壁厚尺寸精度较高。由于配合段单面间隙为 $0.025\sim$ 0.075 mm 左右,故压缩时仅有少量的塑料流出,使塑件在垂直方向上形成很薄的轴向飞边,去除比较容易。模具在闭合压缩时,压力几乎完全作用在塑件上,因此塑件密度高,强度高。

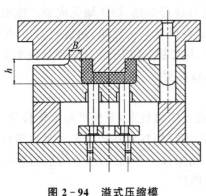

图 2-94 溢式压缩模

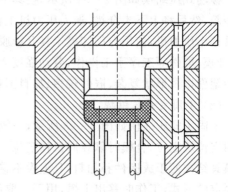

图 2-95 不溢式压缩模

不溢式压缩模适用于成型形状复杂、精度高、壁薄、流程长的深腔塑件,也可成型流动性差、比容大的塑料。但由于塑料溢出量极少,加料量多少直接影响着塑件的高度尺寸,要求加料量必须准确;另外,凸模与加料室内壁有摩擦,可能会划伤内壁;不溢式压缩模还需要设置推出装置,否则塑件很难取出。

（3）半溢式压缩模

半溢式压缩模如图 2-96 所示。这种压缩模在型腔上设有加料室,其截面尺寸大于型腔截面尺寸,两者分界处有一环形挤压面,其宽度为 3～5 mm。凸模与加料室呈间隙配合,凸模下压时受到挤压面的限制,故易于保证塑件高度尺寸精度。凸模在四周开有溢流槽,过剩的塑料通过配合间隙或溢流槽排出。因此,此种压缩模操作方便,加料时加料量不必严格控制,只需简单地按体积计量即可。

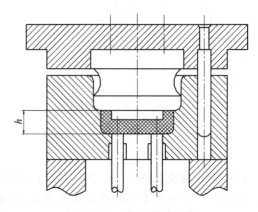

图 2-96 半溢式压缩模

半溢式压缩模兼有溢式和不溢式压缩模的优点,塑件径向壁厚尺寸和高度尺寸的精度均较好,密度较高,模具寿命较长,塑件脱模容易,塑件外表不会被加料室划伤,因此在生产中被广泛采用。半溢式压缩模适用于压缩流动性较好的塑料以及形状较复杂的塑件,由于有挤压边缘,不适用于压制以布片或长纤维作填料的塑件。

任务三　压力机的选取

任务实施

1. 成型压力

查表选取 $p=25$ MPa;模具为单型腔,$n=1$;压力系数取 $K=1.2$。按照式(2-32)可得成

型总压力为

$$F_m = KnAp = \frac{1}{4}\pi d^2 npK = \frac{1}{4} \times 3.14 \times 51^2 \text{ mm}^2 \times 1 \times 25 \text{ MPa} \times 1.2 = 61.25 \text{ kN}$$

2. 开模力

系数取 $k = 0.15$，则由式（2-34）可得开模力为

$$F_k = kF_m = 0.15 \times 61.254 \text{ kN} = 9.19 \text{ kN}$$

3. 脱模力

塑件侧面积之和近似为

$$A_c = \pi d_1 h_1 + \pi d_2 h_2 + \pi d_3 h_3 + \pi d_4 h_4 + \pi d_5 h_5 =$$
$$3.14 \times (51 \times 3 + 44 \times 23 + 38 \times 21 + 20 \times 11 + 10.2 \times 16) \text{ mm}^2 = 7\ 367 \text{ mm}^2$$

塑件与金属表面的单位摩擦力取 $P_f = 0.49$ MPa，由式（2-35）可得脱模力为

$$F_t = A_c P_f = 7\ 367 \text{ mm}^2 \times 0.49 \text{ MPa} = 3\ 610 \text{ N} = 3.61 \text{ kN}$$

根据成型压力、开模力和脱模力的大小，查表可以选择型号为 Y32-50 的液压机，为上压式、下顶出、框架结构，公称压力为 500 kN，回程压力为 105 kN，最大顶出力为 7.5 kN，工作台最大开距为 600 mm，各项参数均满足压缩模的需要。

知识链接

压力机的成型总压力、开模力、脱模力、合模高度和开模行程等技术参数与压缩模设计有直接关系，同时压板和工作台等装配部分尺寸在设计模具时也必须考虑，所以在设计压缩模时应首先对压力机作以下几方面的校核。

一、成型总压力的校核

成型总压力是指塑料压缩成型时所需的压力，它与塑料的几何形状、水平投影面积、成型工艺等因素有关，成型总压力必须满足下式：

$$F_m = nAp \leqslant KF_p \tag{2-32}$$

式中：F_m 为成型塑件所需的总压力，N；K 为修正系数，按压力机的新旧程度取 $0.75 \sim 0.90$；F_p 为压力机的额定压力，N；n 为型腔数目；A 为单个型腔在工作台上的水平投影面积，mm²，对于溢式或不溢式模具水平投影面积等于塑件最大轮廓的水平投影面积，对于半溢式模具等于加料室的水平投影面积；p 为压缩塑件需要的单位成型压力，MPa。

当压力机的大小确定后，也可以按下式确定多塑腔模具的塑腔数目：

$$n = KF_p/Ap \quad \text{（取整数）} \tag{2-33}$$

二、开模力的校核

开模力的大小与成型压力成正比，可按下式计算：

$$F_k = kF_m \tag{2-34}$$

式中：F_k 为开模力，N；k 为系数，配合长度不大时可取 0.1，配合长度较大时可取 0.15，塑件形状复杂且凸凹模配合较大时可取 0.2。

若要保证压缩模可靠开模，必须使开模力小于压力机液压缸的回程力。

三、脱模力的校核

压力机的顶出力是保证压缩推出机构脱出塑件的动力，压缩所需的脱模力可按下式计算：

$$F_t = A_c P_f \tag{2-35}$$

式中:F_t 为塑件从模具中脱出所需要的力,N;A_c 为塑件侧面积之和,mm²;P_f 为塑件与金属表面的单位摩擦力,塑件以木纤维和矿物质作填料取 0.49 MPa,塑料以玻璃纤维增强时取 1.47 MPa。

若要保证可靠脱模,则必须使压力机的顶出力大于脱模力。

四、合模高度与开模行程的校核

为了使模具正常工作,必须使模具的闭合高度和开模行程与压力机上下工作台之间的最大和最小开距以及压力机的工作行程相适应,即

$$h_{min} \leqslant h = h_1 + h_2 \tag{2-36}$$

式中:h_{min} 为压力机上下模板之间的最小距离;h 为模具合模高度;h_1 为凹模的高度(见图 2-97);h_2 为凸模台肩的高度(见图 2-97)。

如果 $h < h_{min}$,上下模不能闭合,模具无法工作,这时在模具与工作台之间必须加垫板,要求 h_{min} 小于 h 和垫板厚度之和。为保证锁紧模具,其尺寸一般应小于 10～15 mm。为保证顺利脱模,还要求

$$h_{max} \geqslant h + L = h_1 + h_2 + h_s + h_t + $$
$$(10 \sim 30)\text{mm} \tag{2-37}$$

式中:L 为模具最小开模距离;h_s 为塑件的高度,mm;h_t 为凸模高度,mm;h_{max} 为压力机上下模板之间的最大距离。

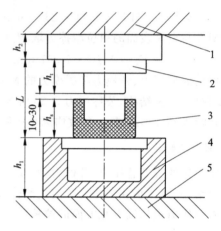

1、5—上、下工作台;2—凸模;3—塑件;4—凹模

图 2-97 模具高度和开模行程

五、压力机顶出机构的校核

固定式压缩模一般均利用压力机工作台面下的顶出机构(机械式或液压式)驱动模具脱模机构进行工作,因此压力机的顶出机构与模具的脱模机构的尺寸要相适应,即模具所需的脱模行程必须小于压力机顶出机构的最大工作行程,模具需要的脱模行程 L_d 一般应保证塑件脱模时高出凹模型腔 10～15 mm,以便将塑件取出,即有

$$L_d = h_s + h_3 + (10 \sim 15)\text{ mm} \leqslant L_p \tag{2-38}$$

式中:L_d 为压缩模需要的脱模行程,mm;h_s 为塑件的最大高度,mm;h_3 为加料室的高度,mm;L_p 为压力机推顶机构的最大工作行程,mm。

六、压力机工作台有关尺寸的校核

压缩模设计时应根据压力机工作台面规格和结构来确定模具的相应尺寸。模具的宽度尺寸应小于压力机立柱(四柱式压力机)或框架(框架式压力机)之间的净距离,使压缩模能顺利装在压力机的工作台上,模具的最大外型尺寸不应超过压力机工作台面尺寸,同时还要注意上下工作台面上的 T 形槽的位置。模具可以直接用螺钉分别固定在上下工作台上,但模具上的固定螺钉孔(或长槽,缺口)应与工作台的上下 T 形槽位置相符合,模具也可用螺钉和压板压紧固定,这时上下模底板设有宽度为 15～30 mm 的凸台阶。

任务四 压缩模零部件的设计、选用及计算

任务实施

1. 加料室尺寸的计算

（1）塑件所需原料体积的计算

加料室结构采用单型腔半溢式结构，挤压边宽度取 5 mm，则加料室直径为

$$d = 51 + 2 \times 5 = 61 \text{ mm}$$

根据塑件尺寸，近似算得塑件的体积 $V_s = 78.37 \text{ cm}^3$。

由塑件体积求出塑件所需原料体积，查表取压缩比 $K = 2.5$，按照式（2 - 39）可得塑件所需原料体积为

$$V_{sl} = KV_s = 2.5 \times 78.371 \text{ cm}^3 = 195.93 \text{ cm}^3$$

（2）加料室高度的计算

按照式（2 - 44）计算加料室的高度：

$$H = \frac{V_{sl} - V_s - \pi r^2 h \times 10^{-3}}{\frac{1}{4}\pi d^2} + (0.5 \sim 1.0) \text{ cm} =$$

$$\frac{195.93 - 78.371 - 3.14 \times 19^2 \times 1 \times 10^{-3}}{0.25 \times 3.14 \times 6.1^2} + (0.5 \sim 1.0) \text{ cm} =$$

$$4.486 \sim 4.986 \text{ cm}$$

加料室高度可取为 $H = 46 \text{ mm}$。

2. 成型零件工作尺寸的计算

本项目仅以塑件的外径尺寸 $\phi 44$ 为例，计算其成型零件型腔的径向尺寸。

计算时可参照注射模成型零件工作尺寸计算公式。查表知塑件的收缩率为 $0.6\% \sim 1.4\%$，取平均收缩率 $S_{cp} = 1.0\%$；UF 塑料精度按一般精度选取，$\Delta = 0.28$，即有塑件的外径尺寸为 $\phi 44_{-0.28}^{0}$；模具制造公差 δ_z 取塑件公差 Δ 的 1/4；修正系数 x 取 0.5。按下式计算型腔径向尺寸如下：

$$(D_M)_0^{+\delta_z} = [(1 + S_{cp})D_S - x\Delta]_0^{+\delta_z} =$$

$$[(1 + 0.01) \times 44 - 0.5 \times 0.28]_0^{+0.25 \times 0.28} = 44.30_0^{+0.07} \text{ mm}$$

知识链接

一、压缩模成型零部件设计

在设计压缩模时，首先应确定加料室的总体结构，凹模和凸模之间的配合形式以及成型零部件的结构，然后再根据塑件尺寸确定型腔成型尺寸，根据塑件重量和塑料品种确定加料室尺寸。

1. 凸模与凹模的配合形式

（1）凹、凸模各组成部分及其作用

以半溢式压缩模为例，凹模、凸模一般由引导环、配合环、挤压环、储料槽、排气溢料槽、承压面和加料室等部分组成，如图 2 - 98 所示。它们的作用及参数如下：

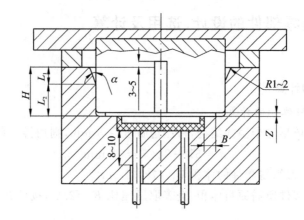

图 2-98 压缩模的凸凹模各组成部分

1) 引导环 L_1

引导环是引导凸模进入凹模的部分。除加料室极浅（高度小于 10 mm）的凹模外，一般在加料腔上部设有一段长为 L_1 的引导环。引导环都有一段 α 角的斜度，并设有圆角 R，以使凸模顺利进入凹模，减少凸、凹模之间的摩擦，避免在推出塑件时擦伤表面，增加模具使用寿命，减少开模阻力，并可以进行排气。移动式压缩模 α 取 $20'\sim1°30'$，固定式压缩模 α 取 $20'\sim1°$。有时上、下凸模为了加工方便，α 取 $4°\sim5°$。圆角 R 通常取 $1\sim2$ mm，引导环长度 L_1 取 $5\sim10$ mm，当加料腔高度 $H\geqslant30$ mm 时，L_1 取 $10\sim20$ mm。

2) 配合环 L_2

配合环是凸模与凹模的配合部位，其作用是保证凸模与凹模定位准确，阻止溢料，通畅地排气。凸、凹模的配合间隙以不发生溢料和双方侧壁互不擦伤为原则。通常移动式模具，凸、凹模可采用 H8/f7 配合，形状复杂的可采用 H8/f8 配合，或取单边间隙 $t=0.025\sim0.075$ mm。配合环长度 L_2 应根据凸、凹模的间隙而定，间隙小则长度取短些。一般移动式压缩模 L_2 取 $4\sim6$ mm；固定式模具，若加料腔高度 $H\geqslant30$ mm 时，L_2 取 $8\sim10$ mm。

3) 挤压环 B

挤压环的作用是限制凸模下行位置并保证最薄的水平飞边，挤压环主要用于半溢式和溢式压缩模。半溢式压缩模的挤压环的形式如图 2-99 所示，挤压环的宽度 B 值按塑件大小及模具用钢而定。一般中小型模具 B 取 $2\sim4$ mm，大型模具 B 取 $3\sim5$ mm。

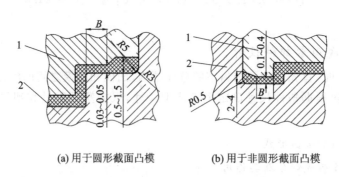

(a) 用于圆形截面凸模　　　(b) 用于非圆形截面凸模

1—凸模；2—凹模

图 2-99 挤压环的形式

4）储料槽

储料槽的作用是储存排出的余料。Z 过大，易发生制品缺料或不致密，过小则影响塑件精度及飞边增厚。半溢式压缩模的储料槽形式如图 2 - 98 所示的小空间 Z，通常储料槽深度 Z 取 0.5～1.5 mm；不溢式压缩模的储料槽设计在凸模上，如图 2 - 100 所示。

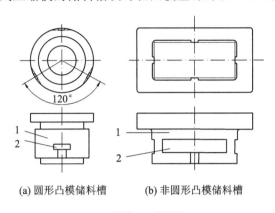

(a) 圆形凸模储料槽   (b) 非圆形凸模储料槽

1—凸模；2—储料槽

图 2 - 100　不溢式压缩模储料槽

5）排气溢料槽

压缩成型时为了减少飞边，保证塑件精度和质量，必须将产生的气体和余料排出，一般可通过在压制过程中进行卸压排气操作或利用凸、凹模配合间隙来排气，但压缩形状复杂塑件及流动性较差的纤维填料的塑料时，应设排气溢料槽，成型压力大的深型腔塑件也应开设排气溢料槽。图 2 - 101 所示为固定半溢式压缩模排气溢料槽的不同形式。排气溢料槽应开到凸模的上端，使合模后高出加料腔上平面，以便使余料排出模外。

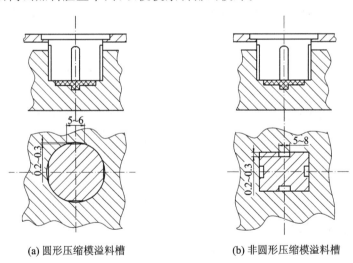

(a) 圆形压缩模溢料槽   (b) 非圆形压缩模溢料槽

图 2 - 101　半溢式固定式压缩模的溢料槽

6）承压面

承压面的作用是减轻挤压环的载荷，延长模具的使用寿命。承压面的结构形式如图 2 - 102。其中，图(a)是以挤压环为承压面，承压部位容易变形甚至压坏，但飞边较薄；图(b)表示凸模与凹模之间留有 0.03～0.05 mm 的间隙，以凸模固定板与凹模上端面作为支承面，可防止挤压环的变形损坏,延长模具使用寿命,但飞边较厚,主要用于移动式压缩模;图(c)是用承压块作挤压面,通过调节承压块的厚度来控制凸模进入凹模的深度或控制凸模与挤压边缘的间隙,减小飞边厚度,主要用于固定式压缩模。

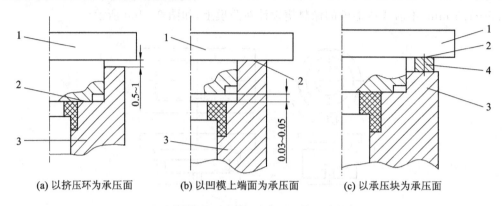

(a) 以挤压环为承压面　　(b) 以凹模上端面为承压面　　(c) 以承压块为承压面

1—凸模;2—承压面;3—凹模;4—承压块

图 2 - 102　压缩模承压面的结构形式

(2) 凸、凹模配合的结构形式

压缩模凸模与凹模配合的结构形式及尺寸是压缩模设计的关键,其形式和尺寸依压缩模类型不同而不同。

1) 溢式压缩模凸模与凹模的配合形式

图 2 - 103 所示为溢式压缩模的常用配合形式,没有加料室,更无引导环和配合环,凸模和凹模在分型面水平接触。为了减少溢料量,接触面要光滑平整,且接触面积不宜太大,以便将飞边减至最薄,一般将接触面设计成单边宽度为 3～5 mm 的环形面(溢料面),如图 2 - 103(a)所示。为了提高承压面积,在环形面(挤压面)外开设溢料槽,槽以内为溢料面,溢料槽外为承压面,如图 2 - 103(b)所示。

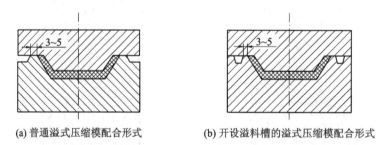

(a)普通溢式压缩模配合形式　　(b) 开设溢料槽的溢式压缩模配合形式

图 2 - 103　溢式压缩模的配合形式

2) 不溢式压缩模凸模与凹模的配合形式

不溢式压缩模典型的配合形式如图 2 - 104 所示,其加料室的截面尺寸与型腔截面尺寸相同,没有挤压环。其配合间隙不宜过小,否则压制时型腔内气体无法通畅地排出,且凸、凹模极易擦伤、咬死;但配合间隙也不宜过大,否则溢料严重,飞边难以去除,配合环常用配合精度为 H8/f7 或单边 0.025～0.075 mm。

3) 半溢式压缩模的配合形式

半溢料压缩模的配合形式如图 2 - 98 所示。这种形式的最大特点是具有水平挤压面,同时还具有不溢料式压缩模凸模与加料室之间的配合环和引导环。配合环的配合精度可取

H8/f7 或单边留 0.025～0.075 mm 间隙。

2. 加料室尺寸的计算

压缩模凹模的加料室是供装塑料原料用的。其容积要足够大,以防在压制时原料溢出模外。

(1) 塑件所需原料体积的计算

塑件所需原料体积计算公式如下:

$$V_{sl} = KV_s \qquad (2-39)$$

式中:V_{sl} 为塑件所需原料的体积,mm^3;K 为塑料的压缩比,见表 $2-7$;V_s 为塑件的体积,mm^3。

若已知塑件质量求塑件所需原料体积,则可用下式计算:

$$V_{sl} = mv = V_s \rho v \qquad (2-40)$$

式中:m 为塑件质量,g;v 为塑料的比体积,cm^3/g,见表 $2-7$。

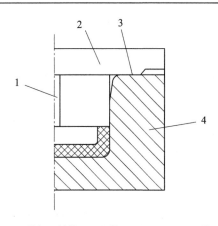

1—排气溢料槽;2—凸模;3—承压面;4—凹模

图 2 - 104　不溢式压缩模的配合形式

表 2 - 7　常见热固性塑料的比体积、压缩比

塑料名称	比体积 $v/(cm^3 \cdot g^{-1})$	压缩比 K
酚醛塑料(粉状)	1.8～2.8	1.5～2.7
氨基塑料(粉状)	2.5～3.0	2.2～3.0
碎布塑料(片状)	3.0～6.0	5.0～10.0

(2) 加料室高度的计算

在进行加料室高度的计算之前,应确定加料室高度的起始点。一般情况,不溢式加料室高度以塑件的下底面开始计算,而半溢式压缩模的加料室高度以挤压边开始计算。

① 图 2 - 105(a)所示的不溢料式压缩模,其加料室高度按下式计算:

$$H = \frac{V_{sl} + V_X}{A} + (5 \sim 10) \text{ mm} \qquad (2-41)$$

式中:V_{sl} 为塑料原料的体积,mm^3;V_X 为下凸模凸出部分的体积,mm^3;A 为加料室的截面积,mm^2。

② 图 2 - 105(b)所示的不溢料式压缩模,其加料室高度按下式计算:

$$H = \frac{V_{sl} - V_j}{A} + (5 \sim 10) \text{ mm} \qquad (2-42)$$

式中:V_j 为加料室底部以下型腔的体积,mm^3。

③ 图 2 - 105(c)所示为不溢料式压缩模,可压制壁薄而高的塑件,由于型腔体积大,塑料原料体积较小,塑料装入后尚不能达到塑件高度,这时加料室高度只需在塑件高度基础上再增加 10～20 mm,即

$$H = h + (10 \sim 20) \text{ mm} \qquad (2-43)$$

式中:h 为塑件的高度,mm。

④ 图 2 - 105(d)所示的半溢式压缩模,其加料室高度按下式计算:

$$H = \frac{V_{sl} - V_j + V_X}{A} + (5 \sim 10) \text{ mm} \qquad (2-44)$$

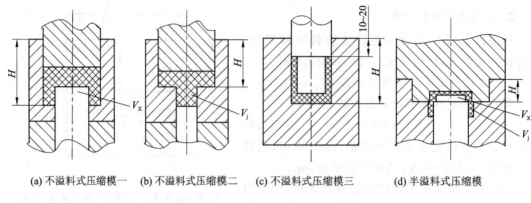

(a) 不溢料式压缩模一   (b) 不溢料式压缩模二   (c) 不溢料式压缩模三   (d) 半溢料式压缩模

图 2 - 105   压缩模加料室的高度

二、压缩模脱模机构设计

压缩模的脱模机构作用是推出留在模具型腔的塑件。常用的脱模机构有固定式、半固定式和移动式等。

1. 固定式压缩模的脱模机构

固定式压缩模的脱模机构可分为下推出机构和上推出机构。如图 2 - 106 所示为机动的下推出脱模机构,图(a)是利用压力机下工作台下方的顶出装置推出脱模,图(b)利用上横梁中的拉杆 1 随上横梁(上工作台)上升带动托板 4 向上移动而驱动推杆 6 推出脱模。

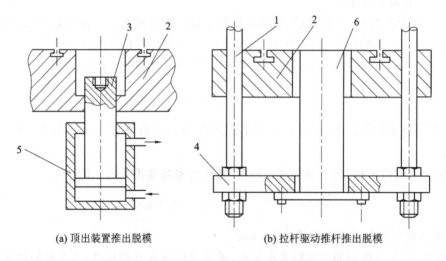

(a) 顶出装置推出脱模   (b) 拉杆驱动推杆推出脱模

1—拉杆;2—压力机下工作台;3—活塞杆(顶杆);4—托板;5—液压缸;6—推杆

图 2 - 106   压力机推顶装置

2. 半固定式压缩模的脱模机构

图 2 - 107 所示为带活动上模的压缩模脱模机构。这类压缩模可将凸模或模板制成沿导滑槽抽出的形式,开模后塑件留在活动上模 2 上,用手柄 1 沿导滑板 3 把活动上模拉出模外取出塑件,然后再把活动上模送回模内。

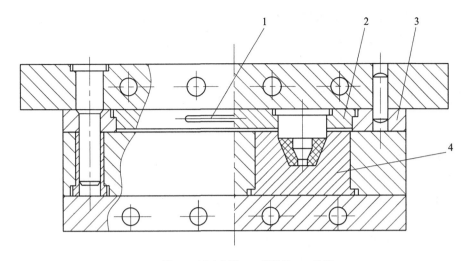

1—手柄；2—活动上模；3—导滑板；4—凹模

图 2 - 107　抽屉式压缩模

3. 移动式压缩模脱模机构

移动式压缩模普遍采用特殊的卸模架,利用压力机提供的压力卸模,虽然生产率低,但开模动作平稳,劳动强度低,可提高模具使用寿命。卸模架脱模常见的两种结构形式:

(1) 单分型面压缩模卸模架脱模

采用上下卸模架脱模时,其结构如图 2 - 108 所示。卸模时,先将上卸模架 1、下卸模架 6 的推杆插入模具相应的孔内。当压力机的活动横架即上工作台压到上卸模架时,压力机的压力通过上下卸模架传递给模具,使得凸模 2 和凹模 4 分开,同时,下卸模架推动推杆 3 推出塑件,最后由人工将塑件取出。

(2) 双分型面压缩模卸模架卸模

双分型面压缩模采用上下卸模架脱模时,其结构如图 2 - 109 所示。卸模时,同样先将上

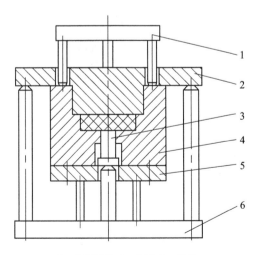

1—上卸模架；2—凸模；3—推杆；
4—凹模；5—下模座板；6—下卸模架

图 2 - 108　单分型面压缩模卸模架

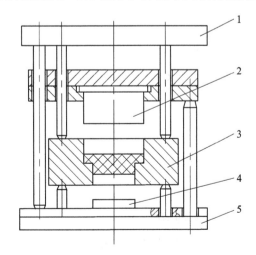

1—上卸模架；2—上凸模；3—凹模；
4—下凸模；5—下卸模架

图 2 - 109　双分型面卸模架卸模

卸模架 1、下卸模架 5 的推杆插入模具相应的孔内。当压力机的活动横架压到上卸模架或下卸模架时，上下卸模架上的长推杆使得上凸模 2、下凸模 4 和凹模 3 分开，凹模 3 留在上下卸模架的短推杆之间，最后在凹模中取出塑件。

任务五　绘制压缩模总装图和零件图

任务实施

1. 绘制总装图

在模具的总体结构及相应的零部件结构形式确定后，便可以绘制模具的总装图和零件图。总装图应清楚地表达模具总体结构、各零部件之间的装配关系，以及模具中塑件的大致形状、加料室的位置等。在绘制过程中采用了半剖的方法。总装图上除标注必要的尺寸外，还需要填写技术要求、使用说明和编写明细表（这里省略）。压缩模总装图如图 2 - 110 所示。

压缩模的非标准零件均需要绘制零件图，零件图的绘制也应符合国家标准。

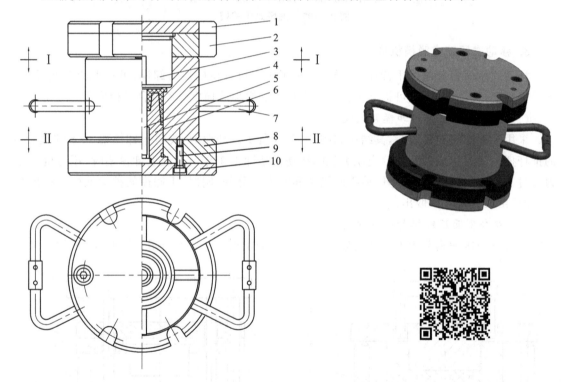

1—上模板；2—上模固定板；3—凸模；4—凹模；5—型芯镶件；6—主型芯；

7—手柄；8—下模固定板；9—螺钉；10—下模板

图 2 - 110　压环压缩模总装图

2. 图样的审核

总装图和零件图绘制完毕后，必须进行审核。在所有审核正确无误后，再将设计结果送达生产部门组织生产。

思考与训练

项目一

1. 塑料一般由哪些成分组成？各自起什么作用？

2. 塑料是如何分类的？热塑性塑料与热固性塑料有什么区别？

3. 热塑性塑料与热固性塑料各有哪些工艺性能？

4. 塑件设计需要考虑的主要因素有哪些？

5. 塑件设计的主要内容包括哪些？

6. 塑料螺纹设计要注意哪几个问题？

7. 何谓嵌件？金属嵌件设计时有何要求？

8. 简述注射成型的工艺过程。

9. 注射成型的工艺条件有哪些？

10. 注射模按各个零部件所起的作用，主要由哪几部分结构组成？

11. 注射模设计时，应对注射机哪些技术参数进行校核？

12. 分型面的类型及表示方法如何？分型面的设计原则有哪些？

13. 浇注系统一般由哪几部分组成？各起什么作用？

14. 常见浇口的形式有哪些？其特点如何？

15. 常用小型芯的固定方法有哪几种形式？分别使用在什么场合？

16. 已知图 2－111 所示的塑件，材料为 ABS，生产批量为 40 万件，要求塑件不允许有裂纹和变形缺陷，脱模斜度为 0.5°，表面粗糙度 Ra 为 0.8 μm。试完成塑件注射模设计。

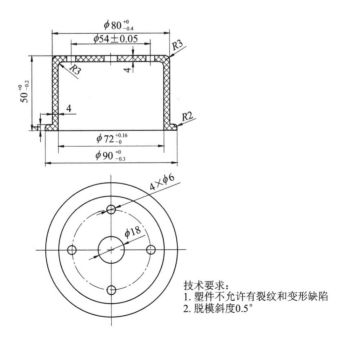

技术要求：
1. 塑件不允许有裂纹和变形缺陷
2. 脱模斜度0.5°

图 2－111 塑件图

17. 分别说明导柱、导套的类型以及固定部分和导向部分的配合精度,并分别说明材料选用和热处理的要求。

18. 典型的推出机构有哪几部分组成?各起什么作用?

19. 在推杆、推件板、推管推出机构中,推杆、推件板、推管分别与相关零件的组合尺寸和配合精度如何要求?

20. 说明斜导柱侧向分型与抽芯机构的组成及工作原理。

21. 冷却水道设计有哪些原则要求?

22. 常用的加热方式有哪些?

项目二

1. 压缩模按各零部件的功能作用,可分为哪几个组成部分?

2. 溢式、半溢式、不溢式压缩模凸、凹模配合结构的设计有哪些要求?绘出简图予以说明。

3. 确定压缩模的加压方向主要考虑哪些因素?

4. 固定式压缩模的脱模机构与压力机顶杆的连接方式有哪几种?设计时应注意什么问题?

模块三　模具制造

项目一　冲裁模装配

● **项目描述**

选用合适的装配方法，完成图 3-1 所示冲裁模的装配。

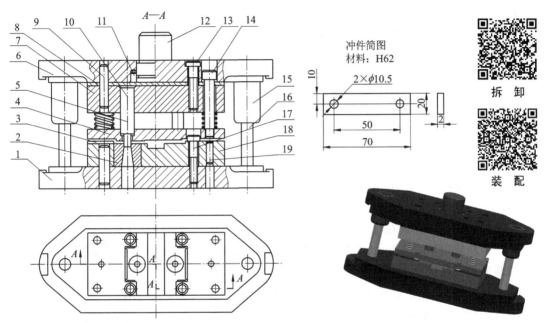

1—下模座；2—凹模；3—定位板；4—弹压卸料板；5—弹簧；6—上模座；7、18—固定板；8—垫板；

9、11、19—销钉；10—凸模；12—模柄；13、17—螺钉；14—卸料螺钉；15—导套；16—导柱

图 3-1　冲裁模

任务一　冲裁模零部件装配

任务实施

根据冲裁模的结构特点和装配精度要求，考虑模具为单件小批量生产，选用修配装配法。

1. 模柄装配

采用压入式将模柄 12 压入上模座 6，并磨平端面。

2. 导柱、导套装配

将下模座 1 底面向上，把导柱 16 压入下模座 1，装配时注意控制垂直度误差。以同样方法将导套 15 装入上模座 6。

3. 凸、凹模装配

将凸模 10 压入凸模固定板 7 中并铆接，铆接后把凸模固定端及固定板底面一起磨平。同

样,将凹模 2 压入凹模固定板 18 中,磨平凹模刃口和固定板上的平面。

知识链接

模具制造过程和其他工业产品的制造过程一样,都是指由原材料开始,经过加工转变为成品的全部过程。我国的模具制造在较长的时间里用的是传统的加工方法,近年来,随着快速成型技术、模具 CAD/CAM 等技术的应用发展,新工艺、新技术开始在模具制造技术中得到应用和推广,模具制造技术正朝着加快信息驱动、提高制造柔性、敏捷化制造及系统化集成的方向发展。

一、模具制造的基本要求及特点

1. 模具制造的基本要求

模具制造应根据模具结构、模具材料、尺寸精度、形位精度、工作特性和使用寿命等项要求,综合考虑各方面的特点,并充分发挥现有设备的一切特长,选取最佳加工方案。由于模具设计要求千变万化,设备、操作水平和加工习惯差异甚多,因而模具制造工艺是灵活多变的。

在实际生产过程中要根据产品零件和客观要求综合平衡,对模具的技术经济指标包括模具的精度和刚度、模具的生产周期、模具的生产成本和模具的寿命四者综合考虑,模具生产过程的各个环节都应该根据客观生产对模具四个方面的要求考虑问题,选取最佳加工方案,有效地制造出高质量的模具。

（1）模具的精度和刚度

1）模具精度

模具的精度主要体现在模具工作零件的精度和相关部位的配合精度。模具工作部位的精度高于产品制件的精度。例如冲裁模刃口尺寸的精度要高于产品制件的精度,冲裁凸模和凹模间冲裁间隙的数值大小和均匀一致性也是主要精度参数之一。平时测量出的精度都是在非工作状态下进行的,即静态精度。而在工作状态与受到工作条件的影响下,其静态数值都发生了变化,这时称为动态精度,这种动态间隙才是真正有实际意义的。一般模具的精度也应与产品制件的精度相协调,同时也受模具加工技术手段的制约。

2）模具刚度

对于高速冲压模、大型冲压件成型模、精密塑料模和大型塑料模,不仅要求具有精度高,还应有良好的刚度。这类模具工作负荷大,当出现较大的弹性变形时,不仅要影响模具动态精度,而且关系到模具能否继续正常工作。

（2）模具的生产周期

模具的生产周期是从模具订货任务开始到模具试鉴定后交付合格模具所用的时间。当前,模具使用单位要求模具的生产周期越来越短,以满足市场竞争和更新换代的需要。因此,模具生产周期长短是衡量一个模具企业生产能力和技术水平的综合标志之一,也关系到一个模具企业在激烈的市场竞争中有无立足之地。同时模具的生产周期长短也是衡量一个国家模具技术管理水平高低的标志。

（3）模具的生产成本

模具生产成本指企业为了生产和销售模具支付费用的总和。模具成本包括原材料费、外购件费、外协件费、设备折旧费和经营开支等。从性质上分为生产成本、非生产成本和生产外成本。

（4）模具寿命

模具寿命指模具在保证产品零件质量的前提下，所能加工的制件的总数量，它包括工作面的多次修磨和易损件更换后的寿命。其表达式为

模具寿命＝工作面的一次寿命×修磨次数×易损件的更换次数

一般在模具设计阶段就应明确该模具所适用的生产批量类型或者模具生产制件的总次数，即模具的设计寿命。不同类型的模具正常损坏的形式也不一样，但总的来说工作表面损坏的形式有：摩擦损坏、塑性变形、开裂、疲劳损坏和啃伤等。

影响模具寿命的主要因素有：

1）模具结构

合理的模具结构有助于提高模具的承载能力，减轻模具承受的热—机械负载水平。例如：模具可靠的导向机构，对于避免凸模和凹模的互相啃伤是有帮助的。又如：承受高级负荷的冷镦和冷挤压模具，对应力集中十分敏感，当承力截面尺寸变化时，最容易由于应力集中而开裂。因此，对截面尺寸变化处理是否合理，对模具寿命影响较大。

2）模具材料

应根据产品零件的生产批量的大小，选择模具材料。生产的批量越大，对模具的寿命要求也越高，应选择承载能力强、服役寿命长的高性能模具材料。另外，应注意模具材料的冶金质量可能造成的工艺缺陷及工作时的承载能力的影响，采取必要的措施来弥补冶金质量的不足，以提高模具的寿命。

3）模具加工质量

模具零件在机械加工、电火花加工以及锻造、预处理、淬火硬化等加工中，在表面处理时的缺陷都会对模具的耐磨性、抗断裂能力产生显著的影响。例如模具表面粗糙度、残存的刀痕、电火花加工的显微裂纹及热处理时的表层增碳和脱碳等缺陷都对模具的承载能力和寿命带来影响。

4）模具工作状态

模具工作时，使用设备的精度与刚度、润滑条件、被加工材料的预处理状态、模具的预热和冷却条件等都对模具产生影响。例如薄料的精密冲裁对压力机的精度和刚度特别敏感，必须选择高精度、高刚度的压力机。

5）产品零件状况

被加工零件材料的表面质量状态、材料硬度和伸长率等力学性能以及被加工零件的尺寸精度都对模具寿命有直接的关系。如镍的质量分数为80％的特殊合金成型时极易与模具工作表面发生强烈的咬合现象，使工作表面咬合拉毛，直接影响模具能否正常工作。

2. 模具制造的特点

（1）模具制造的生产特点

模具是专用的工艺装备，模具制造过程中尽管采取了一些措施，如模架标准化、毛坯专用化、零件商品化等，适当集中模具制造中的部分内容，使其带有批量生产的特点，但对整个的模具制造过程，尤其对工作零件的制造过程仍属于单件生产。

模具制造的生产特点：单件、多品种生产；生产过程复杂，加工周期长；生产成套性，加工精度高；有试模和试修周期；模具加工向机械化、精密化和自动化发展。

（2）模具制造的工艺特点

设计和制造上采用较多的是实配法和同镗法，使得零件的互换性降低，但保证了加工精

度,减小了加工难度。

在制造工序安排上,工序相对集中,从而可以减少工序间周转,简化管理,便于将同一工种的任务相对固定地分配给一人完成,有利于加快制造进度和提高模具质量。

二、模具制造的工艺过程

1. 模具生产过程

生产过程是指将原材料转变为产品的全过程。对模具制造行业而言,生产过程包括下列过程:

① 生产技术准备过程。产品投产前的生产技术准备工作包括市场需求情况的预测、产品的试验研究和设计、工艺设计和专用工艺装备的设计及制造、各种生产资料和生产组织、生产计划的编制等。

② 毛坯制造过程。如毛坯的锻造、铸造和冲压等。

③ 模具零件的加工。如机械加工、特种加工、热处理、焊接和其他表面处理等。

④ 模具的装配、试模过程。如部件装配、总装、检验和调试等。

⑤ 各种生产服务过程。包括原材料、半成品、工具、协作件和配套件的订购、供应、运输、保管、试用,以及产品的包装、销售、发运和售后服务等。

2. 模具制造工艺过程

在生产过程中,改变生产对象的形状、尺寸、相对位置和性质等,使之成为成品或半成品的过程称为工艺过程。如毛坯制造、机械加工、热处理和装配等过程,均为工艺过程。工艺过程是生产过程的重要组成部分。模具制造工艺过程主要包括:

$$
\text{毛坯制造工艺}\left\{\begin{array}{l}\text{铸造工艺}\\\text{锻造工艺}\\\text{焊接工艺}\end{array}\right\}\rightarrow\text{改变形状为主;}
$$

热处理工艺→改变性质;

模具零件机械加工工艺→改变尺寸;

模具装配工艺→改变位置、改变外观;

试模→上述工艺过程的综合检验及模具设计合理性的评定。

规定模具制造工艺过程和操作方法的工艺文件称为模具制造工艺规程。它是在具体的生产条件下,把较为合理的工艺过程和操作方法,按规定的形式书写成工艺文件,经审批后用来指导生产的。

(1) 模具制造工艺规程的编制工作内容

1) 编制工艺文件

主要包括模具零件的加工工艺规程、模具装配工艺要点或工艺规程、原材料清单、外购件清单和外协件清单等。

2) 二类工具的设计和工艺编制

二类工具(二级工具)指加工模具和装配中所用的各种专用工具。这些专用工具,一般都是由模具工艺技术人员负责设计和工艺编制,它的质量和效率对模具质量和生产进度起着重要的作用,注意应该将二类工具的数量和成本降到客观允许的最低程度。主要有非标准的铰刀和铣刀、各型面检验样板、非标准量规、仿形加工靠模、电火花成型加工电极、型面检验放大图。

3）处理加工现场技术问题

主要包括解释工艺文件、进行技术指导、调整加工方案和方法、办理尺寸超差和代料等技术问题。

4）参加试模和鉴定工作

（2）模具制造工艺规程的要求

模具制造工艺规程一般应规定零件加工的工艺路线、工序的加工内容、检验方法、切削用量、时间定额以及所采用的设备和工艺装备等。具体有以下几方面的基本要求：

1）质量的可靠性

工艺规程要充分考虑和采取一切确保产品质量的必要措施，以期能全面、可靠和稳定地达到设计图样上所要求的精度、表面质量和其他的技术要求。

2）工艺技术的先进性

工艺规程的先进性指的是在工厂现有条件下，除了采用本厂成熟的工艺方法外，尽可能地吸收适合工厂情况的国内外同行的先进工艺技术和工艺装备，以提高工艺技术水平。

3）经济性

在一定的生产条件下，要采用劳动量、物资和能源消耗最少的工艺方案，从而使生产成本最低，使企业获得良好的经济效益。

4）有良好的劳动条件

制定的工艺规程必须保证工人具有良好而安全的劳动条件。

5）制定工艺规程时应具有相关的原始资料

主要有模具的装配图和各组成部分的零件图；模具的生产纲领；有关手册、图册、标准、类似产品的工艺资料和生产经验；工厂的生产条件（机床设备、工艺设备和工人技术水平等）以及国内外有关工艺技术的发展情况等。

（3）编制模具制造工艺规程的步骤

① 研究模具产品的装配图和零件图进行工艺分析。

② 确定生产类型。

③ 确定毛坯。在确定毛坯时，要熟悉本厂毛坯车间的技术水平和生产能力，各种钢材、型材的品种规格。应根据产品零件图和加工的工艺要求（如定位、夹紧、加工余量和结构工艺性），确定毛坯的种类、技术要求及制造方法。必要时，应和毛坯车间技术人员一起共同确定毛坯图。

④ 拟定工艺路线。工艺路线是指产品或零部件在生产过程中，由毛坯准备到成品包装入库，经过企业各有关部门或工序的先后顺序。

⑤ 确定各工序的加工余量，计算工序尺寸及其公差。

⑥ 选择各工序使用的机床设备及刀具、夹具、量具和辅助工具。

⑦ 确定切削用量及时间定额。

⑧ 填写工艺文件。生产中常见的工艺文件的格式有：加工工艺过程卡片、加工工艺卡片和加工工序卡片，它们分别适合于在不同生产的情况采用。

三、模具的装配

模具的装配就是将模具的组成零件按照图纸的要求按顺序连接和固定起来，并经过试模使之能够生产出合格制品的过程。模具装配精度的高低及质量的好坏，直接影响制品生产是否能够正常进行及制品的尺寸、精度及成本。因此，模具的装配是模具制造过程中的重要环节。

1. 模具装配的方法

(1) 互换装配法

1) 完全互换法

在装配时各配合零件不经修理、选择和调整即可达到装配的精度要求。其装配的精度要求和被装配零件的制造公差之间应满足下列关系：

$$T_{\sum} \geqslant T_1 + T_2 + \cdots + T_{n-1} = \sum_{i=1}^{n-1} T_i$$

式中：$T_{\sum}$ 为装配精度所允许的误差范围，mm；T_i 为影响装配精度的零件尺寸制造公差，mm。

完全互换法的特点是装配简单，对工人技术要求不高，装配质量稳定，易于流水作业，生产率高，模具维修方便，使用范围广。但其零件加工困难。

2) 不完全互换法

在装配时各配合零件的制造公差将有部分不能达到完全互换装配的要求。

不完全互换法是按 $T_{\sum} = \sqrt{\sum_{i=1}^{n-1} T_i^2}$ 确定装配尺寸链中各组成零件的尺寸公差，可使尺寸链中各组成环的公差增大，使产品加工容易和经济，但将有 0.27% 的零件不能互换。适用于成批和大量生产。

(2) 分组装配法

分组装配法是将模具各配合的零件按实测尺寸分组，装配时按组进行互换装配以达到装配精度的方法。

在成批和大量生产中，可先将零件的制造公差扩大数倍，按经济精度进行加工，然后将加工出来的零件按扩大前的公差大小分组进行装配。

分组装配法的特点：每组配合尺寸的公差要相等，以保证分组后各组的配合精度和配合性质都能达到原来的设计要求；分组不宜过多；不宜用于组成环很多的装配尺寸链，一般 $n < 4$。

(3) 修配装配法

修配装配法指在装配时修去指定零件上的预留修配量以达到装配精度的方法。适用于单件小批量生产的模具装配。常用的修配方法有以下两种。

1) 按件修配法

在装配尺寸链的组成环中预先指定一个零件作为修配件(修配环)，并预留一定的加工余量。装配时，再用切削加工改变该零件的尺寸以达到装配精度要求。

2) 合并加工修配法

把两个或两个以上的零件装配在一起后，再进行机械加工，以达到装配精度要求。

2. 冷冲模装配的技术要求

① 装配好的冷冲模，其闭合高度应符合设计要求。

② 模柄装入上模座后，其轴心线对上模座上平面的垂直度误差，在全长范围内不大于 0.05 mm。

③ 导柱和导套装配后，其轴心线应分别垂直度于下模座的底平面和上模座的上平面。

④ 上模座的上平面应和下模座的底平面平行。

⑤ 装入模架的每对导柱和导套的配合间隙值应符合规定要求。

⑥ 装配好的模架,其上模座沿导柱上、下移动应平稳,无阻滞现象。

⑦ 装配后的导柱,其固定端面与下模座下平面应保留 1～2 mm 距离,选用 B 型导套时,装配后其固定端面低于上模座上平面 1～2 mm。

⑧ 凸模和凹模的配合间隙应符合设计要求,沿整个刃口轮廓应均匀一致。

⑨ 定位装置要保证定位正确可靠。

⑩ 卸料及顶件装置灵活、正确、出料孔畅通无阻,保证工件及废料不卡在冷冲模内。

⑪ 模具应在产生的条件下进行试验,冲出的工件应符合设计要求。

3. 冷冲模零部件的装配

(1) 模柄的装配

模柄的装配有压入式、凸缘式、旋入式等多种方式,图 3－2(a)所示为常用的压入式装配方法。用压力机将模柄压入上模座,检验后再加工骑缝销孔并安装骑缝销,最后将模柄端面突出的部分磨平,如图 3－2(b)所示。模柄与上模座的配合为 H7/m6。

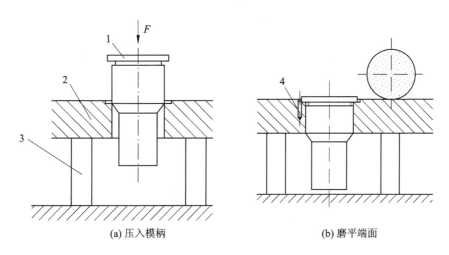

(a) 压入模柄　　　　　　　　　　(b) 磨平端面

1—模柄;2—上模座;3—等高垫铁;4—骑缝销

图 3－2　模柄的装配和磨平

(2) 导柱和导套的装配

导柱、导套与上、下模座主要采用压入式装配,如图 3－3 所示。装配时,为方便装配,一般在装配前将上、下模座底孔口倒角,并涂上润滑油。

1) 导柱的装配

如图 3－3(a)所示,将下模座底面向上,把专用压块放在导柱上端面后由压力机压入,压入时要注意校正导柱对模座底面的垂直度。导柱装配后的垂直度误差采用比较测量进行检验。

2) 导套的装配

如图 3－3(b)所示,导套的装配方式与导柱相似。将装配好导柱和导套的模座组合在一起,按要求检测被测表面,如图 3－4 所示。

(3) 凸、凹模的装配

凸、凹模安装固定方法有压入法、粘结法等多种形式。下面介绍凸、凹模装配时常用的压入装配法。

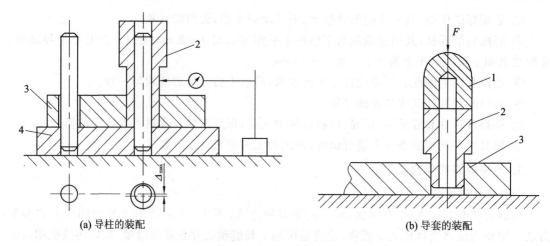

(a) 导柱的装配   (b) 导套的装配

1—压块;2—导套;3—上模座;4—下模座

图 3 - 3　导柱、导套的装配

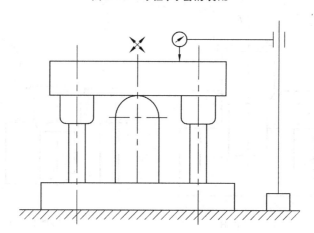

图 3 - 4　模架平行度的检查

　　压入装配法也是导柱、导套安装时采用的一种方法。图 3 - 5 和图 3 - 6 分别为铆接的和带凸肩的凸模装配。带凸肩的凸模其压入部分应设有引导结构,可采用小圆角、小锥度或在 3 mm 左右的长度内,将直径磨小 0.03～0.05 mm,铆接的凸模装配后用手锤和凿子把凸模尾端铆翻。

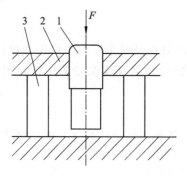

1—凸模;2—固定板;3—等高垫块

图 3 - 5　铆接的凸模装配

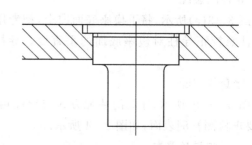

图 3 - 6　带凸肩的凸模装配

压入后以固定板另一面作基准,在平面磨床上将固定板底面及凸模固定端面一起磨平,如图 3-7(a)所示;再以此面为基准,磨凸模刃口,如图 3-7(b)所示。

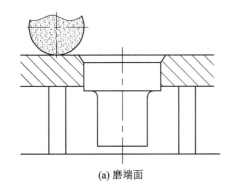
(a) 磨端面

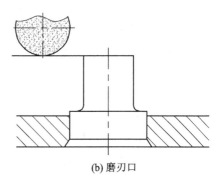
(b) 磨刃口

图 3-7　磨平面及刃口

任务二　冲裁模总装

任务实施

装配顺序

① 把组装好凹模的固定板安放在下模座上,按中心线找正固定板 18 的位置,用平行夹头夹紧,通过螺钉孔在下模座上钻出锥窝。拆去凹模固定板,在下模座上按锥窝钻螺纹底孔并攻丝。再重新将凹模固定板置于下模座上找正,用螺钉紧固。钻、铰销孔,打入销钉定位。

② 在组装好凹模的固定板上安装定位板 3。

③ 配钻卸料螺钉孔。将卸料板 4 套在已装入固定板的凸模 10 上,在固定板上钻出锥窝,拆开后按锥窝钻固定板上的螺钉过孔。

④ 将已装入固定板的凸模 10 插入凹模的型孔中。在凹模 2 与固定板 7 之间垫入适当高度的等高垫铁,将垫板 8 放在固定板 7 上。再以套柱导套定位安装上模座,用平行夹头将上模座 6 和固定板 7 夹紧。通过凸模固定板孔在上模座上钻锥窝,拆开后按锥窝钻孔,然后用螺钉将上模座、垫板、凸模固定板稍加紧固。

⑤ 调整凸、凹模之间的间隙。将装好的上模部分套在导柱上,用手锤轻轻敲击固定板 7 的侧面,使凸模插入凹模的型孔。再将模具翻转,从下模板的漏料孔观察凸、凹模的配合间隙,用手锤敲击凸模固定板 7 的侧面进行调整使配合间隙均匀。这种调整方法称为透光法。为便于观察可用手灯从侧面进行照射。

⑥ 经上述调整后,以纸作冲压材料,用锤子敲击模柄,进行试冲。如果冲出的纸样轮廓齐整,没有毛刺或毛刺均匀,说明凸、凹模间隙是均匀的,如果只有局部毛刺,则说明间隙是不均匀的,应重新进行调整直到间隙均匀为止。

⑦ 调好间隙后,将凸模固定板的紧固螺钉拧紧。钻、铰定位销孔,装入定位销钉。装入定位销钉将卸料板 4 套在凸模上,装上弹簧和卸料螺钉,检查卸料板运动是否灵活。在弹簧作用下卸料板处于最低位置时,凸模的下端面应缩在卸料板 4 的孔内 0.5~1 mm。

知识链接

一、冷冲模总装

模具工作时安装在活动部分和固定部分的模具工作零件必须保持正确的相对位置,以使模具获得正常的工作状态。装配模具时为了将上、下模两部分的工作零件调整到正确位置,使凸、凹模有均匀的间隙,应正确安排上、下模的装配顺序。否则,在装配中可能出现困难,甚至出现无法装配的情况。

上、下模的装配顺序应根据模具的结构来决定。对于无导柱的模具,凸、凹模的间隙是在模具安装到压力机上时才进行调整的,上、下模的装配先后对装配过程不会产生影响,可以分别进行;装配有模架的模具时,一般总是先将模架装配好,再进行模具工作零件和其他结构零件的装配。先装配上模部分还是下模部分,应根据上模和下模所安装的模具零件在装配和调整过程中所受限制的情况来决定。如果上模部分的模具零件在装配和调整时所受的限制最大,应先装上模部分,并以它为基准调整下模的模具零件,保证凸、凹模之间的间隙均匀。反之,则先装模具的下模部分,并以它为基准调整模具活动部分的零件。

二、冷冲模间隙的调整方法

在模具装配时,保证凸、凹模之间的间隙均匀十分重要。凸、凹模的间隙是否均匀,不仅影响冷冲模的使用寿命,而且对于保证冲压件质量也十分重要。冷冲模间隙的调整方法有以下几种:

1. 透光法

透光法是用灯光照射透过凸、凹模的间隙,观察透过光线的强弱来判断间隙是否均匀,并进行调整。

2. 测量法

测量法是将凸模插入凹模型孔内,用塞尺检查凸、凹模不同部位的配合间隙,根据检查结果调整凸、凹模之间的相对位置,使两者在各部分的间隙一致。适用于凸、凹模配合间隙(单边)在 0.02 mm 以上的模具。

3. 垫片法

垫片法是根据凸、凹模配合间隙的大小,在配合间隙内垫入厚度均匀的纸条(易碎不可靠)或金属片,使凸、凹模配合间隙均匀,如图 3-8 所示。

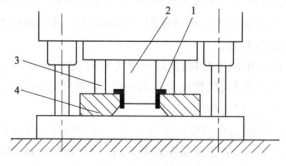

1—垫片;2—凸模;3—等高垫铁;4—凹模

图 3-8 垫片法调整凸、凹模配合间隙

4. 涂层法

在凸模上涂一层涂料(如磁漆或氨基醇酸绝缘漆等),其厚度等于凸、凹模的单边配合间隙,再将凸模插入凹模型孔,获得均匀的冲裁间隙。此法简便,对于不能用垫片法(小间隙)进行调整的冲裁模很适用。

5. 电镀法

电镀法和涂层法相似,在凸模的工作端镀一层厚度等于凸、凹模单边配合间隙的铜(或锌)层,使凸、凹模获得均匀的配合间隙。镀层在模具使用过程中可自行剥落,在装配后不必去除。

任务三　试　模

任务实施

冲裁模装配完成后,按照设计图纸对模具进行检验,检验合格后将冲裁模安装到压力机上进行试冲,直至冲裁出合格工件。

知识链接

试　模

模具装配完成后,在生产条件下进行试冲,通过试冲可以发现模具的设计和制造缺陷,找出产生原因,对模具进行适当的调整和修理后再进行试冲,直到模具能正常工作,冲出合格的制件,模具的装配过程即告结束。

项目二　注射模装配

● 项目描述

选用合适的装配方法和正确的装配过程,完成图 3-9 所示注射模的装配。

任务一　注射模零部件装配

任务实施

1. 型芯装配

将型芯 14 压入动模板 13,并将型芯台肩与动模板一起磨平。

2. 导柱、导套装配

采用压入方式将导柱 19 压入动模板 13,导套 18 压入定模板 20,并将导柱、导套的台肩分别与动、定模板一起磨平。保证导柱和导套在开、合模时无卡滞现象。

3. 推出机构装配

① 配作推杆孔、拉料杆孔和复位杆孔。将支承板 12 和装有型芯 14 的动模板 13 重叠在一起,找正后用平行夹板夹紧,配钻支承板 12 上的推杆孔、拉料杆孔和复位杆孔。

② 将推杆 11、拉料杆 4 和复位杆 3 套装在推杆固定板 10 上推杆孔内,并分别穿入型芯 14 和动模板 13 对应的配合孔内。再将推板导套 6 压入推板 9 中,然后将推板 9 与推杆固定板 10 重叠,配钻推杆固定板 10 上的螺孔并攻螺纹。攻丝后将推杆、拉料杆和复位杆装入推杆固定

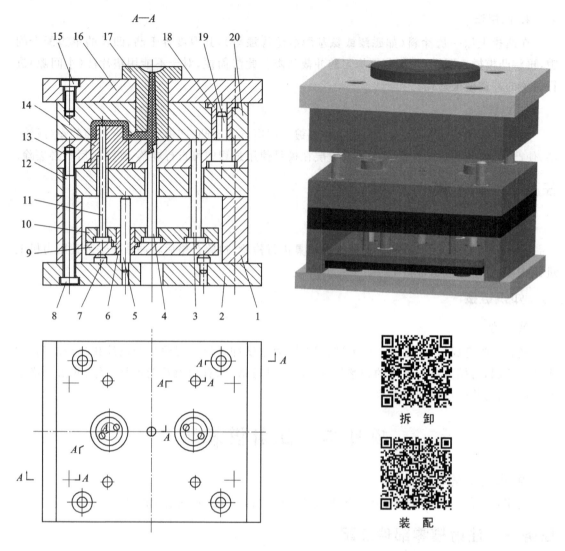

1—垫块；2—动模座板；3—复位杆；4—拉料杆；5—推板导柱；6—推板导套；
7—支承钉；8、15—内六角螺钉；9—推板；10—推杆固定板；11—推杆；
12—支承板；13—动模板；14—型芯；16—定模座板；17—主流道衬套；
18—导套；19—导柱；20—定模板

图 3 – 9　热塑性塑料注射模

板，盖上推板后用螺钉紧固，并将其装入动模板和型芯，检查及修磨推杆、拉料杆和复位杆的顶端面。保证推杆、拉料杆和复位杆台肩与推杆固定板沉孔深度有 0.05mm 间隙。

③ 将支承钉 7 和推板导柱 5 压入动模座板 2。

知识链接

塑料模装配与冷冲模装配有许多相似之处，但在某些方面其要求更为严格。如塑料模闭合后要求分型面均匀密合。在有些情况下，动模和定模上的型芯也要求在合模后保持紧密接触。类似这些要求常常会增加修配的工作量。

塑料模零部件的装配

1. 型芯的装配

由于塑料模的结构不同,型芯在固定板上的固定方式也不相同。常见的固定方式如图 3 - 10 所示。

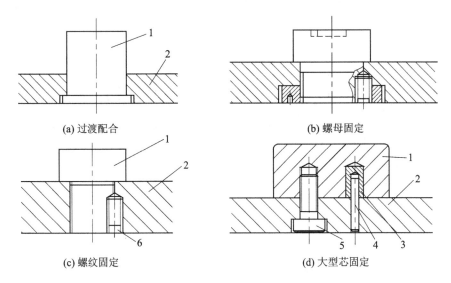

(a) 过渡配合　　　　　　　　　　(b) 螺母固定

(c) 螺纹固定　　　　　　　　　　(d) 大型芯固定

1—型芯;2—固定板;3—定位销套;4—定位销;5—螺钉;6—骑缝螺钉

图 3 - 10　型芯的固定方式

(1) 采用过渡配合

图 3 - 10(a)的固定方式其装配过程与装配带台肩的冷冲模的凸模相类似。为保证装配要求应注意下列几点:

① 检查型芯高度及固定板厚度(装配后能否达到设计尺寸要求),型芯台肩平面应与型芯轴线垂直。

② 固定板通孔与沉孔平面的相交处一般为 90°角,而型芯上与之相应的配合部位往往呈圆角(磨削时砂轮损耗形成),装配前应将固定板的上述部位修出圆角,使之不对装配产生不良影响。

(2) 用螺母固定

图 3 - 10(b)所示螺母固定方式对于某些有方向要求的型芯,装配时只需按设计要求将型芯调整到正确位置后,用螺母固定,使装配过程简便。这种固定形式适合于固定外形为任何形状的型芯,以及在固定板上同时固定几个型芯的场合。

(3) 用螺纹固定

图 3 - 10(c)所示固定方式,常用于热固性塑料压缩模。对某些有方向要求的型芯,当螺纹拧紧后型芯的实际位置与理想位置之间常常出现误差。如图 3 - 11 所示,α 是理想位置与实际位置之间的夹角。型芯的位置误差可以通过修磨 a 或 b 面来消除。为此,应先进行预装并测出角度 α 的大小,当螺纹的螺距为 P 时,其修磨量 $\Delta_{修磨}$ 为

$$\Delta_{修磨} = \frac{P}{360°}\alpha$$

图 3 - 10(b)(c)所示型芯固定方式,在型芯位置调好并紧固后要用骑缝螺钉定位。骑缝

螺钉孔应安排在型芯淬火之前加工。

（4）大型芯的固定

如图 3 – 10(d)所示,装配时可按下列顺序进行：

① 在加工好的型芯上压入实心的定位销套。

② 根据型芯在固定板上的位置要求,将定位块用平行夹头夹紧在固定板上,如图 3 – 12 所示。

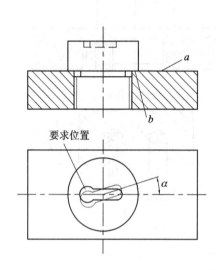

1—型芯;2—固定板;3—定位销套;4—定位块;5—平行夹头

图 3 – 11　型芯的位置误差　　　　　图 3 – 12　大型芯与固定板的装配

③ 在型芯螺孔口部抹红粉,把型芯和固定板合拢,将螺钉孔位置复印到固定板上,取下型芯,在固定板上钻螺钉过孔及锪沉孔;用螺钉将型芯初步固定。

④ 通过导柱导套将卸料板、型芯和支承板安装在一起,将型芯调整到正确位置后拧紧固定螺钉。

⑤ 在固定板的背面划出销孔位置线。钻、铰销孔,打入销钉。

2. 型腔的装配

（1）整体式型腔

图 3 – 13 是圆形整体式型腔的镶嵌形式。型腔和动、定模板镶合后,其分型面上要求紧密无缝,因此,对于压入式配合的型腔,其压入端一般都不允许有斜度。

（2）拼块结构的型腔

图 3 – 14 所示的是拼块结构的型腔。这种型腔的拼合面在热处理后要进行磨削加工。

（3）拼块结构型腔的装配

为了不使拼块结构的型腔在压入模板的过程中,各拼块在压入方向上产生错位,应在拼块的压入端放一块平垫板,通过平垫板推动各拼块一起移动,如图 3 – 15 所示。

（4）型芯端面与加料室底平面间间隙

图 3 – 16 所示是压缩模装配后在型芯端面与加料室底平面间出现了间隙,可采用下列方法消除：

① 修磨固定板平面 A。修磨时需要拆下型芯,磨去的金属层厚度等于间隙值 Δ。

② 修磨型腔上平面 B。修磨时不需要拆卸零件,比较方便。

③ 修磨型芯(或固定板)台肩 C。采用这种修磨法应在型芯装配合格后,再将支承面 D 磨平。此法适用于多型芯模具。

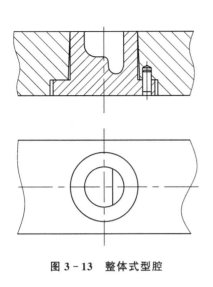

图 3-13　整体式型腔

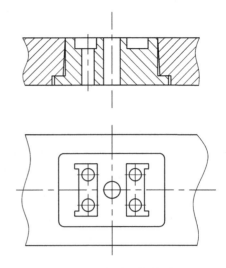

图 3-14　拼块结构的型腔

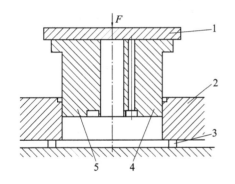

1—平垫板;2—模板;3—等高垫板;4、5—型腔拼块

图 3-15　拼块结构型腔的装配

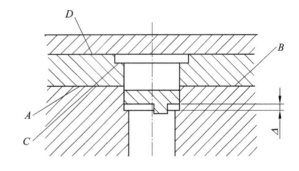

图 3-16　型芯端面与加料室底平面间出现间隙

(5) 装配后型腔端面与型芯固定板间间隙

图 3-17(a) 所示是装配后型腔端面与型芯固定板间有间隙(Δ)。为了消除间隙可采用以下修配方法:

① 修磨型芯工作面 A。只适用于型芯端面为平面的情况。

② 在型芯台肩和固定板的沉孔底部垫入垫片,如图 3-17(b) 所示。此方法只适用于小型模具。

③ 在固定板和型腔的上平面之间设置垫块,如图 3-17(c) 所示,垫块厚度不小于 2 mm。

3. 主流道衬套的装配

主流道衬套与定模板的配合一般采用 H7/m6。它压入模板后,其台肩应和沉孔底面贴紧。装配的主流道衬套,其压入端与配合孔间应无缝隙。所以,主流道衬套的压入端不允许有导入斜度,应将导入斜度开在模板上主流道衬套配合孔的入口处。为了防止在压入时主流道

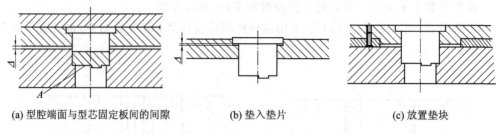

(a) 型腔端面与型芯固定板间的间隙   (b) 垫入垫片   (c) 放置垫块

图 3-17   型腔端面与型芯固定板间有间隙

衬套将配合孔壁切坏,常将主流道衬套的压入端倒成小圆角。在主流道衬套加工时应留有去除圆角的修磨余量 Z,压入后使圆角突出在模板之外,如图 3-18 所示。然后在平面磨床上磨平,如图 3-19 所示。最后再把修磨后的主流道衬套稍微退出,将固定板磨去 0.02 mm,重新压入后成为图 3-20 所示的形式。台肩对定模板的高出量 0.02 mm 亦可采用修磨来保证。

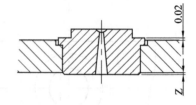

图 3-18   压入后的主流道衬套

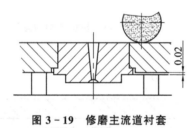

图 3-19   修磨主流道衬套   **图 3-20   装配好的主流道衬套**

4. 导柱和导套的装配

导柱、导套分别安装在塑料模的动模和定模部分,是模具合模和开模的导向装置。

导柱、导套可采用压入方式装入模板的导柱和导套孔内。对于不同结构的导柱所采用的装配方法也不同。短导柱可以采用图 3-21 所示的方法压入。长导柱应在定模板上的导套装配完成之后,以导套导向将导柱压入动模板内,如图 3-22 所示。

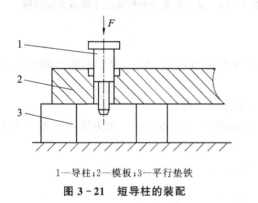

1—导柱;2—模板;3—平行垫铁
图 3-21   短导柱的装配

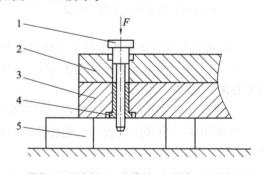

1—导柱;2—固定板;3—定模板;4—导套;5—平行垫铁
图 3-22   长导柱的装配

导柱、导套装配后,应保证动模板在开模和合模时都能灵活滑动,无卡滞现象。因此,加工时除保证导柱、导套和模板等零件间的配合要求外,还应保证动、定模板上导柱和导套安装孔的中心距一致(其误差不大于 0.01 mm)。压入前应对导柱、导套进行选配。压入模板后,导柱和导套孔应与模板的安装基面垂直。如果装配后开模和合模不灵活,有卡滞现象,可用红粉涂于导柱表面,往复拉动模板,观察卡滞部位,分析原因,然后将导柱退出,重新装配。在两根导柱装配合格后再装配第三、第四根导柱。每装入一根导柱均应作上述观察。最先装配的应是距离最远的两根导柱。

5. 推杆的装配

推杆为推出塑件所用。推杆应运动灵活,尽量避免磨损。推杆由推杆固定板及推板带动运动。由导向装置对推板进行支承和导向。导柱、导套导向的圆形推杆可按下列顺序进行装配:

1) 配作导柱、导套孔。将推板、推杆固定板、支承板重叠在一起 ,配作导柱、导套孔。

2) 配作推杆孔及复位杆孔。将支承板与动模板(型腔、型芯)重叠,配钻复位杆孔,按型腔(型芯)上已加工好的推杆孔,配钻支承板上的推杆孔。配钻时以固定板和支承板的定位销定位。

3) 推杆装配按下列步骤操作:

① 将推杆孔入口处和推杆顶端倒出小圆角或斜度;当推杆数量较多时,应与推杆孔进行选择配合,保证滑动灵活,不溢料。

② 检查推杆尾部台肩厚度及推杆固定板的沉孔深度,保证装配后有 0.05 mm 的间隙,对过厚者应进行修磨。

③ 将推杆及复位杆装入固定板,盖上推板,用螺钉紧固。

④ 检查及修磨推杆及复位杆顶端面。

任务二　注射模总装

任务实施

1. 装配动模部分

① 将安装在动模座板 2 上的推板导柱 5 套入推出机构的推板导套 6 上,并将推出机构的推杆 11、拉料杆 4 和复位杆 3 装入动模板 13 和型芯 14。

② 先在动模座板 2 上钻螺钉过孔、锪沉孔,再将动模板 13、支承板 12、垫块 1 和动模座板按其工作位置叠放在一起,调整找正并用平行夹板夹紧,通过动模座板上的螺钉过孔钻垫块、支承板螺钉过孔,并在动模板上钻锥窝。拆下动模板,以锥窝为定位基准钻孔并攻螺纹,最后用螺钉 8 拧紧固定。

2. 装配定模部分

将定模板 20 与定模座板 16 叠合,用平行夹头将定模板和定模座板夹紧,通过定模座板螺钉过孔在定模板上钻锥窝及钻、铰销孔,并钻、铣、镗主流道衬套 17 的安装孔。然后将两者拆开,在定模板上钻孔并攻螺纹。再将定模板和定模座板叠合,将主流道衬套压入定模座板和定模板中,并将主流道衬套压入端和定模板一起磨平,装入销钉后用螺钉拧紧。

知识链接

塑料模的装配要求

由于塑料模结构复杂,成型制品的精度要求较高,总装时应保证如下几方面要求:

① 装配后模具安装平面的平行度误差不大于 0.05 mm。

② 模具闭合后分型面应均匀密合。

③导柱、导套滑动灵活,推件时推杆和推件板动作必须保持同步。

④合模后,动模部分和定模部分的型芯必须紧密接触。

在进行总装前,模具已完成导柱、导套等零件的装配并检查合格。

任务三　试　模

任务实施

1. 装　模

将模具整体吊装,使注射模的定位圈装入注射机固定模板的定位孔,以极慢的速度合模后,由移动模板将注射模轻轻压紧,然后装上压板。

2. 试　模

选用合格的原料,设置合适的工艺参数和成型工艺条件进行试模,直至成型出合格的塑件。

知识链接

试　模

模具装配完成以后,在交付生产之前,应进行试模。通过试模可以检查模具在制造上存在的缺陷,并查明原因加以排除;另外还可以对模具设计的合理性进行评定并对成形工艺条件进行探索,这将有益于模具设计和成形工艺水平的提高。试模应按下列顺序进行:

1. 装　模

在模具装上注射机之前,应按设计图样对模具进行检验,以便及时发现问题,进行修理,减少不必要的重复安装和拆卸。在对模具的固定部分和活动部分进行分开检查时,要注意方向记号,以免合拢时搞错。

模具尽可能整体安装,吊装时要注意安全,操作者要协调一致密切配合。当模具定位圈装入注射机上固定模板的定位孔后,可以极慢的速度合模,由移动模板将模具轻轻压紧,然后装上压板。通过调节螺钉,将压板调整到与模具的安装基面基本平行后压紧,如图 3 - 23 所示。压板位置绝不允许像图中双点画线所示。压板的数量,根据模具的大小进行选择,一般为 4～8 块。

在模具被紧固后可慢慢启模,直到动模部分停止后退,这时应调节机床的顶杆使模具上的推杆固定板和动模支承板之间的距离不小于 5 mm,以防止顶坏模具。

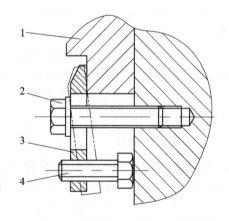

1—座板;2—压紧螺钉;3—压板;4—调节螺钉

图 3 - 23　模具的紧固

为了防止制件溢边,又保证型腔能适当排气,合模的松紧程度很重要。由于目前还没有锁模力的测量装置,因此对注射机的液压柱塞一肘节锁模机构,主要是凭目测和经验调节,即在合模时,肘节先快后慢,既不很自然,也不太勉强的伸直时,合模的松紧程度就正好合适。对于需要加热的模具,应在模具达到规定温度后再校正合模的松紧程度。

最后,接通冷却水管或加热线路。对于采用液压或电动机分型模具的也应分别进行接通和检验。

2．试　模

经过以上的调整、检查,做好试模准备后,选用合格原料,根据推荐的工艺参数将料筒和喷嘴加热。由于塑件大小、形状和壁厚的不同,以及设备上热电偶位置的深度和温度表的误差也各有差异,因此资料上介绍的加工某一塑料的料筒和喷嘴温度只是一个大致范围,还应根据具体条件调试。判断料筒和喷嘴温度是否合适的最好办法是将喷嘴和主流道脱开,用较低的注射压力,使塑料自喷嘴中缓慢的流出,观察料流。如果没有硬头、气泡、银丝、变色,料流光滑明亮,即说明料筒和喷嘴温度是比较合适的,可以开机试模。

在开始注射时,原则上选择在低压、低温和较长的时间条件下成型。如果制件未充满,通常是先增加注射压力。当大幅度提高注射压力仍无效果时,才考虑变动时间和温度。延长时间实质上是使塑料在料筒内的受热时间增长,注射几次后若仍然未充满,最后才提高料筒温度。但料筒温度的上升以及它与塑料温度达到平衡需要一定的时间(一般约 15 min),需要耐心等待,不要过快地把料筒温度升得太高,以免塑料过热甚至发生降解。

注射成型时可选用高速和低速两种工艺。一般在制件壁薄而面积大时,采用高速注射,而壁厚面积小的塑件采用低速注射,在高速和低速都能充满型腔的情况下,除玻璃纤维增强塑料外,均宜采用低速注射。

对粘度高和热稳定性差的塑料,采用较慢的螺杆转速和略低的背压加料及预塑,而粘度低和热稳定性好的塑料可采用较快的螺杆转速和略高的背压。在喷嘴温度合适的情况下,采用喷嘴固定形式可提高生产率。但是,当喷嘴温度太低或太高时,需要采用每次注射后向后移动喷嘴的形式(喷嘴温度低时,由于后加料时喷嘴离开模具,减少了散热,故可使喷嘴温度升高;而喷嘴温度太高时,后加料时可挤出一些过热的塑料)。

在试模过程中应详细记录,并将结果填入试模记录卡,注明模具是否合格。如需返修,应提出返修意见。在记录卡中应摘录成型工艺条件及操作注意要点,最好能附上注射成型的制件,以供参考。

对试模后合格的模具,应清理干净,涂上防锈油后入库。

思考与训练

1．什么是模具生产过程?包括哪些阶段?

2．模具制造的特点是什么?有哪些基本要求?

3．模具制造工艺过程主要包括哪些?

4．如何制订模具加工工艺规程?

5．保证模具装配的工艺方法有哪些?有何特点?它的适用场合是什么?

6．模具装配精度主要包括哪些内容?一般用何种方法控制间隙?

7．试选用合适的装配方法,完成图 1－11 所示落料冲孔复合模和图 2－89 所示注射模的装配。

附录 冷冲模和塑料模拆装实验指导书

实验一 冷冲模拆装实验

一、实验目的

1. 了解典型冷冲模的结构组成和工作原理。

2. 熟悉冷冲模上各组成零部件名称及其在模具中所起的作用,相互之间的装配关系。

3. 掌握冷冲模装配和拆卸过程。

4. 提高实践动手能力及工具的正确使用。

二、实验内容和要求

1. 按 4 个组拆卸 4 套冷冲模:2 套冲裁模,1 套弯曲模,1 套拉深模。

2. 制定拆卸方案,确定可拆卸零件和不可拆卸零件。

3. 拆卸时,将上、下模分开,再分别拆下各组成零件,最后拆卸凸模、凹模等成型零件,达到可拆卸零件的全部分离。

4. 按照冷冲模的原始状态,正确进行装配。

三、实验装备及工具

冲裁模 2 套,弯曲模 1 套,拉深模 1 套。

铁锤、铜棒、内六角扳手、活动扳手、游标卡尺、角尺、台虎钳等工具 4 套。

四、实验步骤

1. 在教师的指导下,首先熟悉冷冲模的总体结构,了解其工作原理。

2. 按拆卸顺序拆卸冷冲模。边拆卸边了解冷冲模每个组成零件的结构及用途,判断凸、凹模在其固定板中定位及紧固方法,通过透光法观察冲裁间隙的均匀程度。

3. 将金属零部件涂抹防锈油。

4. 将冷冲模按初始状态重新装配,并进一步了解模具的结构及在压力机上工作时各部分动作、作用。

5. 绘制冷冲模装配草图。

五、实验结果分析

1. 每人绘制一张本组的冷冲模装配草图。

2. 详细列出冷冲模上全部零件的名称、数量、用途及其所选用的材料;若选用的是标准件则列出标准代号。

3. 简要说明冷冲模的工作过程。

六、实验报告

按规定的要求,写出实验报告。

七、说　明

实际做实验时,可根据具体情况和现有条件选用冷冲模,灵活安排实验内容。

实验二 塑料模拆装实验

一、实验目的

1. 了解塑料模的基本结构组成及其工作原理。

2. 熟悉塑料模上各组成零部件名称及其在模具中所起的作用,相互之间的装配关系。

3. 掌握塑料模装配和拆卸过程。

4. 提高实践动手能力及工具的正确使用。

二、实验内容和要求

1. 按 4 个组拆卸 2 套单分型面注射模、1 套双分型面注射模、1 套压缩模。

2. 制定拆卸方案,确定可拆卸零件和不可拆卸零件。

3. 拆卸时,将动、定模分开,再分别拆下各组成零件,最后拆卸型芯、凹模等成型零件,达到可拆卸零件的全部分离。

4. 按照塑料模的原始状态,正确进行装配。

三、实验装备及工具

单分型面注射模 2 套,双分型面注射模 1 套,压缩模 1 套。

铁锤、铜棒、内六角扳手、活动扳手、游标卡尺、角尺、台虎钳等工具 2 套。

四、实验步骤

1. 在教师的指导下,首先熟悉塑料模的总体结构,了解其工作原理,确定分型面。

2. 按拆卸顺序拆卸塑料模,边拆卸边了解塑料模每个组成零件的结构及用途。

3. 将金属零部件涂抹防锈油。

4. 将塑料模按初始状态重新装配,并进一步了解模具的结构及在注射机上工作时各部分动作、作用。

5. 绘制塑料模装配草图。

五、实验结果分析

1. 每人绘制一张本组的塑料模装配草图。

2. 详细列出塑料模上全部零件的名称、数量、用途及其所选用的材料,若选用的是标准件则列出标准代号。

3. 简要说明塑料模的工作过程。

六、实验报告

按规定的要求,写出实验报告。

七、说 明

实际做实验时,可根据具体情况和现有条件选用塑料模,灵活安排实验内容。

参考文献

[1] 张永春. 冷冲压及塑料模具设计与制造. 北京:北京航空航天大学出版社,2008.

[2] 王秀凤,李卫东,张永春. 冷冲压模具设计与制造. 4 版. 北京:北京航空航天大学出版社,2016.

[3] 张荣清,柯旭贵,候维芝. 模具设计与制造. 3 版. 北京:高等教育出版社,2015.

[4] 冯炳尧,王南根,王晓晓. 模具设计与制造简明手册. 4 版. 上海:上海科学技术出版社,2015.

[5] 申开智. 塑料成型模具. 3 版. 北京:中国轻工业出版社,2013.

[6] 陈志刚. 塑料模具设计. 2 版. 北京:机械工业出版社,2009.

[7] 屈华昌. 塑料成型工艺与模具设计. 3 版. 北京:高等教育出版社,2014.

[8] 翁其金. 塑料模塑工艺与塑料模设计. 2 版. 北京:机械工业出版社,2012.

[9] 阎亚林. 塑料模具图册. 北京:高等教育出版社,2009.

[10] 张维合. 注塑模具设计实用手册. 北京:化学工业出版社,2011.

[11] 宛强. 冲压模具设计及实例精选. 北京:化学工业出版社,2013.

[12] 石小艳. 冲压模具设计与制造. 北京:北京理工大学出版社,2013.

[13] 杨关全,匡余华. 冷冲模设计资料与指导. 3 版. 大连:大连理工大学出版社,2012.

[14] 王孝培. 冲压手册. 3 版. 北京:机械工业出版社,2012.

[15] 范有发. 冲压与塑料成型设备. 2 版. 北京:机械工业出版社,2015.

[16] 彭建声. 简明模具工实用技术手册. 3 版. 北京:机械工业出版社,2011.

[17] 陈炎嗣. 冲压模具设计实用手册. 北京:化学工业出版社,2016.

[18] 徐茂功. 公差配合与测量. 4 版. 北京:机械工业出版社,2017.

[19] 成大先. 机械设计手册. 6 版. 北京:化学工业出版社,2016.

[20] 阎亚林. 冲压与塑压成形设备. 北京:高等教育出版社,2014.